EON虚拟仿真
高级应用

牛余朋 / 编著

電子工業出版社
Publishing House of Electronics Industry
北京•BEIJING

内 容 简 介

本书分四篇对 EON 软件进行了详细的介绍：基础入门篇主要介绍当前虚拟现实领域的一些基本概念和 EON 的基础知识；节点介绍篇主要介绍 EON 软件中一些常用节点的使用方法；高级进阶篇主要介绍如何更加深入地设计 EON 仿真程序；案例应用篇以示例的形式详细地介绍动态加载、数据库和文件访问、动画仿真、流程控制、虚拟装配，以及 EON 如何与外部程序交互等方面的内容，并进行了仿真实验，每个示例都给出了详细的仿真程序。

本书的工程应用性较强，对于虚拟现实的初学者（尤其是在校学生）和虚拟仿真工程师都会有较大的启发。本书既可作为高等院校相关专业的教材，也可供从事虚拟仿真相关工作的人员参考。

本书提供了相关的仿真源程序，读者可登录华信教育资源（www.hxedu.com.cn）免费注册后下载。

图书在版编目（CIP）数据

EON 虚拟仿真高级应用 / 牛余朋编著. —北京：电子工业出版社，2019.7
ISBN 978-7-121-36612-3

Ⅰ. ①E… Ⅱ. ①牛… Ⅲ. ①计算机仿真－应用软件 Ⅳ. ①TP391.9

中国版本图书馆 CIP 数据核字（2019）第 098557 号

责任编辑：田宏峰
印　　刷：三河市君旺印务有限公司
装　　订：三河市君旺印务有限公司
出版发行：电子工业出版社
　　　　　北京市海淀区万寿路 173 信箱　邮编　100036
开　　本：787×1092　1/16　印张：19.25　字数：492 千字
版　　次：2019 年 7 月第 1 版
印　　次：2019 年 7 月第 1 次印刷
定　　价：79.00 元

凡所购买电子工业出版社图书有缺损问题，请向购买书店调换。若书店售缺，请与本社发行部联系，联系及邮购电话：（010）88254888，88258888。

质量投诉请发邮件至 zlts@phei.com.cn，盗版侵权举报请发邮件至 dbqq@phei.com.cn。

本书咨询联系方式：tianhf@phei.com.cn。

前　言

虚拟现实技术是近年来新兴的一种信息技术，它与多媒体和网络技术并称为三大前景最好的计算机技术。它以计算机技术为核心，利用并综合三维建模技术、多媒体技术、仿真技术、传感技术、显示技术等最新发展成果，通过计算机等设备产生一个逼真的三维视觉、听觉、触觉等多种感官体验的虚拟世界，从而使人们产生一种身临其境的感觉，使之与计算机融为一体。

虚拟现实的初级应用主要有两种，一种是建筑漫游，另一种是产品展示，都只是浏览，这也是现在市场上应用最多的。虚拟现实的中级应用主要是虚拟拆装仿真。虚拟现实的高级应用是将软件部分更多地和硬件结合起来，达到高度的仿真效果，给人更好的沉浸感，例如结合仿真器、各种虚拟硬件去实现仿真的体验，让人在体验的过程中学到更多的东西。高级应用在操作训练、战场仿真方面比较多。虚拟现实的高级应用对软件要求非常高，目前只有极少数虚拟现实软件才能满足上述需要。

EON 是一款由美国 EON Reality 公司开发的实时 3D 多媒体仿真工具，适合工商业、学术界和军事等领域使用。EON 易学易用、表现逼真、整合性强，可以广泛应用于教学研究、企业和院校培训，以及营销展示等领域。

为便于读者理解和掌握设计 EON 的相关技术，本书分四篇进行了探讨：基础入门篇主要介绍当前虚拟现实领域的一些基本概念和 EON 的基础知识；节点介绍篇主要介绍 EON 中一些常用节点的使用方法；高级进阶篇主要介绍在掌握 EON 基础知识之后如何更加深入地设计 EON 仿真程序；案例应用篇主要从动态加载、数据库和文件访问、动画仿真、流程控制、虚拟装配以及 EON 如何与外部程序交互等几个方面进行了详细的示例讲解，并进行仿真实验，书中的每个示例都给出了详细的仿真源程序。

本书由牛余朋组织编写，李攀编写第 1、2 章，陈静雯编写第 3、4 章，李晨飞编写第 5、6 章，牛余朋编写第 7 至 13 章，成曙编写第 14、15 章，高强编写第 16 章。在本书编写过程中，王红召、李伟、王娜对书中部分内容提出了很好的修改意见，并给予了大力支持和帮助；我的妻子给予了大力支持，在时间上给予了全力保障；感谢电子工业出版社的编辑，没有他们，本书不可能如期顺利出版。

本书的工程应用性较强，对于虚拟现实初学者（尤其是在校学生）及虚拟仿真工程师都会有较大的启发。本书既可作为高等院校相关专业的教材，也可供从事虚拟仿真相关工作的人员参考。

在编写过程中，本书参考和应用了一些文献资料，特向原作者表示感谢。

由于编者水平有限，加之时间仓促，书中难免会有错误和不妥之处，敬请读者批评指正。

牛余朋

2019 年 4 月

前言

目　录

第一篇

基础入门篇

第1章

虚拟现实技术及EON软件介绍

1.1 虚拟现实技术

1.1.1 虚拟现实技术的基本概念

虚拟现实（Virtue Reality，VR）是一种基于可计算信息的沉浸式交互环境。具体地说，就是采用以计算机技术为核心的现代高科技生成逼真的视觉、听觉、触觉一体化的特定范围的虚拟环境，用户可借助必要的设备以自然的方式与虚拟环境中的对象进行交互，从而产生与真实环境类似的感受和体验。作为计算机仿真的组成部分，虚拟现实采用计算机图形图像技术，根据仿真的目的，构造仿真对象的三维模型并再现真实的环境，可达到非常逼真的仿真效果。

虚拟现实技术具有以下五个主要特征：

（1）沉浸性：是指虚拟现实技术能使人产生身临其境的感觉，就像真正的客观世界一样。

（2）交互性：是指虚拟现实技术能够使用户与虚拟环境中的对象发生交互关系，其中人是交互的主体，虚拟对象是交互的客体，主体和客体之间的交互是全方位的。

（3）构想性：是指虚拟现实技术不仅能使用户获取新的知识，提高感性和理性认识，还能使用户产生新的构思。

（4）动作性：是指用户能以客观世界的实际动作或方式来操作虚拟系统，让用户感觉其面对的是一个真实的环境。

（5）自主性：是指虚拟环境中对象可按各自的模型和规则自主运动。

虚拟现实的关键技术主要包括：动态环境建模技术、实时三维图形生成技术、立体显示和传感器技术、应用系统开发技术、系统集成技术等。

通过虚拟现实技术，可帮助人们更好地操作、体验一些在现实生活中存在困难或危险的活动，如危险的科学研究、军事演练、手术模拟等；也可以通过虚拟现实技术感受各国风光，以及诸如冒险等生活中难以做到的活动项目。同样，虚拟现实技术在娱乐、游戏方面也有巨大的作用，可为人们的休闲生活增加更多的乐趣。当今时代是科技高速发展的时代，虚拟现实技术的发展也有着重大的突破。虚拟现实技术是一项造福人类的技术，在医疗、教育、军事、娱乐等各个领域均有广阔的应用前景，可为科技的发展、社会的进步、人们的便利生活做出巨大贡献。

虚拟现实技术具有以下优点：

（1）可节省成本。由于设备、场地、经费等硬件的限制，通常许多实验都无法进行，而利用虚拟现实技术，便可以足不出户地做各种实验，可在保证效果的前提下，极大地节省成本。

（2）可规避风险。真实实验或操作往往会带来各种危险，利用虚拟现实技术进行虚拟实验，可在虚拟实验环境中安全地去做各种危险的实验。

例如，虚拟的飞机驾驶教学系统，可避免学员操作失误而造成飞机坠毁的严重事故。在虚拟的飞机驾驶训练系统中，学员可以反复操作控制设备，学习各种天气情况下飞机的起飞、降落等技术，通过反复训练，达到熟练掌握驾驶技术的目的。

（3）不受空间和时间的限制。利用虚拟现实技术，可以彻底打破时间与空间的限制，大到宇宙天体，小至原子，都可以进入这些物体的内部进行观察。例如，一些需要几十年甚至上百年才能观察到的变化过程，通过虚拟现实技术可以在很短的时间内呈现出来。

1.1.2 虚拟现实技术的发展现状

虚拟现实技术发展大体上可以分为四个阶段，有声、形的动态模拟是蕴涵虚拟现实思想的第一阶段（1963 年以前），虚拟现实萌芽为第二阶段（1963—1972 年），虚拟现实概念的产生和理论初步形成为第三阶段（1973—1989 年），虚拟现实理论进一步的完善和应用为第四阶段（1990—2004 年）。

（1）美国。美国是 VR 技术的发源地，其研究水平基本上代表了 VR 发展的水平。目前美国在该领域的基础研究主要集中在感知、用户界面、后台软件和硬件四个方面。

美国北卡罗来纳大学（UNC）的计算机系是进行 VR 研究最早、最著名的大学。麻省理工学院（MIT）是研究人工智能、机器人和计算机图形学及动画的先锋，这些技术都是 VR 技术的基础。1985 年 MIT 成立了媒体实验室进行虚拟环境的研究。SRI 研究中心建立了视觉感知计划，研究现有 VR 技术的进一步发展；1991 年后，SRI 研究中心进行了利用 VR 技术对军用飞机或车辆驾驶的训练研究，试图通过仿真来减少飞行事故。华盛顿大学华盛顿技术中心的人机界面技术实验室（HIT Lab）将 VR 研究引入了教育、设计、娱乐和制造领域。伊利诺伊州立大学研制出了在车辆设计中支持远程协作的分布式 VR 系统。乔治·梅森大学研制出了一套在动态虚拟环境中的流体实时仿真系统。

从 20 世纪 90 年代初起，美国率先将虚拟现实技术用于军事领域，主要用于以下四个方面：一是虚拟战场环境，二是进行单兵模拟训练，三是实施诸军兵种联合演习，四是进行指挥员训练。

（2）日本。在实用虚拟现实技术的研究与开发中，日本致力于建立大规模 VR 知识库的研究；另外，在虚拟现实的游戏方面也做了很多研究工作。

东京技术学院精密和智能实验室研究了一个用于建立三维模型的人性化界面。NEC 公司开发了一套虚拟现实系统，它能让操作者使用“代用手”去处理三维 CAD 中的形体模型。京都的先进电子通信研究所（ATR）开发了一套系统，它能用图像处理来识别手势和面部表情，并把它们作为系统输入。日本国际工业和商业部产品科学研究院开发了一种采用 X、Y 记录器的受力反馈装置。东京大学的高级科学研究中心将他们的研究重点放在远程控制方面；东京大学原岛研究室开展了 3 项研究：人类面部表情特征的提取、三维结构的判定和三维形状的表示、动态图像的提取；东京大学广濑研究室重点研究虚拟现实的可视化问题。筑波大学研究了一些力反馈显示方法，开发了九自由度的触觉输入器、虚拟行走原型系统。富士通实验室有限公司研究了虚拟生物与 VR 环境的相互作用。

（3）中国。和一些发达国家相比，我国的 VR 技术还有一定的差距，但已引起有关部门和科学家们的高度重视。根据我国的国情开展了 VR 技术的研究。在紧跟国际新技术的同时，国内的一些重点院校已积极投入这一领域的研究。

国内最早开展此项技术研究的是挂靠在西北工业大学电子工程系的西安虚拟现实工程技术研究中心。北京航空航天大学计算机系也是国内最早进行 VR 研究、最有权威的单位之一。浙江大学 CAD&CG 国家重点实验室开发出了一套桌面型虚拟建筑环境实时漫游系统。哈尔滨工业大学已经成功地虚拟出了人的高级行为中特定人脸图像的合成，解决了表情的合成和唇动的合成等技术问题，并正在研究人说话时头势和手势动作、语音和语调的同步等。清华大学计算机科学和技术系对虚拟现实与临场感进行了研究。西安交通大学信息工程研究所对虚拟现实中的关键技术——立体显示技术进行了研究，他们在借鉴人类视觉特性的基础上提出了一种基于 JPEG 标准压缩编码的新方案，获得了较高的压缩比、信噪比以及解压速率，并且通过实验结果证明了这种方案的优越性。中国科技开发院威海分院主要研究了虚拟现实中的视觉接口技术，完成了虚拟现实中体视图像的算法回显及软件接口[2]，他们在硬件上完成了 LCD 红外立体眼镜，并且已经实现商品化。北方工业大学 CAD 研究中心是我国最早开展计算机动画研究的单位之一，我国第一部完全用计算机动画技术制作的科教片《相似》就出自该中心。另外，西北工业大学 CAD/CAM 研究中心、上海交通大学图像处理模式识别研究所、国防科技大学计算机研究所、江苏科技大学计算机科学与技术系、安徽大学电子工程与信息科学系等单位也进行了一些研究工作和尝试。

各大高校和科研机构对虚拟现实技术的探索研究，足以体现我国对这一技术的重视以及这一技术的重要性，相信我国在虚拟现实技术的探索工作在不久的将来会取得重大成果。

1.1.3　虚拟现实技术的应用领域

中国信息通信研究院发布的《中国虚拟现实应用状况白皮书（2018 年）》指出，虚拟现实是新一代的信息通技术关键领域，具有产业潜力大、技术跨度大、应用空间广的特点。目前，虚拟现实产业正处于初期增长阶段，我国各级政府积极出台专项政策，各地产业发展各具特色。现阶段我国虚拟现实产业生态初步形成，产业链主要涉及内容应用、终端器件、网络通信/平台和内容生产系统等细分领域。在产业应用方面，应用趋势呈现规模化与融合化的发展态势。其中，规模化是指通过云化虚拟现实（Cloud VR）实现内容上云、渲染上云，从而解决用户体验、终端成本、技术创新与内容版权等方面现有的痛点。融合化是指虚拟现实与文化娱乐、医疗健康、工业制造、教育培训、商贸创意等传统行业的融合创新，丰富虚拟现实技术应用场景，助推传统行业转型升级。该白皮书详细阐述了虚拟现实在十几个场景下的应用案例。

（1）虚拟现实+影视。当前，虚拟现实技术在影视制作中的应用，主要是通过构建出可与影视场景交互的虚幻三维空间场景，结合对观众的头、眼、手等部位动作捕捉，及时调整影像呈现内容，从而形成人景互动的独特体验。

（2）虚拟现实+直播。在传统方式的视频直播中，观众往往不能全方位地了解直播对象周围的环境状况，无法切身感受现场氛围，而 VR 直播可将活动现场还原到虚拟空间中，其优势在于：一是身临其境，借助 VR 头显，观众可以身临其境地在现场观看比赛，增加观众观看节目的趣味性；二是能自由选择位置和角度，时刻关注自己感兴趣的场景；三是互动性强，VR 直播的现场氛围要远远高于通过普通显示屏观看，在这种现场氛围的烘托下，观众的情绪极易被充分调动，增加观看的愉悦感。

（3）虚拟现实+线下主题馆。VR 线下主题馆将传统电竞与虚拟现实技术相结合，结合空间光学动作捕捉系统、精确的多相机同步管理运算系统与特殊体感交互设备等，玩家可以化身为游戏中的虚拟角色，在特定游戏场景中自由行动，同时借助本地网络环境或云平台，可以让多人/多地的在线合作或对抗成为可能，极大地增强游戏的可玩性和趣味性。

（4）虚拟现实+文物保护。我国是世界文化遗产大国，近年来国家在不断加大对文物古迹的保护力度，其意义绝不仅仅是把文物修好、保护好，更重要的是承担文化传承和推广的责任，弘扬优秀传统文化精神。将虚拟现实技术创新性地应用于文物保护工作，可以建立数字化的文物保护方法，为文物的保存、修复和展示提供新的技术手段，让历史得以数字化再现，文明得以信息化传承。

（5）虚拟现实+科研教学。在临床中，80%的手术失误是由人为因素引起的，所以手术训练极其重要。在传统的训练方式中，动物解剖实验（如小白鼠）的成本并不低，且多数无法重复使用；而人体解剖素材涉及伦理道德等问题，更加稀缺。虚拟现实技术可以帮助学生在虚拟手术台上反复练习，虽然无法完全取代真实的练习，但可以作为预习和强化记忆的手段，具备在医学领域推广应用的条件。

（6）虚拟现实+运维巡检。在工业生产制造过程中，为维护设备安全稳定运行而展开的运维巡检工作量非常巨大，虚拟现实技术的到来，可以使生产人员通过安全的数据可视化头显对设备运转状态、生产环境以及潜在隐患等关键信息进行监测和排查，有利于全面、准确、实时地了解整体生产制造的情况，从而提高生产安全系数和生产效率。

（7）虚拟现实+产品设计。以工业互联网/物联网平台为基础，虚拟现实成为实现数字孪生（Digital Twins）的核心技术之一。依托特定的工具软件，可以在虚拟空间中构建出与物理世界完全对等的数字镜像，成为将产品研发、生产制造、商业推广三个维度的数据全部汇集的基础，实现数据信息与真实物理环境间的互动，可为进行阶段性数据验证、业务流程参考等提供重要支撑。

（8）虚拟现实+自动驾驶。据兰德智库预计，L5 级别的自动驾驶车辆在正式上路之前需要进行 110 亿英里（1 英里≈1.61 km）的路测。与此形成鲜明对比的是，目前该领域的领头羊 Waymo 在 2018 年 7 月宣布真实路测里程仅刚突破 800 万英里，其余厂商则差距更大。因此，在不能无限扩大自动驾驶测试车队规模的情况下，通过虚拟现实技术模拟真实道路环境进行测试成为业界的主流解决方案，如使用 NVIDIA DGX 和 Tensor RT 3 进行仿真，工程师可以在 5 小时内完成约 48 万千米的道路测试。按照这个速度，两天之内可完成全美所有道路的测试，这将极大地加快自动驾驶汽车研发、量产的进度。

（9）虚拟现实+课堂教育。在教育场景中，虚拟现实技术可通过自然的交互方式，将抽象的学习内容可视化、形象化，为学生提供传统教材无法实现的沉浸式学习体验，提升学生获取知识主动性，实现更高的知识保留度。目前，教育已成为虚拟现实技术应用行业中发展最快也是最先落地的领域。随着政策的鼓励和市场的驱动，预计虚拟现实教育市场还将持续增长。

（10）虚拟现实+安全消防。虚拟现实技术的发展填补了安全消防教育在感知交互需求方面的空白，通过构造出特定的安防培训场景，将传统的教学元素（如图形和数据）嵌入生动的虚拟环境中，通过模拟特定的危险情景，更容易激发体验者的紧张感并提升专注度，强化事故演练效果。

（11）虚拟现实+数字展馆。传统展馆多采用展品陈列、图片展示、人员讲解等方式向观众传达信息，难以实现多角度欣赏、近距离观看的功能，很难快速引起观众的兴趣。虚拟现实技术与展馆展示相结合，不仅体现了其开放、共享、多媒体呈现的特点，数字化呈现实体展馆的全部内容，还可突破实体展馆的时空局限性，利用图文、视频、三维模型等资料，对重点展品进行延展和补充，加强可视化的网络互动体验，使得展览内容更加丰富多样。

（12）虚拟现实+商业营销。虚拟现实+商业营销是指利用虚拟现实技术，使消费者获得逼真的感官体验，充分调动消费者的感性基因，从而影响其消费决策。虚拟现实+商业营销可分为线上和线下两种方式，线上营销是电商 2.0 版，VR/AR 电商通过三维建模技术、VR/AR 设备以及交互体验，可以带给消费者更好的消费体验；线下营销则是在产品的实体店或展示活动现场，利用 VR/AR 设备给消费者带来有趣的互动体验，增加消费者的兴趣与购买欲。

（13）虚拟现实+房地产。虚拟现实技术使看房者在线上即可浏览房源的全貌，步入房间查看细节，除了沉浸式的体验，还可以得到房间长、宽、高、年限、周边配套等全方位数据展示，便于全面掌握房屋信息。对于开发商/中介来说，通过分析用户行为数据，可在实现房源精准推销的同时节省人力资源投入的成本，有助于提升业务成交效率和企业运营收益。

以虚拟现实为代表的新一轮科技和产业革命蓄势待发，虚拟现实与实体经济的结合将给人们的生产方式和生活方式带来革命性的变化。虚拟现实正在加速向生产生活领域渗透，“虚拟现实+”时代业已开启。

1.2　EON 软件介绍

1.2.1　EON 软件概述

EON 是美国 EON Reality 公司开发的一款用来研发交互式三维虚拟仿真的可视化设计软件，它是一个完全基于 GUI 的设计工具，可以在几乎不需要任何编程经验的情况下构建复杂、高质量的 3D 交互式仿真程序。该软件通过运用 3D 可视化虚拟现实技术，能够开发出适用于销售、教育、培训和虚拟现实场景漫游等多种功能强大的多媒体可视化交互程序。

EON Studio 可以轻松导入各种 3D 模型，用各种模型制作软件（如 3DS MAX、LightWave 等）或计算机辅助设计软件（如 SolidWorks、ArchiCAD、AutoCAD 等）制作的模型都可以很方便地导入 EON Studio。在导入模型后，可以通过 EON Studio 直观的图形设计界面或者编写脚本程序，方便地为模型添加各种行为，甚至可以通过 EON Studio 集成的 EON SDK 编写 C++ 代码来实现。

EON 仿真程序能够以多种方式发布于 Internet、CD-ROM 或投影显示系统等，也可以与其他支持微软 ActiveX 控件的工具相结合，如 PowerPoint、Word、Macromedia Authorware、Director、Shockwave、Visual Basic 等。

EON 的显著特点是具有良好的人机交互界面，对于初学者来说易于上手，提供了丰富的便于操作的节点，同时也为高级专业人员提供了强大的交互功能和丰富的扩展接口，能够满足各个层次研究人员的需要。更为重要的是，它能够支持绝大多数的 3D 建模软件生成的模型，不用担心兼容性的问题，可轻松方便地导入模型，不需要重新建立模型，更不需要烦琐的编程。另外，EON 对设备要求低，在家用的 PC 上就能够运行，支持多种操作系统，移植性好。

EON 提供了一个发布向导，它可以方便地把 EON 所生成的仿真程序嵌入网页中，以实现网页与三维场景间的通信，方便虚拟系统在网络上共享。

1.2.2 EON 产品家族介绍

EON 软件系列包括 EON Professional、EON SDK 和 EON ICATCHER/ICUBE 等。

1. EON Professional

EON Professional 包括 EON Studio、视觉效果、CAD、物理、人物等模块。EON Professional 提供了一套全新的、性能非常优异的模块，实现了工业级别的虚拟现实，它实际上是 EON Studio 增强版，其视觉效果模块可提供实时的最高级的真实度，CAD 模块支持多种 2D/3D 格式的模型，物理模块允许用户实时、真实地模拟复杂的机械系统，人物模块可将高度真实的、活动的人物集成到 EON 应用中。

（1）EON Studio 模块。EON Studio 是 EON Professional 的基本模块，是快速开发虚拟装配、视景仿真应用的编辑工具。EON Studio 可以构建强大的沉浸式仿真，用于开发交互式 3D 应用程序。使用 EON Studio，即使没有经验的用户也可以快速、简捷地建立复杂且高质量的交互应用。

无论为架构、营销，还是为培训创建 3D 应用程序，EON Studio 都提供了一系列独特的优势和功能，使其成为开发人员的首选。

（2）视觉效果模块。对于诸如设计预览、销售等对可视化要求较高的应用，视觉效果模块可利用基于 CG 脚本语言的实时可视化效果来实现更高级的真实度。CG 脚本语言可在 PC 上生成实时的、具有照片真实度的效果，能够实现阴影交互计算。

利用具有易操作界面的 EON 实时渲染和可视化效果库，程序员可以直接对图形硬件进行操作，大大加速逼真效果的开发。

目前，视觉效果模块包括：phong-shading，bumpmapping，darkmapping，立方环境贴图，基于 HDR 图像的光照、皮革、树木、玻璃、水、织物，以及非照片真实度的 hatch-shading。程序员可以利用嵌入在 EON Professional 用户界面的 CG 脚本语言扩充这个模块。

（3）CAD 模块。对于工业用户，EON Professional 带有模块，它可以快捷地把多种 2D/3D 格式的模型转换成 EON 格式，支持 30 多种格式，如 AutoCAD、CADKEY、KGES、Maya、3DS MAX、LightWave、SOFTIMAGE 3D、SolidWorks 等。此外，它还支持在关键帧、自动常规校正、顶点缝合、几何/平面削减、保持 UV 贴图和纹理的情况下任意调节的组合贴图。

EON 的 CAD 模块是与 Right Hemisphere 联合开发的，它基于成功的 Deep Exploration 产品，而且将 EON 自主技术与 Polytools 和 CoreCAD 模块融合起来。它还具有多种 CAD 插件，可以把 MicroStation、CATIA、Alias、Unigraphics、Pro/E 和 STEP 直接转换成 EON 的文件格式 EOZ 或 EOP，并且可以通过批处理方式完成这种转换。

（4）物理模块。为了适应对虚拟装配和视景仿真中 3D 实体运动有很高真实度需求的应用，EON Professional 提供了重力、摩擦、运动学、物体间的物理限制等功能，它非常适合需要把现实的真实度加入应用中的情形。物理模块基于成功的 Vortex 物理引擎，该引擎利用牛顿基本定律，其力学功能非常强大，它还包括一个全新的、性能优异的碰撞检测算法（可大大提高运算速度），以及一个高逼真度的车辆动力学引擎。

（5）人物模块。人物模块可使开发人员、工程师、建筑师和城市规划设计师在观看设计的场景时加入活动的人物，从而得到更真实的效果。这个模块提供的高精度虚拟人物还可以用于制造、应急和安保人员的培训。人物模块可以与来自 Archvision 的 Real People 库实现无缝的连接。

2．EON SDK

EON SDK 是一个二次开发工具，虽然 EON Professional 提供的功能非常丰富，但用户有时会对某些功能有些特殊要求，因此 EON 提供了 EON SDK 这个功能完善的开发工具。通过 Visual C++，可以扩展 EON Professional 的所有功能，它们可像 EON 所提供的标准节点一样来安装和使用，并完全集成在 EON 中。

3．EON ICATCHER/ICUBE

EON ICATCHER/ICUBE 提供了高质量的单通道或多通道大屏幕显示，为用户提供了沉浸式的 3D 立体体验。用户可沉浸在数字化的环境中，看到悬浮在屏幕前面的物体，在该环境中的交互功可使用户成为 3D 应用的参与者，而不仅仅是观看者。

EON ICATCHER 有不同的模块，可以支持单通道、多通道、平面形、弧形、CAVE 形等各种形式立体显示。

EON ICUBE 是一个基于 PC 的虚拟现实技术，参与者可通过图像和声音完全沉浸在其中。作为最受欢迎的沉浸式虚拟现实解决方案，EON ICUBE 可配置 4～6 面墙，是高端可视化系统开发中重要的创新和里程碑。

本书重点介绍 EON Studio 模块的使用方法和技巧，然后在此基础上对其他使用频繁的模块进行简要的介绍。

1.2.3　系统需求

（1）通用需求。

- DirectX：Version 9.0c。
- .NET framework：Version 2.0。

（2）开发需求。

- 计算机内存：不小于 2 GB。
- 屏幕分辨率：不小于 1024×768。
- 操作系统：Windows XP SP2、Windows 7 SP1、Windows 8、Mac OS 10.8。

（3）运行需求。

- 操作系统：Windows XP 或者更高版本，Mac OS 10.7 或者更高版本。
- 显卡：DX9（需要支持 ShaderModel 3，从而可以使用基于着色器的材质）。
- CPU：需要 SSE2 指令集的支持。
- 浏览器：IE、Chrome、Firefox、Safari 等。

第 2 章

EON Studio 入门

2.1 如何快速获取帮助

在 EON Studio 模块的某些视窗中可快速启动帮助文档。当某个节点或元件被选中时，通过按下键盘上的 F1 键，可以很方便、快捷地调出该节点或元件的帮助文档。

按下 F1 键后，所调出的帮助文件的内容取决于用户当前所在的视窗，具体如下：

（1）节点视窗：在该视窗中按下 F1 键后，显示被选中节点的帮助文档。

（2）元件视窗：在该视窗中按下 F1 键后，显示被选中元件的帮助文档。

（3）仿真树视窗：在该视窗中按下 F1 键后，显示被选中节点的属性设置帮助界面；按下 Enter 键后，显示被选中节点或元件的属性对话框；按下 Shift + Enter 组合键后，显示被选中节点或元件的域对话框。

2.2 EON Studio 工作区

打开 EON Studio 软件，其工作界面如图 2-1 所示。

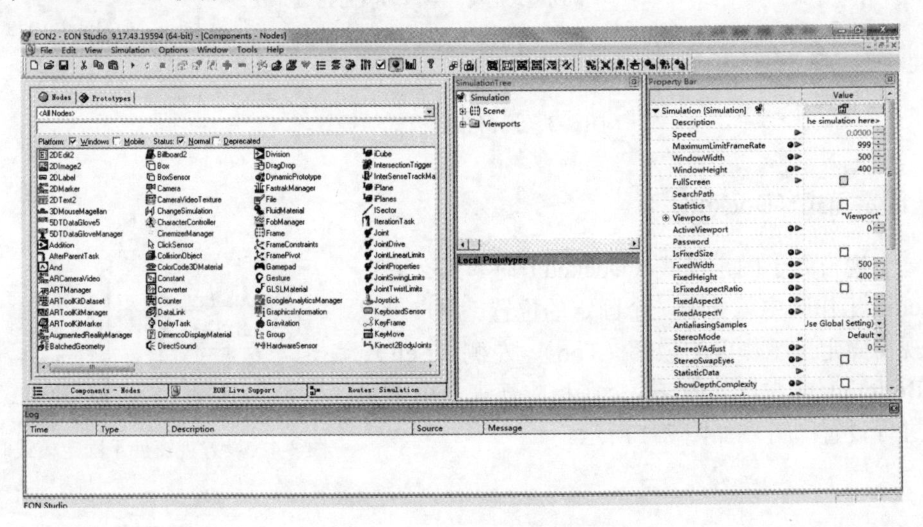

图 2-1　EON Studio 的工作界面

2.2.1 工作区默认视图

当第一次打开 EON Studio 后，会发现在 EON Studio 的工作区下有许多默认的视窗，将其称之为 EON Studio 启动后的默认布局。当创建 EON 仿真程序时，这些视窗将发挥不同的作用，实现不同的功能。这些默认的视窗主要包括以下几种：

（1）仿真树视窗（Simulation Tree Window），固定模式，处于右侧。

（2）组件视窗（Component Window），多文档界面模式，处于左侧。

（3）属性栏视窗（Property Bar Window），固定模式，处于仿真树视窗右侧。

（4）逻辑关系视窗（Route Window），多文档界面模式，处于左侧。

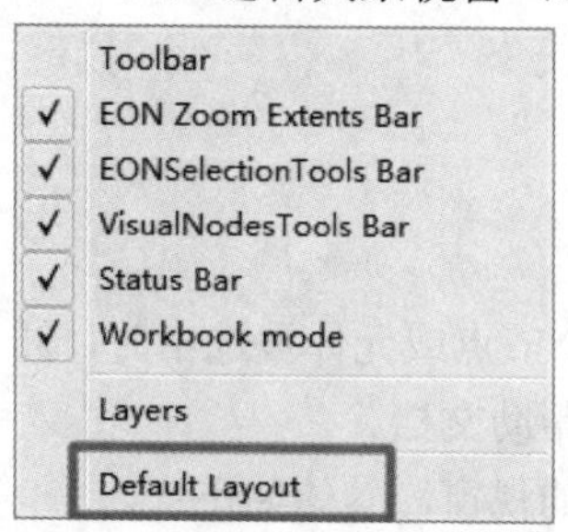

图 2-2　恢复默认布局的菜单

（5）蝶状视窗（Butterfly Window），默认不显示，如果将其显示后，默认处于浮动模式。

（6）查找视窗（Find Window），默认不显示，如果将其显示后，默认处于浮动模式。

（7）日志视窗（Log Window），固定模式，处于底部。

注意：如果在后期的设计过程中不小心把上述各个视窗的位置调整乱了，可以执行菜单“View→Default Layout”来快速恢复 EON Studio 启动后的默认布局，如图 2-2 所示。

2.2.2 视窗布局模式

EON Studio 的视窗有三种布局模式：固定模式（Docked）、浮动模式（Floating）和多文档界面模式（MDI Child）。在任一视窗的标题栏上单击鼠标右键，在弹出的菜单（右键菜单）中可以改变该视窗的布局模式。视窗布局模式的设置如图 2-3 所示。

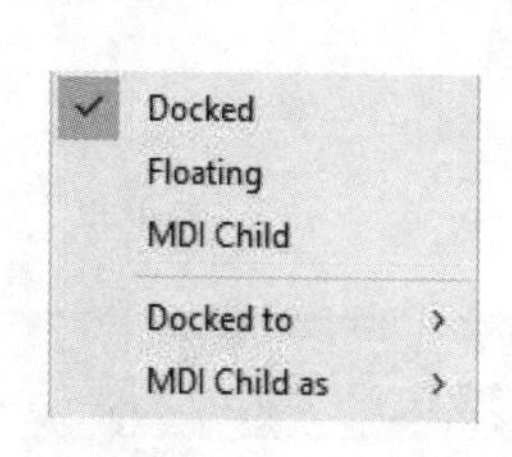

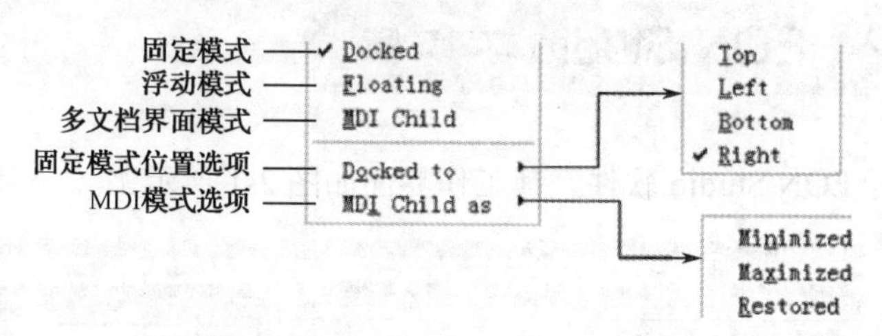

图 2-3　视窗布局模式的设置

1．固定模式（Docked）

当一个视窗处于固定模式（Docked）时，那么它在 EON Studio 工作区中就处于一个固定的位置。用户可以将一个视窗固定于工作区的顶部（Top）、左侧（Left）、底部（Bottom）或右侧（Right），在相应视窗上单击鼠标右键进行设置即可，如图 2-4 所示。

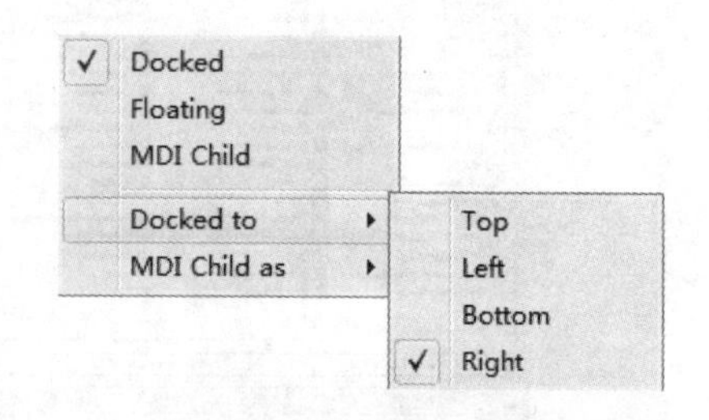

图 2-4　设置视窗处于固定模式时的位置

2. 浮动模式（Floating）

在 EON Studio 中，处于浮动模式（Floating）的视窗可以被移动到屏幕的任何位置。对于一个处于固定模式的视窗，在移动它的同时按住 Ctrl 键，可将其变为浮动模式。浮动模式使 EON Studio 的用户界面更加灵活，有效工作空间不再受 EON Studio 工作区的限制，可以将其拖曳到屏幕的任何位置。

3. 多文档界面模式（MDI Child）

处于多文档界面模式的视窗可以在 EON Studio 的主视窗中任意移动。用户可以通过 Ctrl+Tab 组合键在若干处于多文档界面模式的视窗中任意切换（切换时，视窗不可处于最小化模式）。

处于多文档界面模式的视窗有以下三种显示方法，如图 2-5 所示。

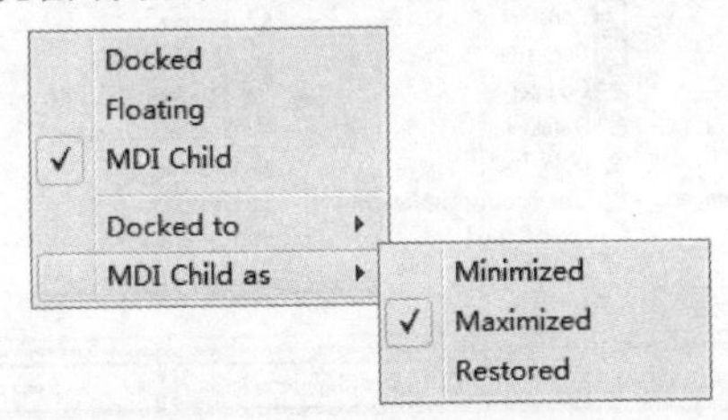

图 2-5 处于多文档界面模式的视窗显示方式

- 最小化（Minimized）：以图标方式显示。
- 最大化（Maximized）：满视窗显示。
- 还原（Restored）：恢复为原始大小。

利用菜单“Window”下的“Cascade”“Tile”“Arrange Icons”可以对处于多文档界面模式中所有打开的视窗进行重新排列，图 2-6 所示是执行菜单“Window→Tile”后，对处于多文档界面模式下三个打开的视窗重新排列后的布局图。

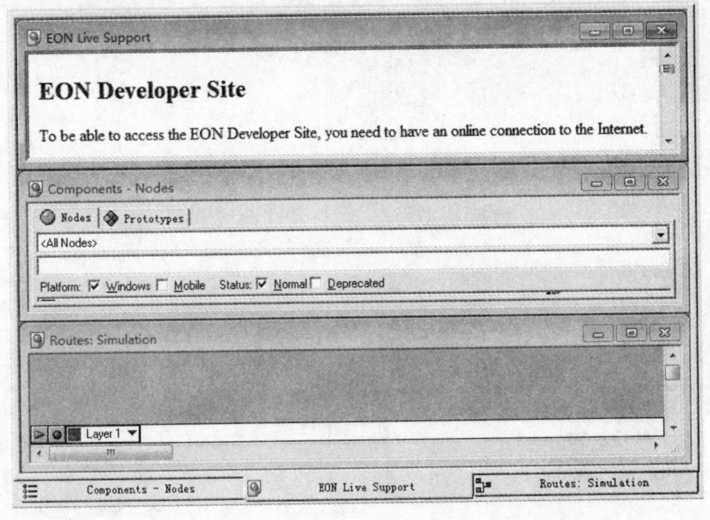

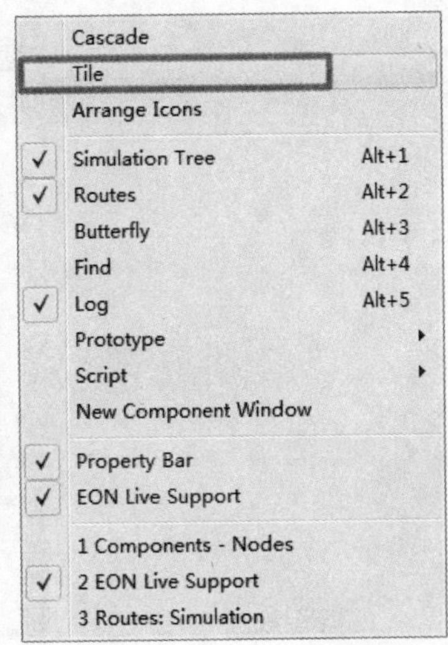

图 2-6 视图的重新排列

当 EON Studio 的多个视窗设定为 MDI Child 模式时，它们的显示方式可以设定为工作簿模式或者非工作簿模式，设置方式为选择菜单“View→Workbook mode”。工作簿模式的显示方式如图 2-7 所示。

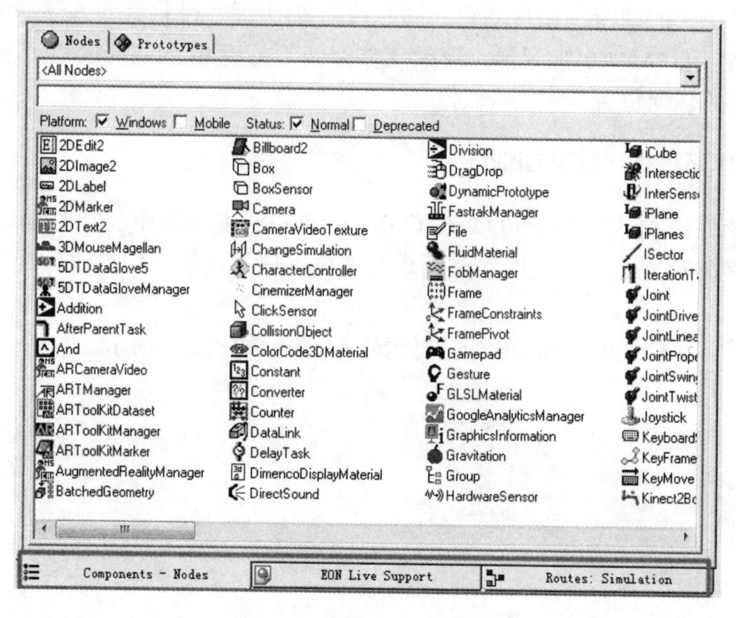

图 2-7　工作簿模式的显示方式

在工作簿模式下，处于 MDI Child 模式下的所有视窗都可以通过 Tab 键进行切换；在非工作簿模式下，只能在菜单“Window”列出的视窗之间进行手动切换，如图 2-8 所示，这种方式比较麻烦，所以建议使用工作簿模式。

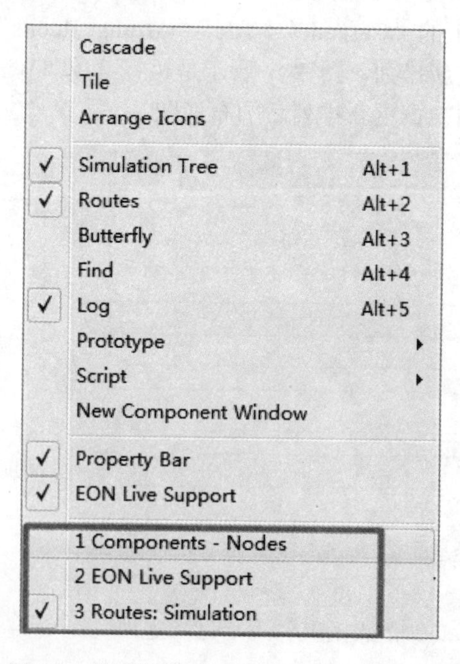

图 2-8　通过菜单“Window”进行视窗切换

2.3　EON Studio 视窗

EON Studio 的主视窗是由许多视窗组成的。当运行 EON Studio 时，有些视窗会被显示，而有些则被隐藏，视窗的布局与最近一次关闭 EON Studio 时的布局相同，这使得用户可以在最适合自己的布局中工作。

2.3.1　仿真树（Simulation Tree）视窗

仿真树视窗类似于 Windows 中的资源管理器树状结构，可以展开或者收缩，且节点可以复制和粘贴。

仿真树视窗是 EON Studio 中建立仿真程序最常用、最重要的视窗，如何在仿真树中对节点和元件进行合理排列是构建仿真程序的重点，而仿真树中的节点和元件则是通过在组件视窗中一步步添加的。

仿真树视窗中有两个面板，一个是仿真树本身，另一个是在仿真树中用到的本地元件，本节主要介绍仿真树结构。

1. 默认的仿真树结构

当第一次启动 EON Studio 时，看到的便是系统默认的仿真树结构，它提供了创建一个仿真程序必需的基本架构，如图 2-9 所示。

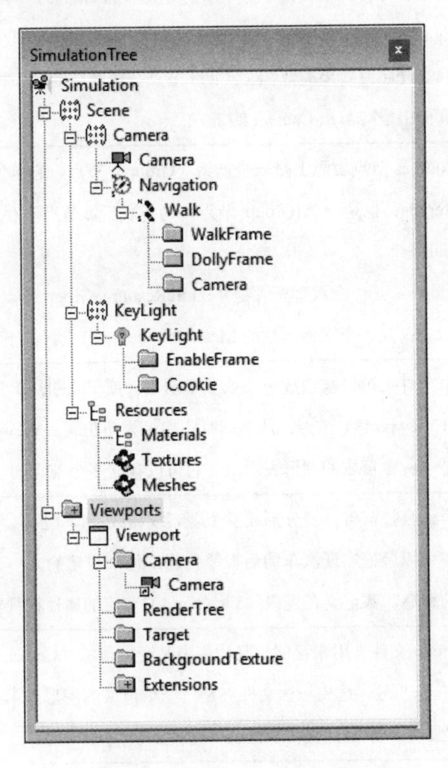

图 2-9　默认的仿真树结构

表 2-1 是对于默认的仿真树结构中相关节点的简要说明。

表 2-1　默认的仿真树结构中的节点

默认节点	功能描述
Simulation	这是 EON 仿真树的根节点
Scene	场景（Scene）节点位于仿真树（Simulation）节点的正下方。利用场景节点可以编辑对象的位置、方向、比例大小、背景以及云雾效果，这是仿真程序中最重要的父节点。当某个节点包含其他下级节点时，该节点就称为其下级节点的父节点。 注意：该节点实际上是一个框架（Frame）节点，也可以重命名，只不过节点名称为 Scene。为了统一，一般保留默认名称
Camera	该节点实际上是一个框架（Frame）节点
Camera Camera	该节点作为整个仿真程序的摄像机，其位置决定了观察者在仿真视窗中所看到的效果。可以同时改变摄像机（Camera）节点的位置和方向。视场和在物体可视范围内观察者的距离，都可以在该节点的属性栏视窗中定义
Navigation Walk	这个默认的步行（Walk）节点被放置在框架节点 Camera 的下方，这样用户可利用鼠标来检测 3D 运行环境，可通过单击鼠标和移动鼠标来控制相关运动。例如，用户可以通过按住 Ctrl 键后移动鼠标（此时不要按其他按键）来实现在 3D 世界中的漫游，当松开 Ctrl 键时，仿真视窗中视角将会返回到初始状态
KeyLight KeyLight	在 EON 版本 9 中使用了一个新的灯光节点 Light2，其在仿真树中的默认名称为 KeyLight。KeyLight 节点的光源类型属性默认设置为 Directional（定向光源），其灯光效果与笔直射向正前方的灯光照明效果类似。KeyLight 节点会跟随仿真树下框架节点 Camera 移动，因为它位于默认仿真树中框架节点 Camera 的下方
Resources Materials Textures Meshes	Resources 节点实际上是一个群组（Group）节点，它包含以下三个子节点： Materials：也是一个 Group 节点，为了表示该节点下存放的是所用到的材质，故将其命名为 Materials。 Textures：是一个纹理资源组 TextureResourceGroup 节点，其下存放的是用到的纹理和贴图。 Meshes：是一个网格属性的 Mesh3Properties 节点，其下存放的是用到的网格
Viewports	这个文件夹可以被当成一个或多个节点（或节点引用）的容器。在该文件夹下可以放置多个视口（Viewport3）节点，从而同时实现多视角仿真。Viewports 前面的“+”号表明该文件夹实际上是一种多重域的图形表示法，它可以存储多个节点的引用
Viewport	整个仿真视窗可以被分割成多个观察视窗或视口（也称为视角），使用多个视口（Viewport3）节点，可以轻松实现汽车的后视镜功能。每个视角的大小、范围以及在物体在可视范围内到观察者的距离，都定义在视口（Viewport3）节点的属性栏视窗中
Camera	Camera 文件夹用来存储仿真程序中某个摄像机（Camera）节点的引用。注意：Camera 前面并没有“+”号，这表示该文件夹是一个单值域的图形表示法，用来存储单一的数据值，所以这里只能添加一个摄像机（Camera）节点的引用
Camera	这是摄像机（Camera）节点的引用

由于 Simulation 节点和 Scene 节点对于整个仿真程序来讲非常重要，并且这两个节点不属于节点库，所以在这里首先对这两个节点进行详细介绍。

2. Simulation 节点

Simulation 节点是整个仿真树的根节点，在该节点上单击鼠标右键，在右键菜单中选择“Properties”可弹出节点属性（Node Properties）对话框，如图 2-10 所示。

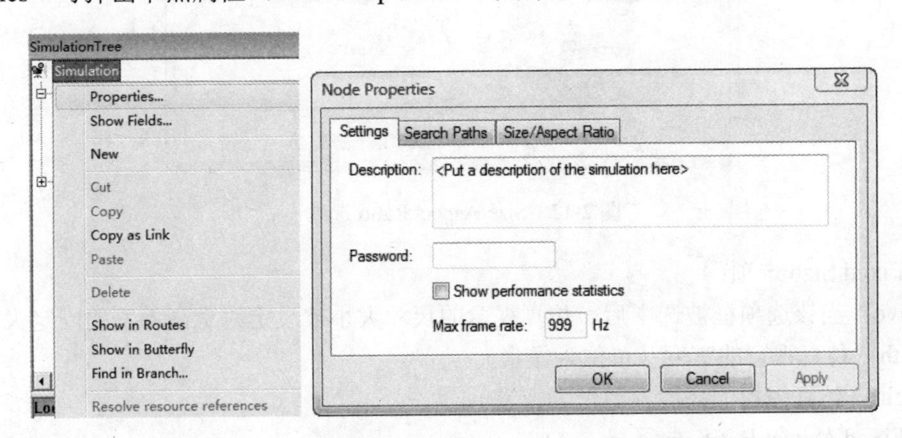

图 2-10　打开 Simulation 节点的节点属性对话框

（1）Settings 选项卡。

Description：关于本 EON 仿真程序的相关描述，使用 Ctrl + Enter 组合键可实现多行输入。

Password：可通过该选项为 EON 仿真程序设置密码。

Show performance statistics：选中该选项后，可在仿真视窗的标题栏显示仿真运行时的统计信息。

（2）Search Paths 选项卡。EON 将按照 Search Paths 选项卡上指定的路径搜索外部引用（如声音、网格和纹理文件），所有使用外部引用的节点将按照指定的顺序自动搜索这些路径，不同的路径用分号分隔。如果要添加新的搜索路径，请在文本框中输入搜索路径，或单击“Add Path”按钮添加搜索路径，如图 2-11 所示。

注意：同一路径不能添加两次。

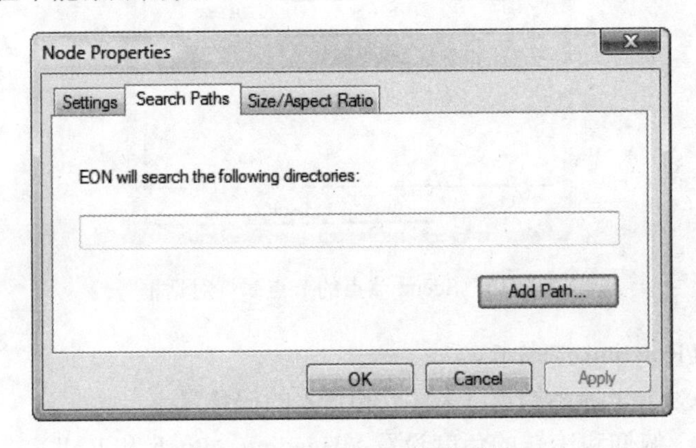

图 2-11　Search Paths 选项卡

（3）Size/Aspect Ratio 选项卡。该选项卡用于定义仿真视窗的尺寸大小，如图 2-12 所示。

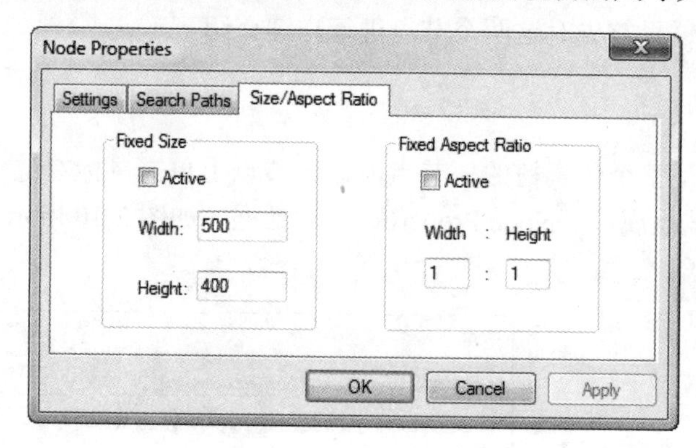

图 2-12　Size/Aspect Ratio 选项卡

① Fixed Size 选项：

Active：当该选项框被选中后，仿真视窗的尺寸大小被设定为宽高不变的固定大小。

Width：仿真视窗的宽度（单位为像素）。

Height：仿真视窗的高度（单位为像素）。

② Fixed Aspect Ratio 选项：

Active：当该选项框被选中后，仿真视窗的尺寸大小设定为按宽高比例变化。

Width：仿真视窗的宽度比例系数。

Height：仿真视窗的高度比例系数。

3. Scene 节点

场景（Scene）节点位于仿真树节点（Simulation）的正下方。在仿真树中双击 Scene 节点可弹出其节点属性对话框，如图 2-13 所示。

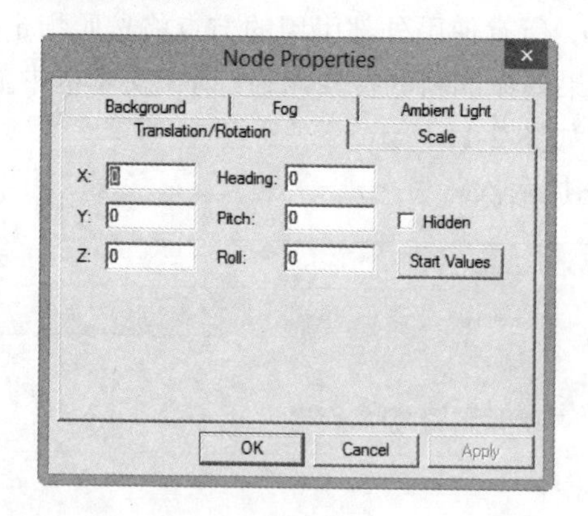

图 2-13　Scene 节点的节点属性对话框

（1）Translation/Rotation 选项卡。

Translation：相对于坐标系原点（X、Y 和 Z）的偏移量。

Rotation：偏航、俯仰和滚转的角度设置（Heading、Pitch 和 Roll）。

Hidden：隐藏 Scene 节点下的所有网格节点（仿真树下的所有网格节点都位于 Scene 节点

之下，选中该选项将隐藏仿真树中的所有网格节点）。

Start Values：应用并保存当前值。

（2）Scale 选项卡。该选项卡用于更改可视节点的比例。由于所有的可视节点都位于场景（Scene）节点下方，因此该选项卡将会缩放所有的可视节点，但是缩放比例变化在仿真视窗中无法观察到，如图 2-14 所示。

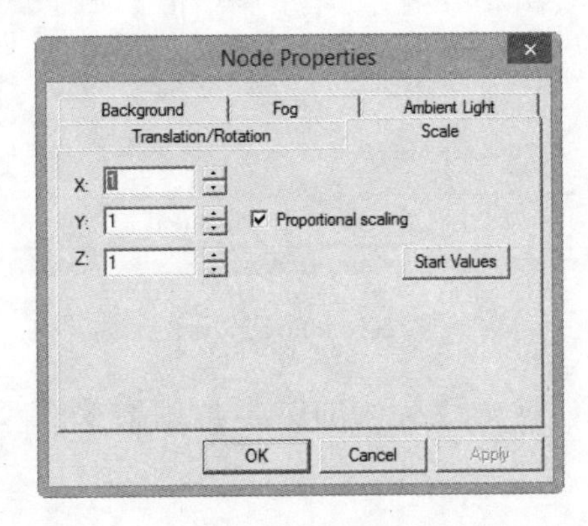

图 2-14　Scale 选项卡

X、Y 和 Z：按指定的比例系数在三个坐标方向上缩放所有的可视节点。

Proportional scaling：选中该选项后，三个坐标方向上的缩放比例将保持一致。

Start Values：应用并保存当前值。

（3）Background 选项卡。仿真视窗的背景可以是单色或者.ppm、.png 格式的图像。指定背景图像（Image）后，背景颜色（Color）将不再起作用，如图 2-15 所示。

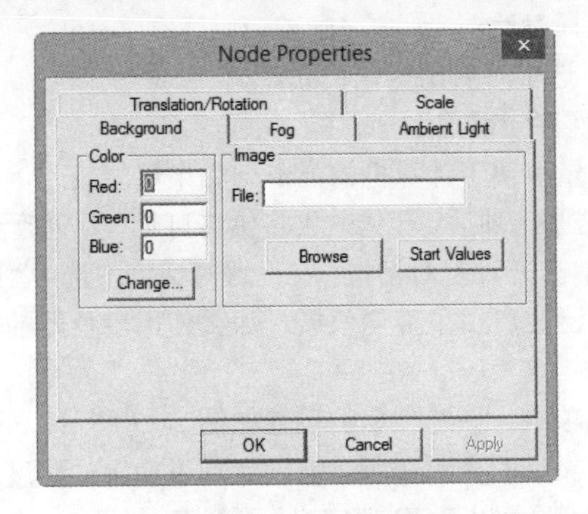

图 2-15　Background 选项卡

注意：在 EON 版本 9 中，节点属性对话框中的 Color 设置将不再生效，请使用视口（Viewport3）节点中的字段 ClearColor 更改仿真视窗的背景颜色。

（4）Fog 选项卡。利用合适的图形硬件，EON 可以产生雾化效果。在 Fog 选项卡中，Start distance 和 Stop distance 用于确定雾化区域的界限，注意这些距离是表示沿着 *Y* 轴并且相对于 Scene 节点的距离；Density 设置为 0～1。雾化效果质量取决于安装的图形硬件处理参数的方式。要启用雾化效果，请选中“Fog mode is enabled”，如图 2-16 所示。

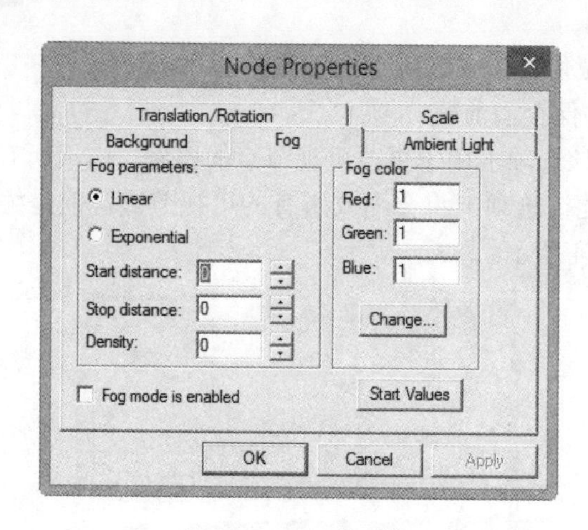

图 2-16　Fog 选项卡

注意：如果希望在运行时更改雾化的类型，则需要在 SceneModifier 节点中更改 FogAmbiance 域的值。

具体参数设置如下：

Linear：使用雾化参数 Start distance 和 Stop distance，使雾化的厚度在这两个值之间变化。

Exponential：基于密度和到摄像机的距离，以指数形式增加。

Start distance：雾化开始的距离（沿 *Y* 轴，相对于 Scene 节点）。

Stop distance：雾化停止的距离（沿 *Y* 轴，相对于 Scene 节点）。

Density：雾化密度在 0～1 范围内，雾化效果取决于硬件。

Fog color：Red、Green 和 Blue 三个基色的取值范围（0～1）。

Change：显示颜色选择对话框。

Fog mode is enabled：选中时启用雾化模式。

Start Values：应用并保存当前值。

注意：雾化效果的质量取决于计算机的显卡。如果性能较差，请使用 RGB 颜色和抖动（Dither）渲染设置。启用这些选项后，雾化效果将始终可见。要更改渲染设置，请从 Simulation 菜单中选择 Configuration，打开设置对话框，在设置对话框中选中“Render”，然后单击“Edit”按钮进行修改即可。如果已经启用了雾化效果，那么使用着色器的材质会在上述设置对话框中保存后进行重新编译。

（5）Ambient Light 选项卡。该选项卡的设置如图 2-17 所示。

Ambient Light：这种类型的光源在所有方向上均以相等的强度照射到所有的物体上，如间接太阳光。Ambient Light 颜色以 RGB 值定义，可在 Red、Green 和 Blue 属性中输入颜色值，或单击“Change”按钮并从颜色选择对话框中选择颜色。Ambient Light 可产生类似于反射太阳光的照明效果。

Start Values：应用并保存当前值。

4．右键菜单

右击仿真树中的任意一个节点或元件时，将弹出如图 2-18 所示的菜单（右键菜单）。

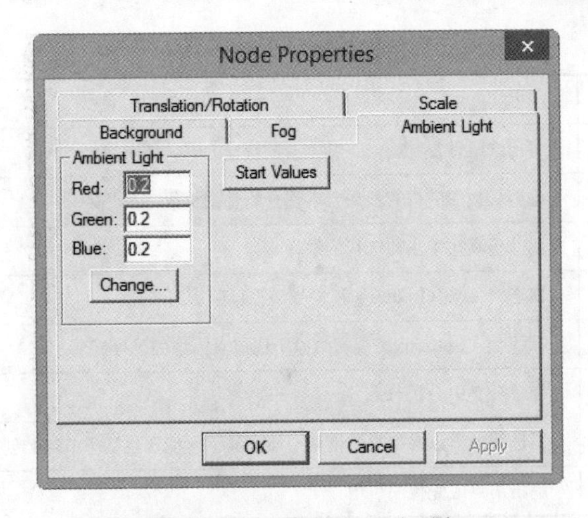

图 2-17　Ambient Light 选项卡

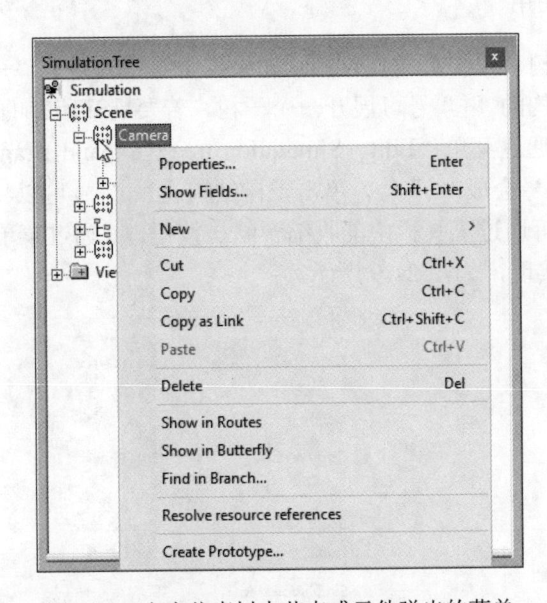

图 2-18　右击仿真树中节点或元件弹出的菜单

节点或元件的右键菜单包含的命令如表 2-2 所示。

表 2-2　节点或元件的右键菜单包含的命令

命　令	功 能 描 述
Properties	显示所选组件的属性栏视窗，也可以在仿真树视窗或逻辑关系视窗中通过双击任何一个组件来显示属性栏视窗
Show Fields	显示所选节点的节点域
New	添加一个节点到仿真树中
Cut	删除仿真树中当前选择的组件并存储到剪切板中
Copy	复制仿真树中当前选择的组件并存储到剪切板中

续表

命　　令	功能描述
Copy as Link	将所选组件复制为一个其本身的快捷方式，即引用
Paste	将剪切板中的内容插入当前选择组件的下级
Delete	删除仿真树中当前选择的组件
Show in Routes	在逻辑关系（Routes）视窗中高亮显示所选节点
Show in Butterfly	在蝶状（Butterfly）视窗中以所选节点为中心进行显示
Find in Branch	在子分支中查找节点
Create Prototype	将选择的节点（如果是框架节点，其下可能还包括子节点）创建为一个元件
Resolve resource references	解析节点或元件的引用

5．仿真树视窗的使用

（1）展开和收缩子树。在仿真树视窗中，如果某个组件前带有“+”号，那么将其称之为一个子树。单击子树结构的“+”号可展开一个子树，若要展开所有的子树，可通过工具栏中的展开子结构按钮，或通过菜单“Edit→Simulation tree→Expand Branch”来实现。展开子树后，子树最上层的“+”号会成“-”号，单击子树结构的“-”号可以将该子树重新收缩回来。若要收缩所有的子树，可通过工具栏中的收缩子结构按钮，或通过菜单“Edit→Simulation tree→Collapse Branch”来实现，如图 2-19 所示。

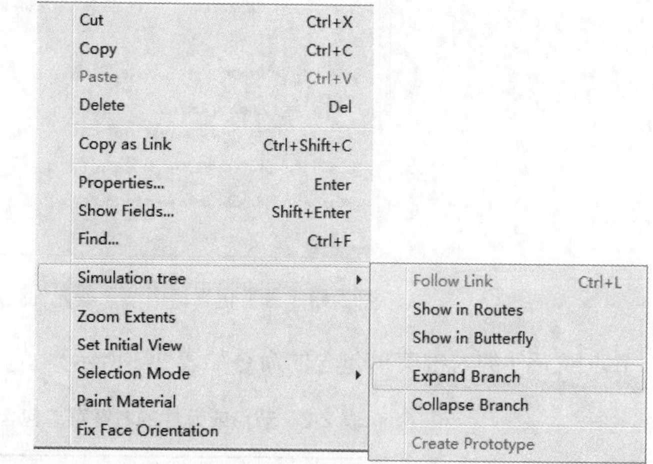

图 2-19　展开或收缩子树的方式

（2）创建一个组件的引用。组件的引用相当于 Windows 中的快捷方式，首先选择要创建引用的源组件，单击鼠标右键，在右键菜单中选择“Copy as Link”，然后选择目标组件，单击鼠标右键，在右键菜单中选择“Paste”即可，如图 2-20 所示。

所有通过“Copy as Link”菜单创建的组件引用，在其图标的左下方都会有一个小箭头。

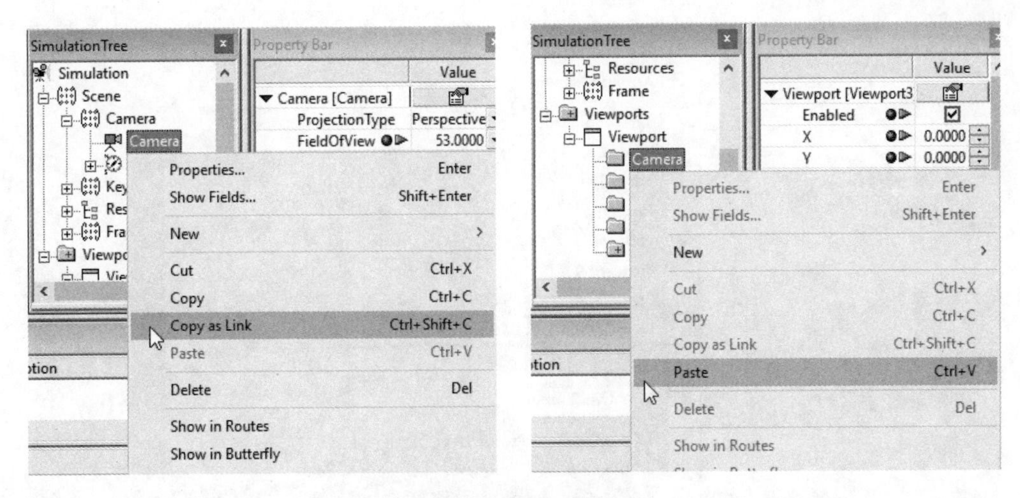

图 2-20　创建组件的引用

2.3.2　组件（Components）视窗

1. 简介

组件视窗是 EON 中的常用视窗，如图 2-21 所示，组件视窗列出了用于创建仿真程序的所有节点（Nodes）和元件（Prototypes）。

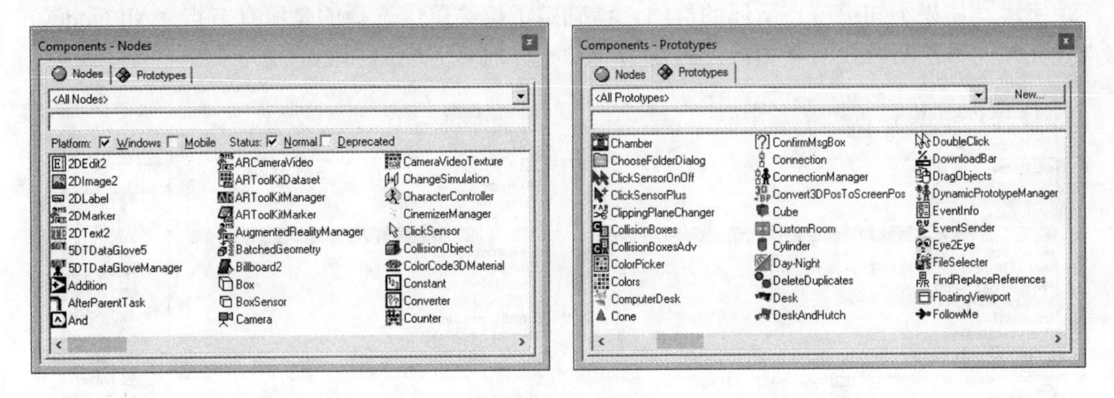

图 2-21　组件视窗

EON 中的节点被分门别类地存储在节点库中，如代理（Agent）节点、基本（Base）节点、运动（Motion Model）节点和传感器（Sensor）节点等；元件也被分门别类地存储在元件库中。在组件视窗中，节点和元件是通过两个不同的面板来分别显示的。另外，可以通过导入库文件的方式向组件视窗中添加更多的节点和元件。

EON 可以根据需要打开多个组件视窗，例如，如果需要同时打开元件库和节点库，那么只需打开第二个组件视窗即可，打开方法是在主菜单栏中选择“Window→New Component Window”，如图 2-22 所示。

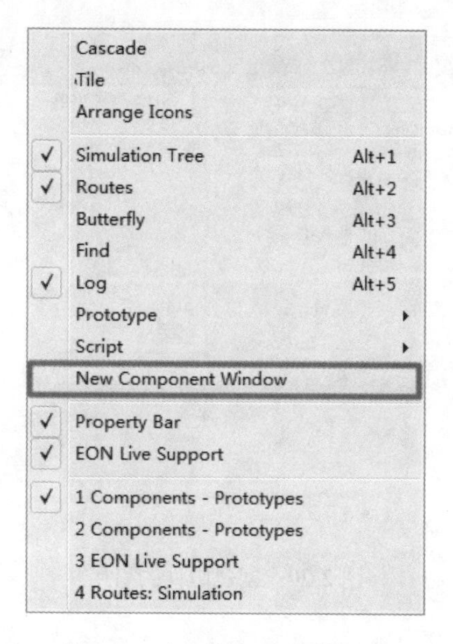

图 2-22　打开第二个组件视窗

2．查找节点

如果知道节点所属的群组，便可以直接从下拉菜单中选择该群组，并从列表中选择所需的节点。快速查找节点的另一种方式是在搜索栏（该栏于下拉菜单的下方）中输入节点的第一个字母。如果不知道节点所属的群组，请确定下拉菜单中选择的是所有节点（All Nodes）。查找元件的方法与查找节点类似。查找节点和元件的界面如图 2-23 所示。

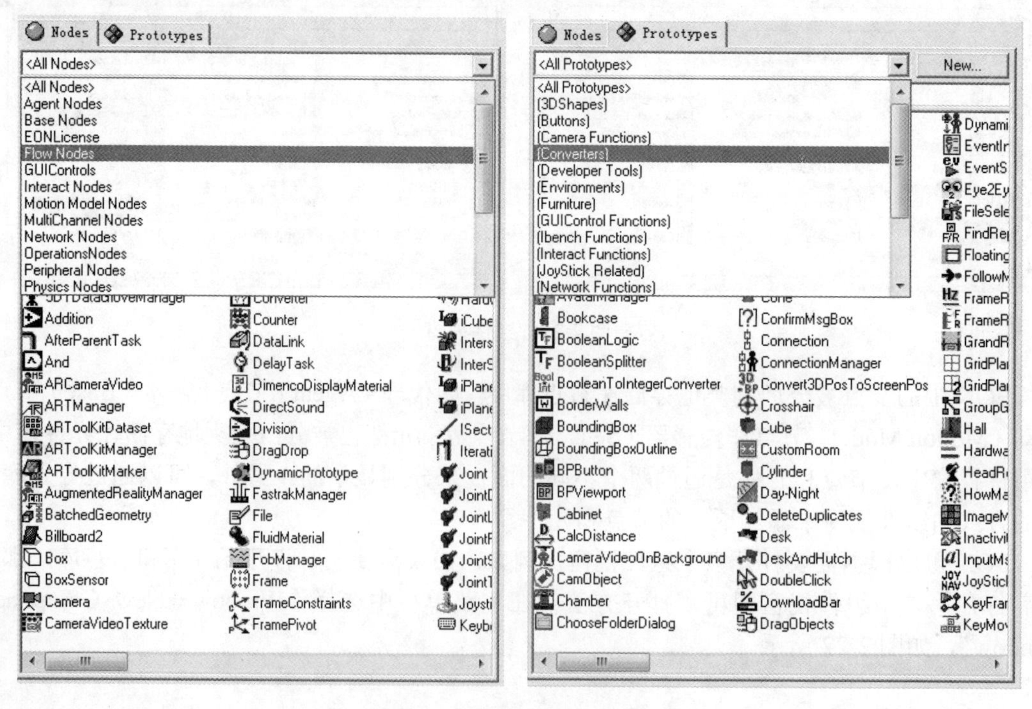

图 2-23　查找节点和元件的界面

2.3.3　属性栏（Property Bar）视窗

所有组件都具有预设的属性值，通过属性栏视窗可以快速地访问和修改这些属性值，如图 2-24 所示，可以在此视窗中控制所选组件的大小、形状、颜色、移动和其他可用属性，还可以调整坐标设定、导入文件、激活节点等，或根据特定节点或元件分别执行对应的其他功能。

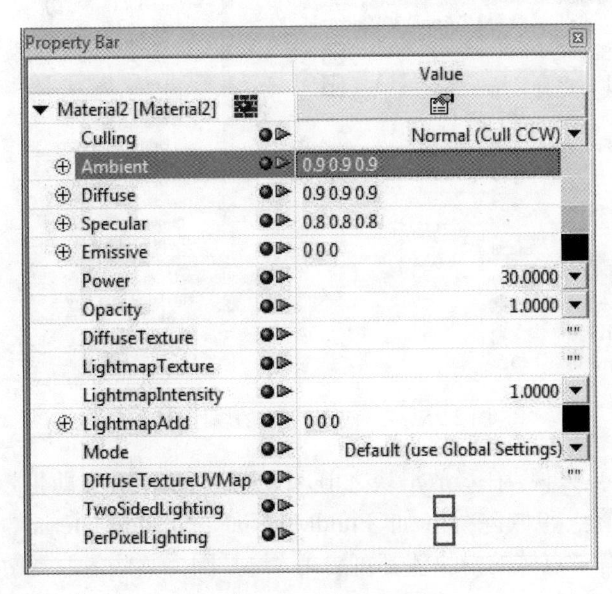

图 2-24　属性栏视窗

1．属性栏视窗布局

在 EON 的默认视窗布局中，属性栏视窗在仿真树视窗的右侧，该视窗被分割成了两栏：域名和域值，列宽可以通过拖曳标题列的分隔条进行调整。

对于某个节点来说，它们所有的可用节点域分别显示在每一行上，但是有七个默认的节点域除外，这七个默认节点域属于所有节点的通用域，一般不要编辑这些域，默认情况下 EON 也不会显示它们，如果一定要访问它们，请参考本节最后的属性栏设置对话框部分的内容。

当在仿真树视窗中选择的对象不同时，那么属性栏视窗中显示的属性也就会跟着发生变化，例如，在仿真树视窗中选择了一个新的节点或者仿真程序被运行后，属性栏视窗中的属性值是会被实时更新的。

属性栏视窗的每一行一般代表节点的某个节点域，但有时也可以表示节点（如果当前节点包含子节点或具有其他节点的引用时，便会出现这种情况），如图 2-25 所示。

2．为不同类型的节点域赋值

如果某个节点域的值被定义在一个范围之内，且为整数或浮点数类型，那么可以使用滑块控件来更改域值。对于 FluidMaterial、ShaderMaterial、UltraHDRMaterial、Viewport 3 等节点，在拖动滑块时，设定的新值会立即生效并应用到 3D 仿真效果中，这将增加反馈时间，并使设置视觉属性变得更容易。

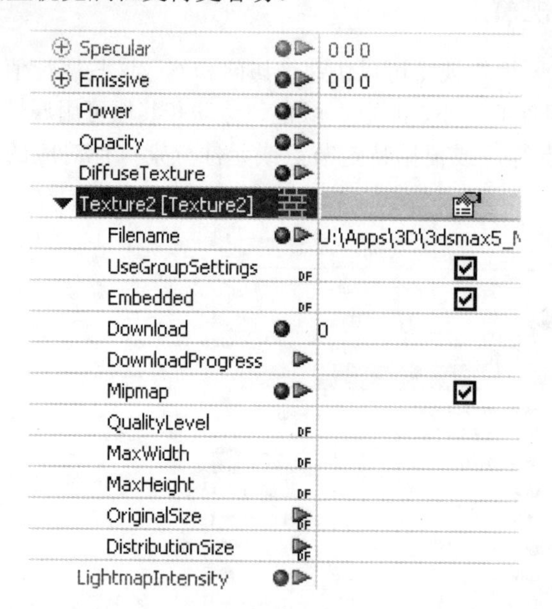

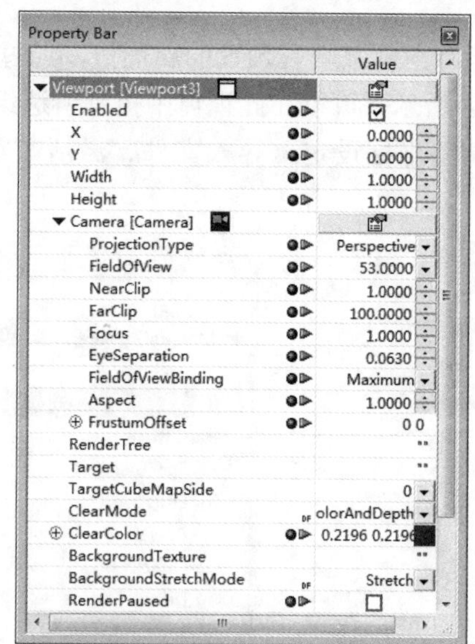

图 2-25 带有节点引用的属性栏视窗

但是对于其他节点来说，在释放滑块之前，设定的新值不会立即生效并应用到 3D 仿真效果中，但某些选定节点和域除外（如 FluidMaterial、ShaderMaterial、UltraHDRMaterial、Viewport3）。并非所有节点域的滑块值都可启用，这是因为某些值非常敏感，如果用户滑动滑块过快则会出现性能问题。

EON 中节点域的数据类型共 8 种，分别是 Text、Numeric、Boolean、FileName、Enumeration、Numeric Range、Compound、Color。下面分别对这 8 种数据类型的节点域进行赋值说明。

（1）文本型（Text）和数值型（Numeric）。在为数据类型是文本型（Text）和数值型（Numeric）的节点域设置一个新值时，只需要在属性栏视窗的列表中找到这个域名，然后在对应的域值一列中单击鼠标即可进行修改，如图 2-26 所示。如果要在字符串中间插入文本，通过鼠标或键盘将光标定位到想插入的地方后进行输入即可。

ScreenWidth	640
ScreenHeight	480
ScreenDepth	16
SearchPath	Studio\install\PrototypeLibrary\;.

图 2-26 在属性栏视窗中对文本型的节点域进行赋值

提示：对于数值型（Numeric）的节点域来说，可以通过单击向上/向下的箭头来修改域值。如果按住向上/向下箭头并拖动鼠标，则可以连续改变域值，就像一个滑块一样。

（2）布尔型（Boolean）。对于布尔型的节点域来说，通过勾选复选框可将域值设置为 TRUE，取消勾选则设置为 FALSE，如图 2-27 所示。

（3）文件型（FileName）。这种类型的节点域与文本型非常类似，唯一的不同之处是它有一个浏览（Browse）图标，通过该图标能够方便地通过标准的 Windows 文件对话框选择一个文件，如图 2-28 所示。

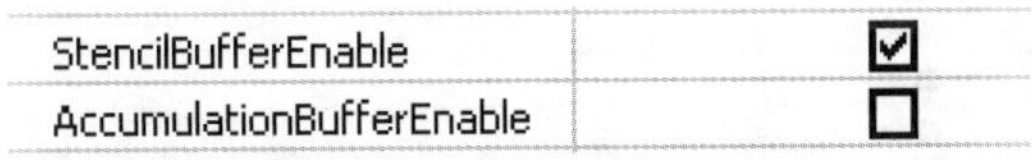

StencilBufferEnable
AccumulationBufferEnable

图 2-27　在属性栏视窗中对布尔型的节点域进行赋值

Texture2 [Texture2]
Filename　U:\Apps\3D\3dsmax5_NFS\maps\Reflection\CHROMBLU.JPG

图 2-28　在属性栏视窗中对文件型的节点域进行赋值

（4）枚举型（Enumeration）。有些节点域的取值范围是有限个离散值，如灯光（Light2）节点，其域值为环境光（Ambient）、定向光（Directional）、平行光（Parallel Point）、点光源（Point）和聚光源（Spot）。当遇到这种数据类型的节点域时，属性栏视窗的域值一列就会在下拉列表中列出可选的值，选择其中一个值后关闭列表即可，下拉列表中方括号内的值代表该域的当前实际设定值，如图 2-29 所示。

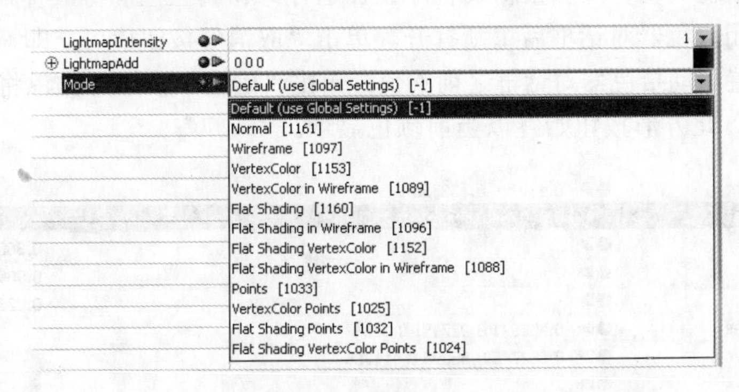

图 2-29　在属性栏视窗中对枚举型的节点域进行赋值

（5）数值范围型（Numeric Range）。有些域值不是离散的，而是连续的，但有一定的范围。在这种情况下，滑块也是非常适用的。在某一行的最右侧单击下拉箭头时，滑块就会出现在当前行的下方，这样就可以边拖动滑块边查看数值的改变。当松开鼠标按键时，这个域值就会被保存，同时滑块也会消失。如果要再次修改该域值，再次单击该行的最右侧下拉箭头即可，如图 2-30 所示。

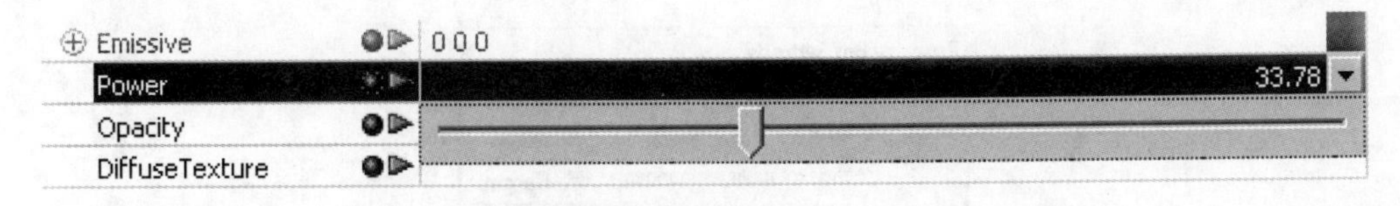

图 2-30　在属性栏视窗中对数值范围型的节点域进行赋值

（6）复合型（Compound）。有些节点域是多个值的组合，例如，SFVec3f 类型就是这种情况。通常情况下，在这些域名的旁边会有一个⊕号，通过单击⊕号，可以很方便地展开或者收缩该复合域下的子域。当展开时，每个子域都成为单独一行，并且可以单独修改；当收缩时，几个子域的域值共同显示在一行上面，域值之间用空格隔开，如图 2-31 所示。

注意：如果要在收缩状态修改复合域的域值时，一定要记得在每个值之间输入一个空格。

⊖ Position	66.471 -45.8153 0
X	66.471
Y	-45.8153
Z	0
⊕ Orientation	-54.7929 -6.06414e-006 3.14288e-006
⊖ Scale	1 1 1
X	1
Y	1
Z	1

图 2-31　在属性栏视窗中对复合型的节点域（复合域）进行赋值

（7）颜色型（Color）。这种类型是复合域的一种特殊情况，用来存储颜色值（RGB）。除了可以通过数值来改变每个颜色通道的颜色，还可以通过单击某个域最右侧的方形按钮，在弹出标准的 Windows 拾色器对话框中修改颜色，这个方形按钮的颜色会以该域当前选择的颜色来显示，如图 2-32 所示。只需按住鼠标左键，同时将鼠标光标拖到调色板上或者单击调色板，便可以立即在仿真视窗（如果仿真程序正在运行）和属性栏视窗中看到新的颜色选项，而不必每次都关闭拾色器对话框后重新打开。单击“取消”按钮后可立即撤销颜色的更改，颜色将恢复为设置启动拾色器对话框之前的值；单击“确定”按钮后颜色将被保存，然后关闭拾色器对话框。此方形按钮始终以当前颜色显示。

⊕ Ambient	0.439216 0.133333 1
⊖ Diffuse	0.360784 0.909804 0.223529
[0]	0.360784
[1]	0.909804
[2]	0.223529
⊕ Specular	0.752941 0.227451 0.376471
⊕ Emissive	0.862745 0.85098 0.411765
Power	33.7767
Opacity	1

图 2-32　在属性栏视窗中对颜色型的复合域进行赋值

3. 属性栏设置（Property Bar Settings）对话框

通过在主菜单栏中选择“Options→Property Bar”可打开属性栏设置对话框，如图 2-33 所示。

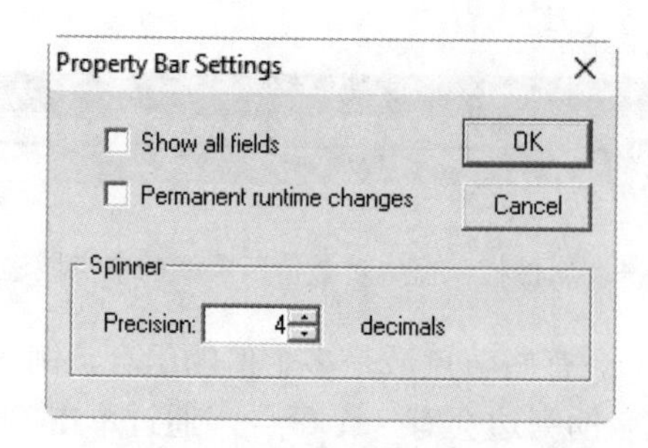

图 2-33　属性栏设置对话框

（1）Show all fields：勾选该选项后，属性栏视窗将会显示节点的所有节点域，包含默认的节点域。

（2）Permanent runtime changes：大部分的域值是实时存储的，也就是说，在仿真程序运行时修改域值后，当停止仿真程序或者再次启动仿真程序时，这些域值将会保持在修改后的状态。然而，也有许多域，如 Frame 节点的位置（Position）和方向（Orientation）这两个域的值会在上述情况下返回初值（它们的初值是在仿真程序停止状态下设定的）。如果勾选了该选项，那么所有的域值将会保持在新值状态，也包括位置（Position）和方向（Orientation）等域。

（3）Precision：用于设置数值型（Numeric）节点域中使用的小数位数，默认使用 4 位小数。

2.3.4 逻辑关系（Routes）视窗

1. 介绍

逻辑关系视窗（见图 2-34）提供了一种定义节点间相互连接关系的图形化表示方法，可将节点从仿真树中拖曳到逻辑关系视窗中来创建逻辑关系，节点之间的关系是通过连线来表示的，关系流是从引起事件触发的节点输出域（Out-Field）到相应目标节点的输入域（In-Field）。输出域用箭头符号表示，输入域用符号表示。当在两个节点之间存在有两个以上的连线时，连线的开始处将会出现一个黑点。

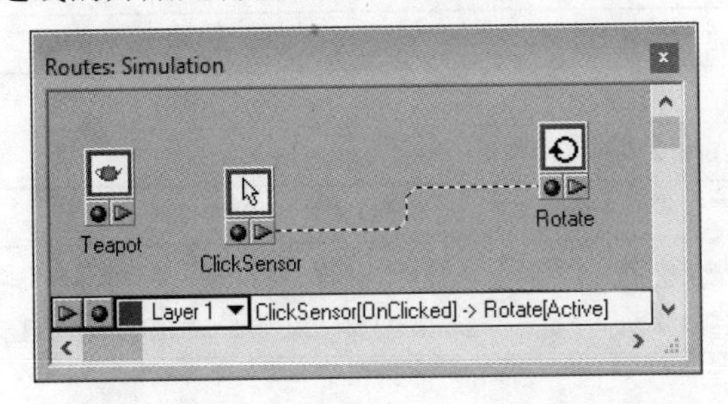

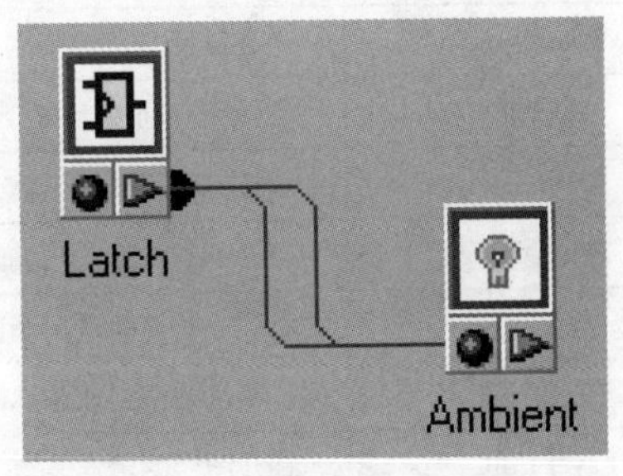

图 2-34 逻辑关系视窗

注意：节点所表现出来的功能与节点在仿真树中的位置，以及属性栏视窗中的设定有关。另外，只能在相同数据类型的节点域之间建立连接，不允许在两个不同数据类型的节点域之间建立连接。

在逻辑关系视窗中的节点上单击鼠标右键时，会弹出如图 2-35 所示的右键菜单。

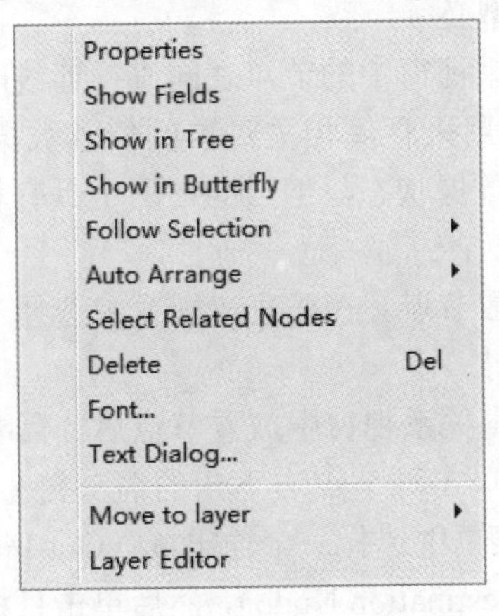

图 2-35 逻辑关系视窗右键菜单

逻辑关系视窗右键菜单包含的命令如表 2-3 所示。

表 2-3　逻辑关系视窗右键菜单包含的命令

命　令	描　述
Properties	显示所选节点的属性栏视窗
Show Fields	显示所选节点的节点域
Show in Tree	在仿真树中高亮显示所选的节点
Show in Butterfly	在蝶状视窗中将所选节点作为中心节点进行显示
Follow Selection	跟踪仿真树（Follow Tree）：如果勾选该选项，在仿真树中选择某个节点后，那么在逻辑关系视窗中的相同节点将会被同步选择。 跟踪蝶状视窗（Follow Butterfly）：如果勾选该选项，在蝶状视窗中选择某个节点后，那么在逻辑关系视窗中的相同节点将会被同步选择
Auto Arrange	相关节点（Related Nodes）：自动排列与所选节点相连的所有节点，排列后的视图将会自动滚动到逻辑关系视窗的底部。 所有节点（All Nodes）：自动排列逻辑关系视窗中的所有节点
Select Related Nodes	高亮显示与所选节点直接或间接相连的节点
Delete	删除节点间的连线
Font	通过打开一个对话框来设定逻辑关系视窗的字体
Text Dialog	打开节点连接关系编辑器，节点之间的连接关系在这里是以文本形式来描述的
Move to layer	将选中的对象从一个图层移动到另外一个图层。仿真程序中的所有图层都会在右键菜单中显示出来，并且会在当前选择的图层前面显示一个黑点，这个菜单只有在某个节点被选中后才会显示出来
Layer Editor	打开图层编辑器

2．如何使用逻辑关系视窗

（1）在节点域之间进行连线。节点域之间通过连线可以传输数据，连线是在逻辑关系视窗中完成的。在两个节点之间传输数据时，会产生一个事件，数据流是通过连线进行的。事件可以修改节点的接收域，从而导致节点的行为发生变化。不同类型的节点域之间可以产生连接关系，但是它们的数据类型必须一致。

（2）数据类型。在逻辑关系视窗中的节点之间进行连线时，实际上是在节点域之间进行连线的。有些节点域可能只是用来存储相关对象的位置数据，而有些节点域则只是存储是（TRUE）和非（FALSE）两个数据状态，但只能在两个具有相同数据类型的节点域之间进行连线。

（3）在逻辑关系视窗中添加节点。在仿真树视窗中选择一个节点，拖曳所选择的节点到逻辑关系视窗中后释放鼠标即可。

（4）连接两个节点。在逻辑关系视窗中放置节点后，需要将它们彼此连接起来才能实现一定的功能。要建立连接，请单击源节点右下角的箭头符号，此时将弹出一个菜单，如图 2-36（a）所示。在弹出的菜单中选择一个输出域（Out-Field），这时会出现一根连接线，将此连接线移动到目标节点（Destination Node），然后单击目标节点右下角的符号，此时将弹出一个菜单，如图 2-36（b）所示，在弹出的菜单中选择一个合适的输入域（In-Event），在这些可选的输入域中哪些能用取决于源节点输出域的数据类型。连接线的颜色就是默认图层的颜色。

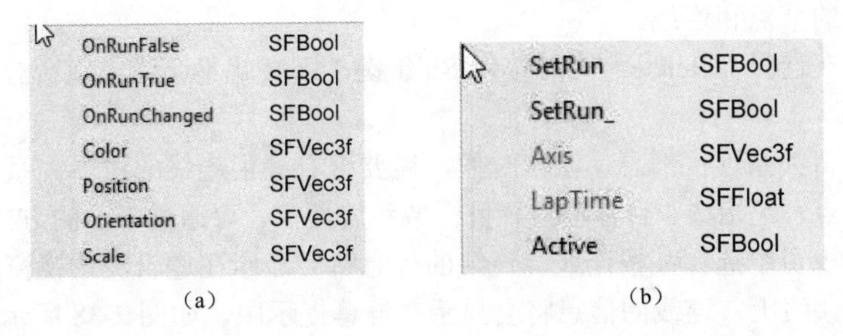

（a） （b）

图2-36 在源节点和目标节点中选取域

（5）在逻辑关系视窗中选取节点。逻辑关系视窗中的选择工具与Windows标准是一致的，当要选择一个范围内的节点时，可以按住Ctrl键一个一个地选取，也可以利用鼠标拖动的方式拉出一个矩形进行框选。

（6）在逻辑关系视窗中滚动。在利用鼠标拖动框选节点、拖曳节点、重新定位连接或者进行连线的情况下，当光标触碰到逻辑关系视窗的边界时，该视窗会自动开始滚动。视窗的滚动会因为光标进一步地向视窗外移动而加快速度，且视窗滚动的速度会与光标离视窗边界的距离成反比，即距离越小，速度越快。

技巧：当按住键盘Alt键和鼠标左键拖动鼠标时，可以快速地平移视窗。

（7）删除逻辑关系视窗中的节点。如果不小心在逻辑关系视窗中放错了一个节点，可以很轻松地将其删除，但是请注意，在逻辑关系视窗中删除节点和在仿真树视窗中不同，在逻辑关系视窗中删除节点只是从该视窗中移除了该节点而已，但在仿真树视窗中删除节点则相当于在整个仿真程序中删除了该节点，并且删除后将不能恢复。

在逻辑关系视窗删除单个节点或者连线的方法是，选择并右击一个节点或者连线，然后在弹出的右键菜单中选择“Delete”，或者在主菜单栏中选择“Edit→Delete”，当然也可以利用键盘的Delete键。当要删除连线时，系统还会弹出一个确认对话框。

在逻辑关系视窗中，如果要删除的节点与其他节点的连接关系，系统会显示一个确认对话框，如图2-37所示，单击“确定”按钮后，节点及与其相关的连线会全部被删除，但是与其有连接关系的节点不会被删除，还会继续保留在逻辑关系视窗中。

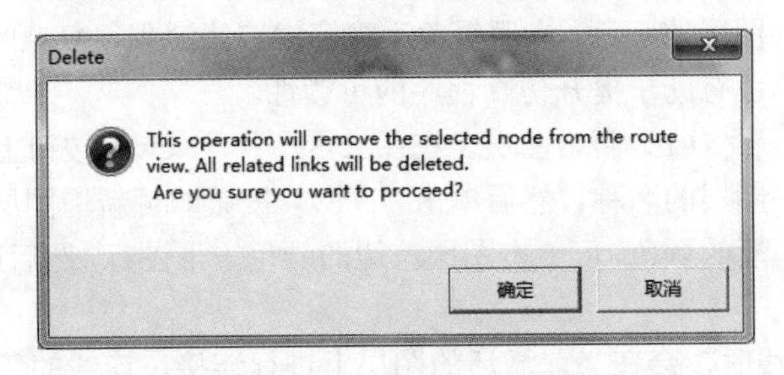

图2-37 删除节点之间的连线时的提示

那么如何在逻辑关系视窗删除某个节点及其关联的所有节点呢？首先选择并右击一个待删除的节点，然后在弹出的右键菜单中选择“Select Related Nodes”，此时与所选节点相关联的节点会被高亮显示，最后在右键菜单中选择“Delete”，或者在主菜单栏中选择“Edit→Delete”，当然也可以利用键盘的Delete键，系统还会弹出一个提示对话框，单击“确认”按钮即可删除所有的节点和连线。

注意： 如果在选择“Delete”同时按住Shift键，那么就不会弹出确认对话框，节点会直接被删除。

（8）显示逻辑关系连接信息。很多时候，需要查看某根连线的逻辑关系信息，这些信息包括连线的源节点、起始域、目标节点、目标域和属性等，可通过下面的方式获取这些信息。

在逻辑关系视窗中选择某根连线，连线的信息将会显示在逻辑关系视窗的底部，将鼠标光标放停留在连接线上，连线的信息将会显示在屏幕提示中，如图2-38所示。

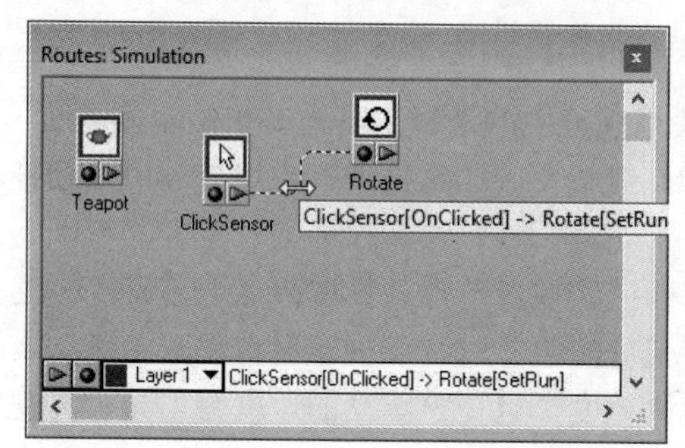

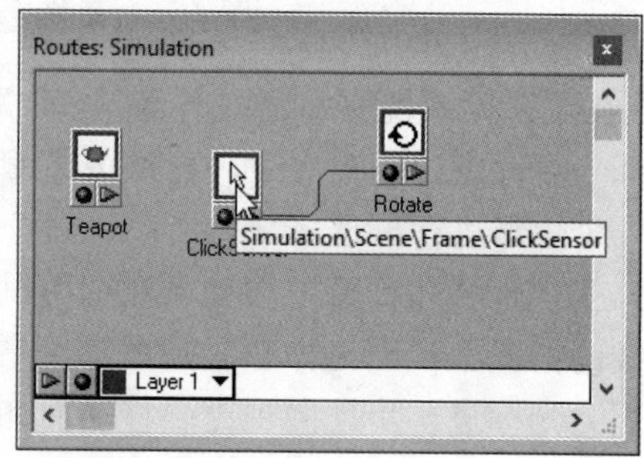

图2-38　鼠标停留时显示逻辑关系连接信息

另外，当鼠标光标移动并停留在某个节点之上时，在该节点旁边会显示出该节点在仿真树中的搜索路径。

3. 使用图层

如果在仿真程序中存在大量的连接关系，为便于相互区分，可以利用图层来组织这些连线。每个图层实际上是一组独立显示的节点及其连接关系的集合。图层定义界面如图2-39所示。

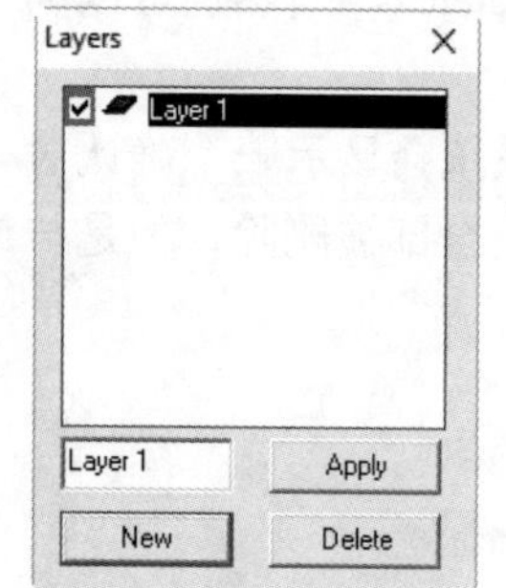

图2-39　图层定义界面

当新增连线时，新连线所属的图层是当前的活动图层，且同一时间内活动的图层只能有一个。

对于图层来说，可以新增图层、重命名图层、隐藏图层，以及指定图层的颜色。当逻辑关系视窗中连线流程很复杂时，使用不同的图层颜色有助于提升仿真程序的可读性。

（1）新增图层。在图2-39中“New”按钮上方的文本框中输入新图层的名称，然后单击“New”按钮即可新增图层。如果要自定义新图层的颜色，可单击图层左边的颜色方形图标，然后选择一种新颜色即可，如图2-40所示。

新建逻辑关系连线时，会在当前激活的图层上进行连接，连线的颜色也是当前图层的颜色。要想更改某根连线所在的图层，可首先选择连线，单击鼠标右键，然后在右键菜单中选择所需的图层。

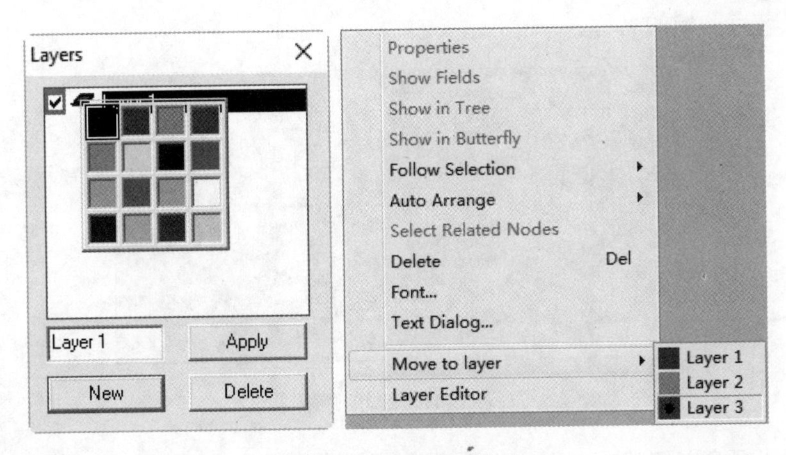

图 2-40　选择新图层颜色

（2）重命名图层。从图层列表中选择想要修改名称的图层，然后在文本框中输入新图层名称，最后单击“Apply”按钮即可。

（3）修改当前激活的图层。新增节点或连线时，新连线或节点将会分配在当前活动的图层中，新的连线或节点的颜色也将与当前活动图层一致。

选择连线或节点，然后单击该视窗左下方的图层图标，将会显示出程序中所有的图层列表，最后选择要设定的激活图层。

（4）隐藏图层。打开图层视窗，将想隐藏的图层左方的复选框取消勾选，属于该图层的所有节点和连线将会被全部隐藏。

（5）删除图层。从图层列表中选择要删除的图层，然后单击“Delete”按钮，最后单击确认对话框中的“确定”按钮。

注意：

- 当前的活动图层不能被隐藏。
- 当图层被删除时，所有与该图层相关的连线将会恢复为默认的图层颜色。
- 如果在单击“Delete”按钮时，同时按住 Shift 按键，则不会显示确认对话框。

（6）关于节点变灰。如果使用了多个不同的图层，并且不需要显示全部的图层，那么节点图标会变成灰色，表示这个灰色图标所属的图层当前没有显示，属于隐藏状态。

2.3.5　蝶状（Butterfly）视窗

1. 介绍

蝶状视窗（见图 2-41）用来显示所选节点的所有连线状态，所选择的节点将显示在蝶状视窗的中间，而所有相关的连线则显示在其两侧。在蝶状视窗中查看节点，可轻松地追踪到与其直接或间接相连接的节点，并可从中了解事件是如何通过连线传递的。

在蝶状视窗中主要显示以下项目：

（1）所选节点（也称为中心节点）及其关联节点的名称和图标。

（2）连接到中心节点的所有输入事件和输出事件的名称和类型。

（3）关联节点的域的名称。

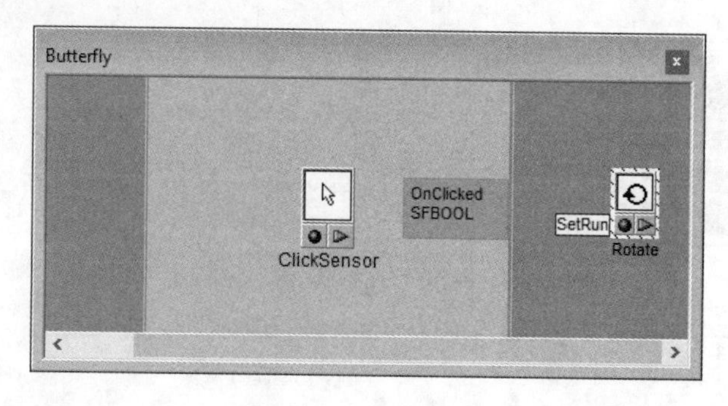

图 2-41 蝶状视窗

显示在蝶状视窗左侧的节点会给中心节点发送输入事件（In-Event），而显示在蝶状视窗右侧的节点将会接收中心节点发送的输出事件（Out-Event）。

注意：蝶状视窗中的数据是只读的。

2. 右键菜单

在蝶状视窗中单击鼠标右键，可弹出如图 2-42 所示的右键菜单。

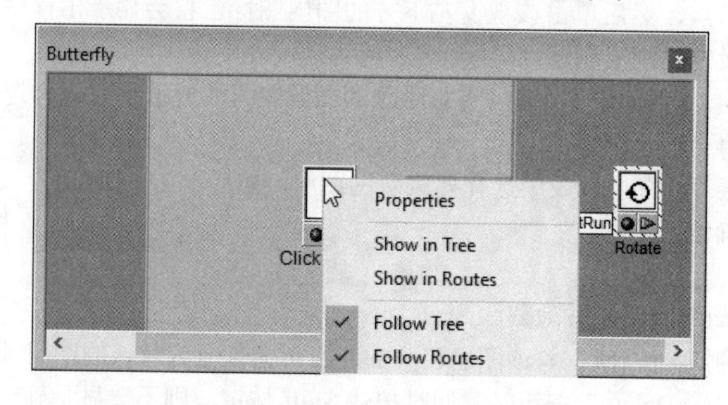

图 2-42 蝶状视窗中的右键菜单

蝶状视窗的右键菜单包含的命令如表 2-4 所示。

表 2-4 蝶状视窗的右键菜单包含的命令

命　令	描　述
Properties	显示所选节点的属性栏视窗，只有在蝶状视窗中选择了某个节点后，该命令才会显示
Show in Tree	在仿真树视窗中高亮显示所选的节点，只有在蝶状视窗中选择了某个节点后，该命令才会显示
Show in Routes	在逻辑关系视窗中高亮显示所选的节点，只有在蝶状视窗中选择了某个节点后，该命令才会显示
Follow Tree	如果勾选该选项，在仿真树视窗中选择某个节点后，那么在蝶状视窗中的相同节点将会被同步选择
Follow Routes	如果勾选该选项，在逻辑关系视窗中选择某个节点后，那么在蝶状视窗中的相同节点将会被同步选择

通过下面的方法之一，可以让某个节点在蝶状视窗中作为中心节点来显示。

（1）在逻辑关系视窗中右击某个节点，然后在右键菜单中选择“Show in Butterfly”。

（2）在仿真树视窗中右击某个节点，然后在右键菜单中选择“Show in Butterfly”。

（3）在逻辑关系视窗或者仿真树视窗中选择某个节点后，再单击工具栏上“Butterfly”按钮。

（4）在逻辑关系视窗或者仿真树视窗中选择某个节点后，再按下键盘上的组合键Ctrl + B。

注意：中心节点与其他节点之间可能会有多条连线，如果是这样，除中心节点外，其他节点都会为每条连线显示一个图标。

3. 如何使用蝶状视窗

如图2-43所示，在蝶状视窗中，可以将逻辑关系视窗中当前选中的节点作为中心节点居中显示，并且可以很清楚地显示与该中心节点关联的所有节点和连接关系，利用鼠标或方向键可以改变蝶状视窗的焦点，让相连接的节点变成新的中心节点。

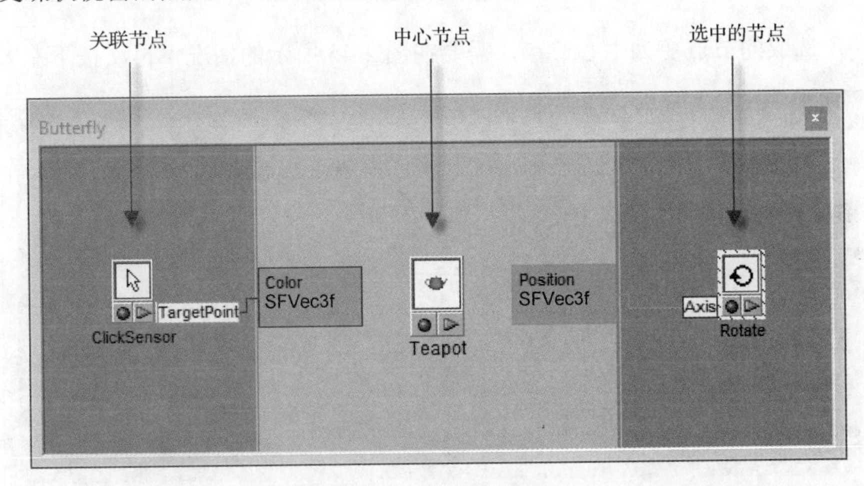

图2-43 蝶状视窗的使用

（1）利用鼠标改变中心节点。在蝶状视窗中，用鼠标单击某个节点，该节点就会变成中心节点。

（2）利用方向键改变中心节点。相连接的节点中一定会有一个节点处于被选中的状态，即该节点周围会显示一个白色的方框。可以利用方向键移动这个白色方框，上/下方向键可垂直移动白色方框，左/右方向键可以水平移动白色方框。

假如被选取的节点在中心节点的左侧，当按下左方向键时将会使其成为新的中心节点；假如被选取的节点在中心节点的右侧，当按下右方向键时将会使其成为新的中心节点。

（3）返回到上一个中心节点。在中心节点转移之后，先前的节点将会变为被选中的状态。要返回上一个中心节点，请按如下方式操作：

如果先前的中心节点在新的中心功能节点的左侧，按下左方向键即可；如果先前的中心节点在新的中心节点的右侧，按下右方向键即可。

下面通过一个示例进行简单演示。假如白色方框在中心节点的右侧，如图2-44所示，先按下左方向键将白色方框移动到中心节点的左侧，如图2-45所示。

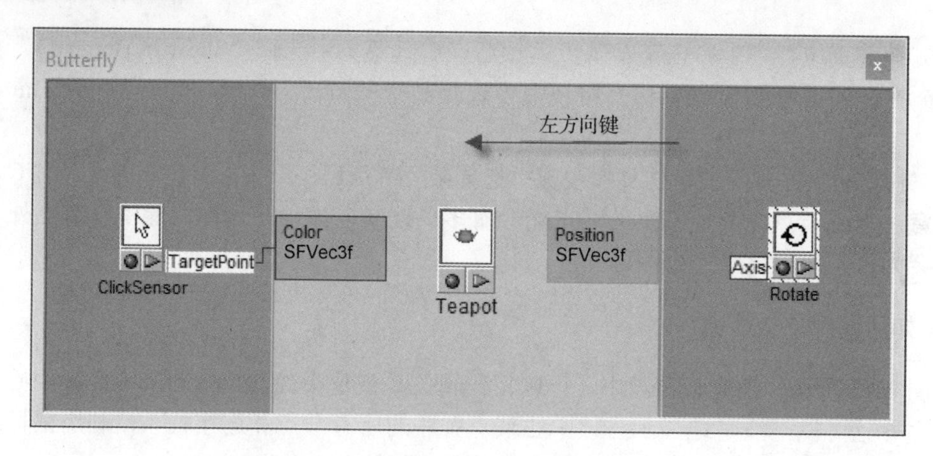

图 2-44　利用方向键改变中心节点（一）

为了使所选取的节点变为中心节点，需要在图 2-45 所示的情况下再次按下左方向键。

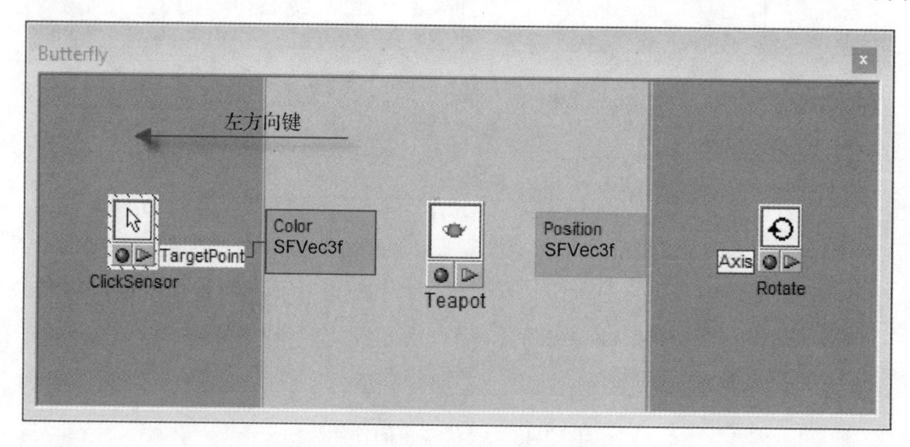

图 2-45　利用方向键改变中心节点（二）

先前的中心节点移到视窗右侧，如图 2-46 所示，若要使其回到中心，可按下右方向键。

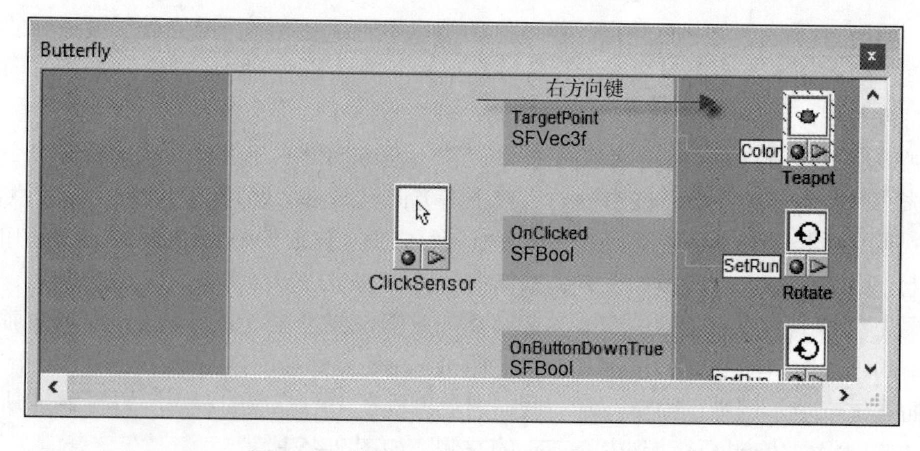

图 2-46　利用方向键改变中心节点（三）

2.3.6　查找（Find）视窗

1．简介

查找视窗是用来搜索仿真树中节点的工具，可以在仿真树中快速定位想要查找的节点。当仿真程序十分复杂，且需要修改一个或多个节点的属性时，查找视窗是一个非常实用的工具。打开查找视窗的方法有多种，可以通过 EON 主菜单栏“Window→Find”打开，如图 2-47 所示；也可以直接通过 Alt+4 组合键打开。打开后的查找视窗如图 2-48 所示。

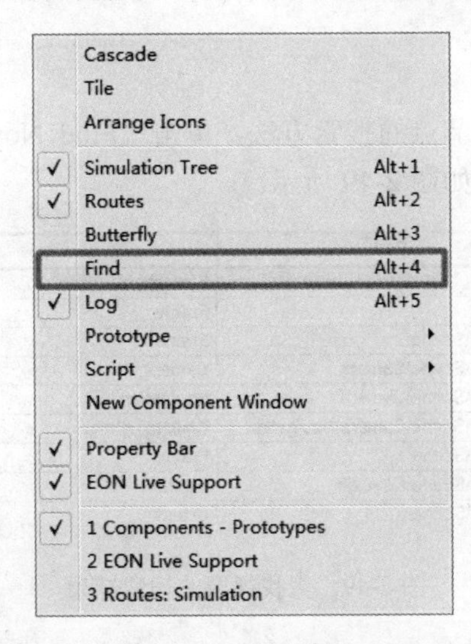

图 2-47　通过 EON 主菜单栏打开查找视窗

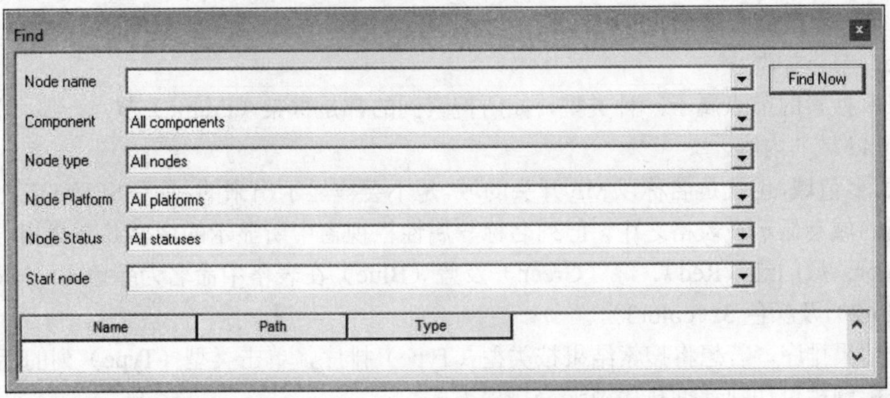

图 2-48　打开后的查找视窗

可以利用下列方法进行搜索：

（1）Node name：待查找节点的名称，可以在“Node name”文本框中输入要查找节点的一个或多个字符进行查找。

注意：由于该搜索支持模糊搜索，所以没有必要输入完整的节点名称。例如，假如输入“de”，EON 将会同时搜索到 Decal 及 LevelOfDetail 两个节点。

（2）Component：定义组件，其下拉框的内容与组件视窗的内容是一致的。

（3）Node type：定义节点类型，可从下拉列表中选择节点类型。如果已经在上述的组件下拉框中选择了一种组件的话，那么只有属于该类组件的节点才会在节点类型（Node type）下拉框中显示。

（4）Start node：定义从仿真树中哪个节点开始搜索。手动输入节点路径或者在仿真树中选择一个节点，然后将其拖曳到“Start node”文本框中即可。

（5）Node Platform：节点所属的应用平台，如 Windows 等。

（6）Node Status：节点状态。

2．如何使用查找视窗

（1）查找节点。输入指定节点的搜索方法，单击“Find Now”按钮，搜索的结果将会显示在查找视窗底部的表格中，如图 2-49 所示。

Name	Path	Type
Simulation		Simulation
Scene	Simulation	Frame
Camera	Simulation\Scene	Frame
Camera	Simulation\Scene\Camera	Camera
Navigation	Simulation\Scene\Camera	Navigation
Walk	Simulation\Scene\Camera\Navigation	WalkNavigation
KeyLight	Simulation\Scene	Frame
KeyLight	Simulation\Scene\KeyLight	Light2
Resources	Simulation\Scene	Group

图 2-49　查找视窗的搜索结果

该表格会列出以下信息：

Name：该列永远都是可见的，即使滚动水平轴，它依旧会显示在表格的左方。

Path：节点在仿真树中的路径。

Type：节点类型。

如果所搜索的节点属于一种类型，如所搜索到的都是框架（Frame）节点，那么将会显示 exposedField 域的内容。

注意：多值域，也就是名称以 MF 开头的域，是不会被显示出来的。具有 SFVec2f 及 SFVec3f 数据类型的域会显示在表格之中，但列名称与属性栏视窗中所显示的域名并不会相同。例如，颜色（color）域的红（Red）、绿（Green）及蓝（Blue）在表格中命名为颜色 1（color1）、颜色 2（color2）及颜色 3（color3）。

（2）结果排序。若想将搜索结果按类型（Type）排序，单击类型（Type）列的标题即可，再次单击标题栏可切换递增排序及递减排序方式。

（3）仿真树中位置的定位。双击表格列中的某个节点，该节点会在仿真树中高亮显示。

（4）编辑数值。可以直接在表格中编辑数值，当数值改变后，节点的属性栏视窗中的数值也会被自动更新。

（5）多选。查找视窗支持多选功能，如图 2-50 所示，这意味着可以一次选择多个单元格，然后修改它们的值，方法为：选择一行、一列或者多行、多列，输入新数值后按回车键，输入的新数值将会被写入选择的多个单元格。如果输入的新数值类型与所选择的某些单元格数据类型不一致，将会被忽略，否则就会被写入所选择的单元格。

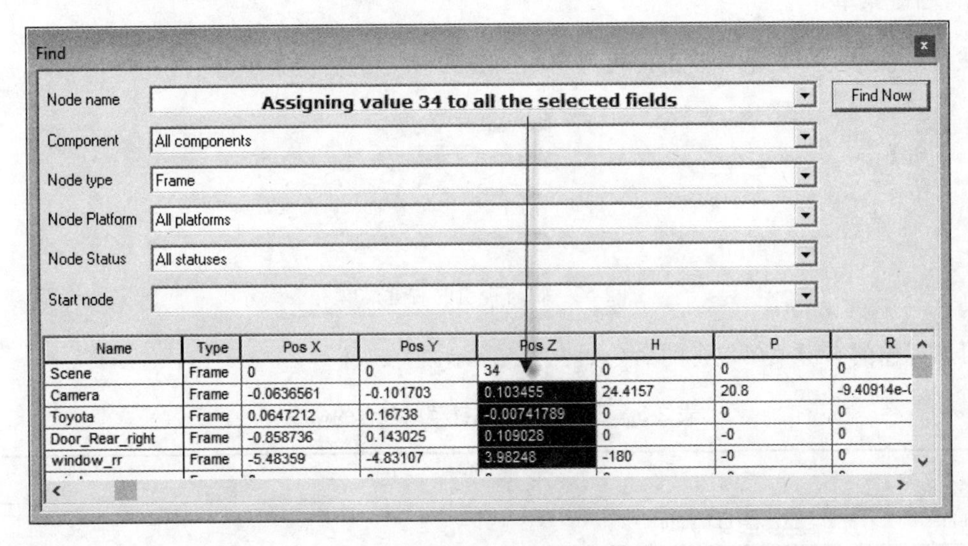

图 2-50　查找视窗的多选功能

（6）表达式操作。当输入一个新数值时，可以利用一种特殊的语法在现有单元格上进行算术运算操作，这些操作支持加（+=）、减（-=）、乘（*=）、除（/=）。例如，如果想给每个选定的单元格数值加 5，那么输入“+=5”即可。

注意：这种语法也可以应用于字符串，但是只支持加和减。前者是在现有字符串后面附加上一个字符串，而后者是附在现有字符串前面。例如，某个域包含字符串“FieldValue”，输入“+=Test”后，得到的结果是“FieldValueTest”。

2.3.7　日志（Log）视窗

1．简介

日志视窗（见图 2-51）可提供最新的 EON 内部操作记录信息，其主要用途是监听和调试仿真程序。当仿真程序包含脚本（Script）程序或者新增加了自定义的节点时，日志视窗特别有用。

Log

Time	Type	Description
11:40:11.826	Information	Software subscription validation successfully completed.
13:08:28.926	Information	stdout
13:08:28.929	Information	stdout
13:08:28.929	Information	stdout
13:08:28.930	Information	stdout
13:08:28.930	Information	stdout
13:08:28.931	Information	stdout
13:08:28.931	Information	stdout
13:08:28.932	Information	stdout
13:08:28.932	Information	stdout
13:08:28.933	Information	stdout
13:08:28.933	Information	stdout
13:08:28.934	Information	stdout

图 2-51　日志视窗

2. 右键菜单

在日志视窗上单击鼠标右键，可弹出如图 2-52 所示的右键菜单。

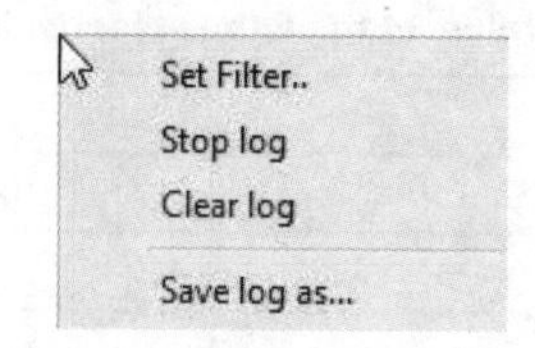

图 2-52 日志视窗的右键菜单

日志视窗的右键菜单包含的命令如表 2-5 所示。

表 2-5 日志视窗的右键菜单包含的命令

命 令	描 述
Set Filter	打开日志过滤器（Log Filter）
Stop log	停止记录日志
Clear log	清除记录的所有日志
Save log as	将日志视窗中的内容保存在一个文本文件中，日志视窗中的列在文本文件中是通过一个 Tab 制表符间隔开的

3. 日志过滤器（Log Filter）

日志过滤器（见图 2-53）用来指定显示在日志视窗中的信息形式，可以在主菜单栏中选择“Option→Set Log Filter”，或者单击工具栏中的日志记录滤器（Log Filter）按钮，也可以通过右键菜单打开日志滤器。

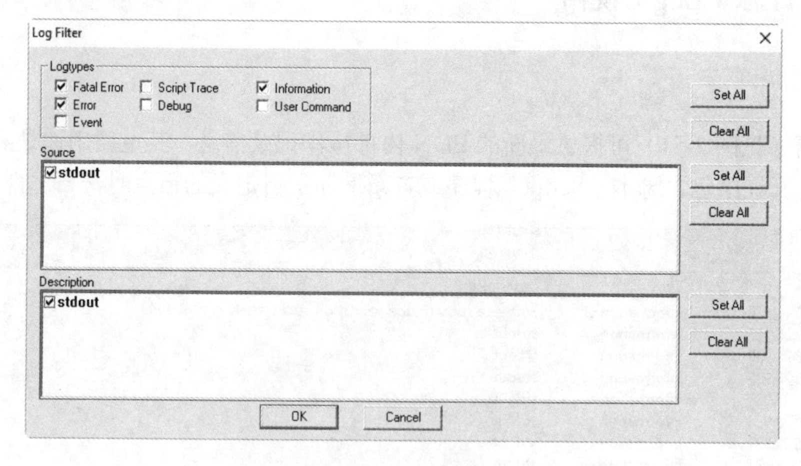

图 2-53 日志过滤器

注意：当关闭仿真程序时，记录的日志数据将不会被保存。

4. 日志类型

在日志过滤器中可以设置在日志视窗中的日志类型，如表 2-6 所示。

表 2-6　日志类型

日 志 类 型	说　　明
Fatal Error	显示致命的错误，所谓致命错误是指执行仿真程序之前必须修正的错误
Error	显示较严重的错误
Event	显示目前仿真程序的所有事件
Script Trace	用于检验脚本程序的某行代码是否执行
Debug	常用于在 EON 专业版的程序开发者添加自定义节点时进行程序调试
Information	显示程序开发者为使用者提供的信息
User Command	显示仿真过程中使用的用户指令

2.4　EON Studio 主菜单栏

EON Studio 主菜单栏如图 2-54 所示。

File　Edit　View　Simulation　Options　Window　Tools　Help

图 2-54　EON Studio 主菜单栏

2.4.1　File 菜单

EON Studio 主菜单栏中的 File 菜单如图 2-55 所示。

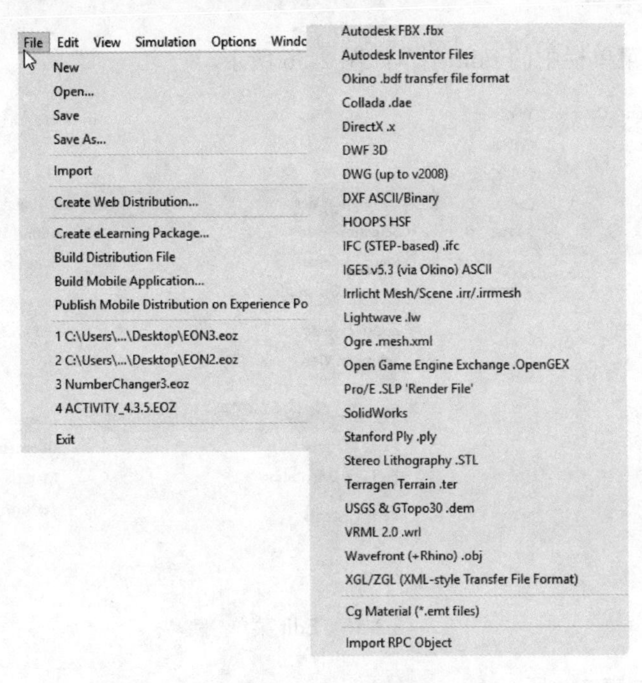

图 2-55　File 菜单

File 菜单命令如表 2-7 所示。

表 2-7　File 菜单命令

命　　令	描　　述
New	新建文件
Open	打开文件
Save	保存文件
Save As	文件另存为
Import	导入文件，支持导入的文件格式详见二级子菜单
Create Web Distribution	Web 发布向导，生成的仿真文件可在浏览器中运行
Create eLearning Package	基于 Web 的 eLearning 打包发布
Build Distribution File	跨平台发布文件
Build Mobile Application	生成移动应用 APP
Publish Mobile Distribution on Experience Portal	登录 EON 官方门户网站，支持在线上传发布文件
1 C:\Users\...\Desktop\EON3.eoz 2 C:\Users\...\Desktop\EON2.eoz 3 NumberChanger3.eoz 4 ACTIVITY_4.3.5.EOZ	最近打开的文档快捷方式，显示数量可在参数设置对话框中定义
Exit	退出

2.4.2　Edit 菜单

EON Studio 主菜单栏中的 Edit 菜单如图 2-56 所示。

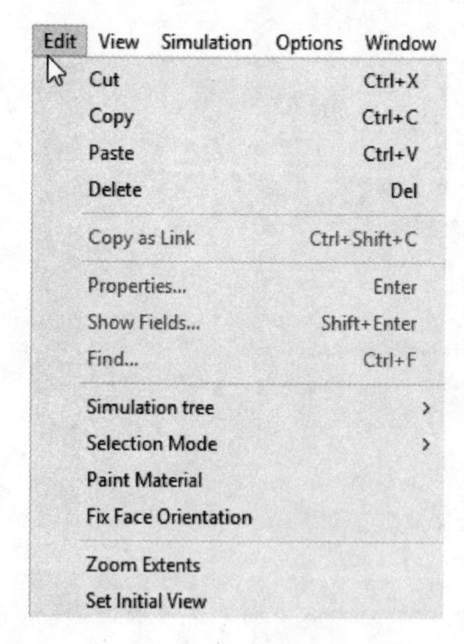

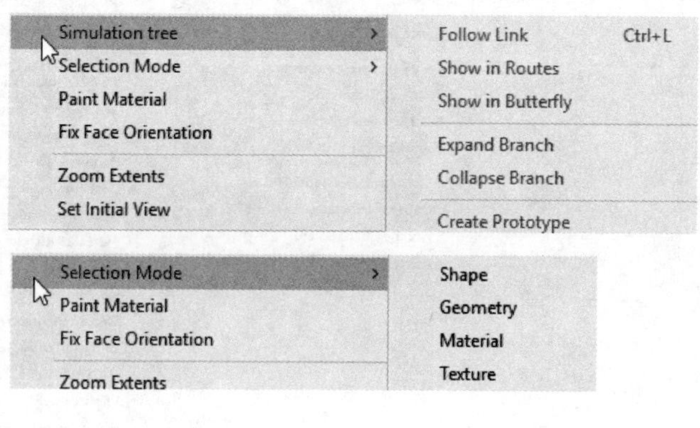

图 2-56　Edit 菜单

Edit 菜单命令如表 2-8 所示。

表 2-8 Edit 菜单命令

命 令	描 述
Cut	剪切
Copy	复制
Paste	粘贴
Delete	删除
Copy as Link	以快捷方式的形式复制选中的节点
Properties	显示所选节点的属性，双击仿真树视窗中的节点也能显示对象属性
Show Fields	显示所选节点的文件
Find	查找节点
Simulation tree	仿真树，相关操作详见子菜单
Selection Mode	选择模式，详见子菜单
Paint Material	赋予材质
Fix Face Orientation	修复面片
Zoom Extents	缩放，可快速在仿真视窗中定位 3D 模型
Set Initial View	设置摄像机的初始视图

2.4.3 View 菜单

EON Studio 主菜单栏中的 View 菜单如图 2-57 所示。

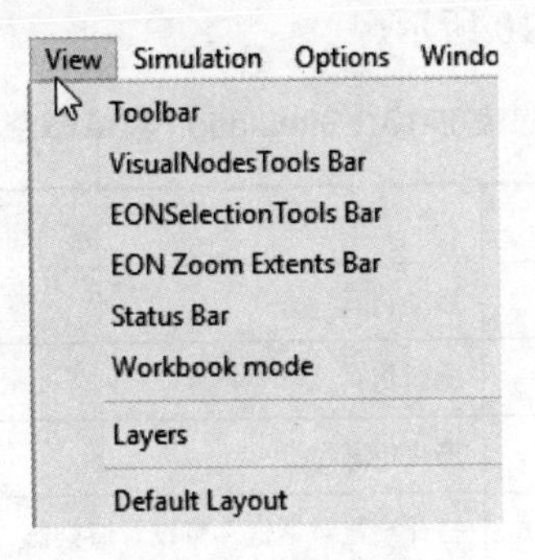

图 2-57 View 菜单

View 菜单命令如表 2-9 所示。

表 2-9 View 菜单命令

命 令	描 述
Toolbar	显示/隐藏主工具栏
VisualNodesTools Bar	显示/隐藏可视化节点工具栏
EONSelectionTools Bar	显示/隐藏选择工具栏

续表

命　令	描　述
EON Zoom Extents Bar	显示/隐藏缩放工具栏
Status Bar	显示/隐藏状态栏
Workbook mode	打开/关闭工作薄模式
Layers	显示/隐藏层面板，可在逻辑关系视窗中编辑、删除和新建层
Default Layout	显示预置的窗口布局

2.4.4 Simulation 菜单

EON Studio 主菜单栏中的 Simulation 菜单如图 2-58 所示。

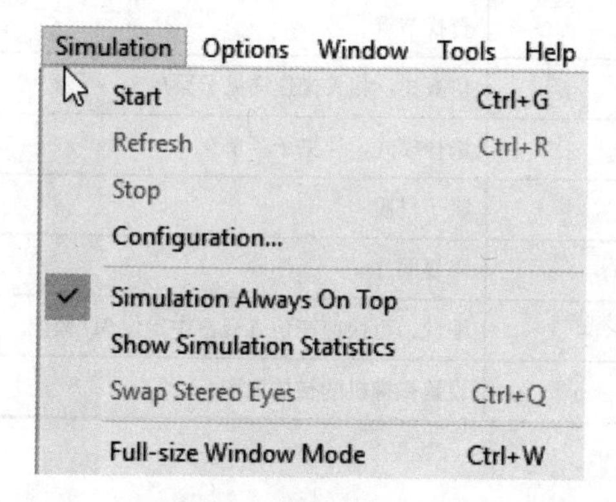

图 2-58　Simulation 菜单

Simulation 菜单命令如表 2-10 所示。

表 2-10　Simulation 菜单命令

命　令	描　述
Start	启动仿真
Refresh	刷新仿真
Stop	停止仿真
Configuration	打开设置对话框，可设置渲染器、输入/输出设备和声音等参数
Simulation Always On Top	置顶显示仿真视窗
Show Simulation Statistics	在仿真视窗标题栏显示/隐藏统计信息
Swap Stereo Eyes	3D 视觉左/右切换
Full-size Window Mode	全屏显示仿真视窗

2.4.5 Options 菜单

EON Studio 主菜单栏中的 Options 菜单如图 2-59 所示。

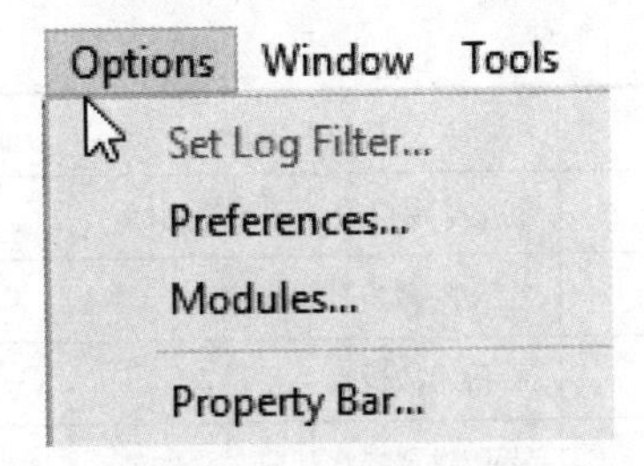

图 2-59　Options 菜单

Options 菜单命令如表 2-11 所示。

表 2-11　Options 菜单命令

命　　令	描　　述
Set Log Filter	设置日志过滤器
Preferences	设置参数视窗
Modules	设置加载模块
Property Bar	设置属性栏视窗

2.4.6　Window 菜单

EON Studio 主菜单栏中的 Window 菜单如图 2-60 所示。

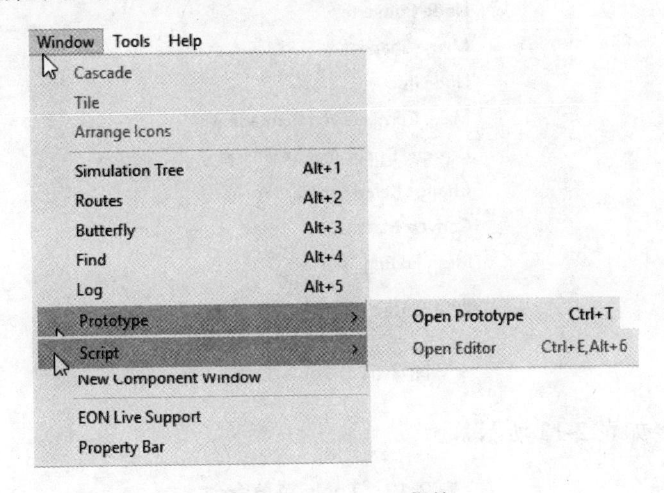

图 2-60　Window 菜单

Window 菜单命令如表 2-12 所示。

表 2-12　Window 菜单命令

命　　令	描　　述
Cascade	层叠显示多文档子窗口
Tile	并排显示多文档子窗口

续表

命　　令	描　　述
Arrange Icons	重排子窗口最小化后的图标
Simulation Tree	显示/隐藏仿真树视窗
Routes	显示/隐藏逻辑关系视窗
Butterfly	显示/隐藏蝶状视窗
Find	显示/隐藏查找视窗
Log	显示/隐藏日志视窗
Prototype	元件，详见子菜单
Script	脚本，详见子菜单
New Component Window	新建组件窗口
EON Live Support	显示/隐藏 EON 官网帮助视窗
Property Bar	显示/隐藏属性栏视窗

2.4.7　Tools 菜单

EON Studio 主菜单栏中的 Tools 菜单如图 2-61 所示。

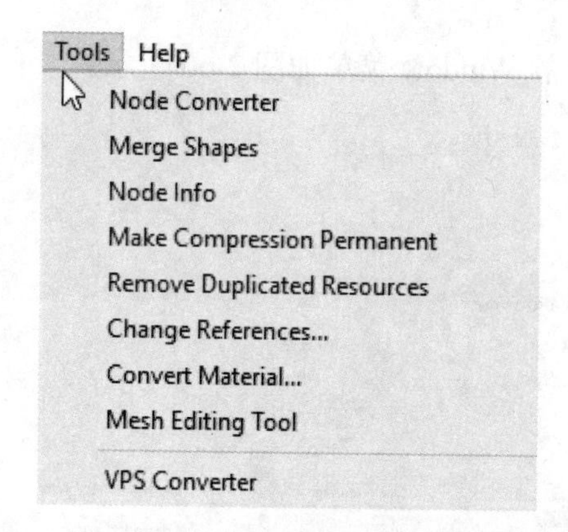

图 2-61　Tools 菜单

Tools 菜单命令如表 2-13 所示。

表 2-13　Tools 菜单命令

命　　令	描　　述
Node Converter	转换不兼容版本的节点
Merge Shapes	使用相同材质合并图形
Node Info	显示节点信息
Make Compression Permanent	进行永久压缩
Remove Duplicated Resources	删除重复资源

续表

命　令	描　述
Change References	更改替换对象引用
Convert Material	转换材质
Mesh Editing Tool	网格编辑工具
VPS Converter	将 PPT、PPTX 和 PDF 等格式的文档转换为 EON 使用的文档

2.4.8 Help 菜单

EON Studio 主菜单栏中的 Help 菜单如图 2-62 所示。

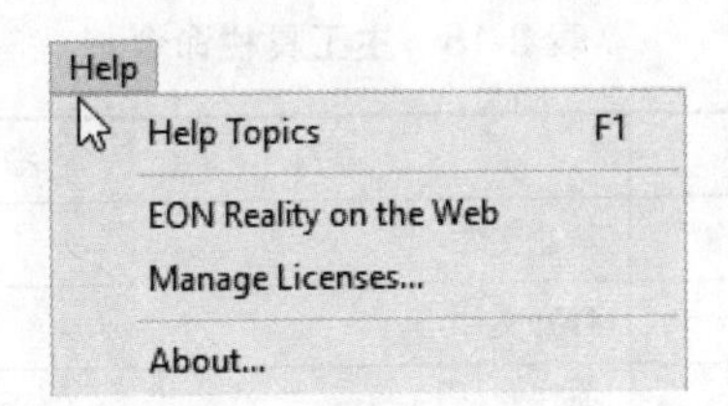

图 2-62　Help 菜单

Help 菜单命令如表 2-14 所示。

表 2-14　Help 菜单命令

命　令	描　述
Help Topics	帮助文档
EON Reality on the Web	官网主页
Manage Licenses	管理授权文件工具
About	关于 EON 的信息（显示版本号和版权等信息）

2.5　EON Studio 工具栏

在默认情况下，工具栏显示在 EON 视窗的顶部。通过在视图（View）菜单上选择或取消选择工具栏名称，可以显示或隐藏对应的工具栏。将鼠标光标放在工具栏的按钮上几秒可查看该工具的提示。

2.5.1 主工具栏

EON Studio 标准工具栏是 EON Studio 的主工具栏，如图 2-63 所示。

前 6 个按钮在计算机应用程序中是很常见的，即新建、打开、保存、剪切、复制和粘贴；接下来的 3 个按钮用于控制仿真程序的运行；其余按钮用于控制显示内容和显示方式；最后一个按钮可以访问帮助系统。

主工具栏命令如表 2-15 所示。

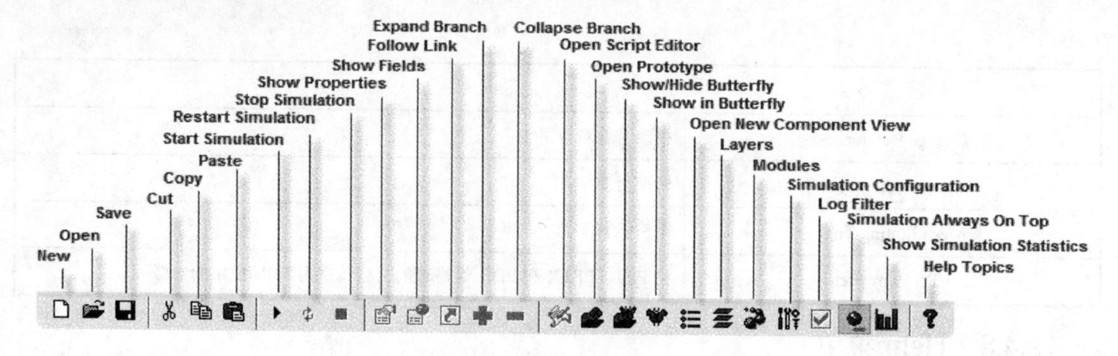

图 2-63　主工具栏

表 2-15　主工具栏命令

命　　令	描　　述
New	新建文件
Open	打开文件
Save	保存文件
Cut	剪切
Copy	复制
Paste	粘贴
Start Simulation	启动仿真
Restart Simulation	重启仿真
Stop Simulation	停止仿真
Show Properties	显示属性对话框
Show Fields	显示字段对话框
Follow Link	追踪所选节点的引用位置
Expand Branch	展开所选节点的子目录
Collapse Branch	收缩所选节点的子目录
Open Script Editor	打开所选节点的脚本程序编辑器
Open Prototype	打开所选元件的编辑视窗
Show/Hide Butterfly	显示/隐藏蝶状视窗
Show in Butterfly	在蝶状视窗中打开所选节点
Open New Component View	打开一个组件视窗
Layers	打开层
Modules	打开模块，设置加载模块
Simulation Configuration	打开仿真配置对话框，可设置渲染器、输入/输出设备和声音等参数
Log Filter	设置日志过滤器
Simulation Always On Top	置顶显示仿真视窗
Show Simulation Statistics	在仿真视窗标题栏显示/隐藏统计信息
Help Topics	帮助文档

2.5.2　选择工具栏

选择工具栏如图 2-64 所示，通过选择工具，可以很容易地在仿真树视窗中查找对象并查看它们在仿真树中的具体位置。在仿真树中选择对象后，使用选择工具还可以查找和放大这些对象。

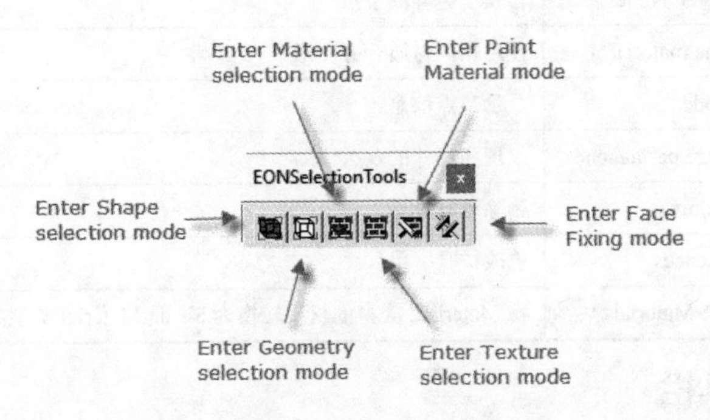

图 2-64　选择工具栏

选择工具栏命令如表 2-16 所示。

表 2-16　选择工具栏命令

命　　令	描　　述
Enter Shape selection mode	进入形状选择模式
Enter Geometry selection mode	进入几何选择模式
Enter Material selection mode	进入材质选择模式
Enter Texture selection mode	进入纹理选择模式
Enter Paint Material mode	进入喷涂材质模式
Enter Face Fixing mode	进入面片修复模式

2.5.3　可视节点工具栏

可视节点工具栏用于减小文件的大小以及更好地组织场景层次结构，从而提高整个仿真程序的性能，如图 2-65 所示。

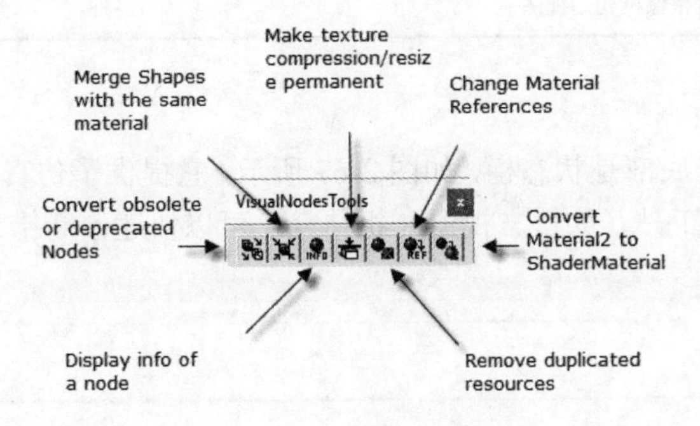

图 2-65　可视节点工具栏

可视节点工具栏命令如表 2-17 所示。

表 2-17 可视节点工具栏命令

命　　令	描　　述
Convert obsolete or deprecated Nodes	转换已废弃的节点
Merge Shapes with the same material	使用相同材质合并图形
Display info of a node	显示节点信息
Make texture compression/resize permanent	纹理和尺寸的永久压缩
Remove duplicated resources	删除重复资源
Change Material References	更改材质引用
Convert Material2 to ShaderMaterial	将 Material2 类型的材质转换为 ShaderMaterial 类型的材质

2.5.4 缩放工具栏

缩放工具栏可以在仿真树视窗中快速定位 3D 对象，它是通过移动摄像机来使选定对象完全进入视野的，另外还可以在仿真运行过程中随时保存摄像机视图，并设置为下次仿真程序启动时的初始视图，如图 2-66 所示。

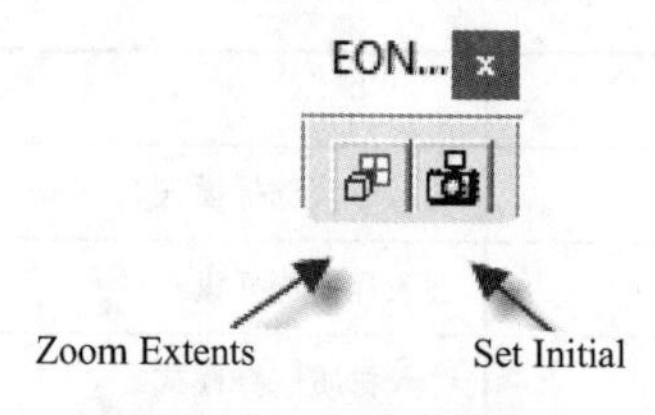

图 2-66 缩放工具栏

注意： Zoom Extent 功能仅适用于框架（Frame）节点、元件和形状节点。

缩放工具栏命令如表 2-18 所示。

表 2-18 缩放工具栏命令

命　　令	描　　述
Zoom Extents	缩放，可快速地在仿真树视窗中全景显示和定位 3D 对象
Set Initial	设置摄像机初始视图

2.5.5 状态栏

EON 整个工作区的底部是状态栏，如图 2-67 所示，它提供了仿真过程中正在进行的操作的有用信息，它与其他工具（如日志视窗）相结合，可以快速诊断错误和排除故障。

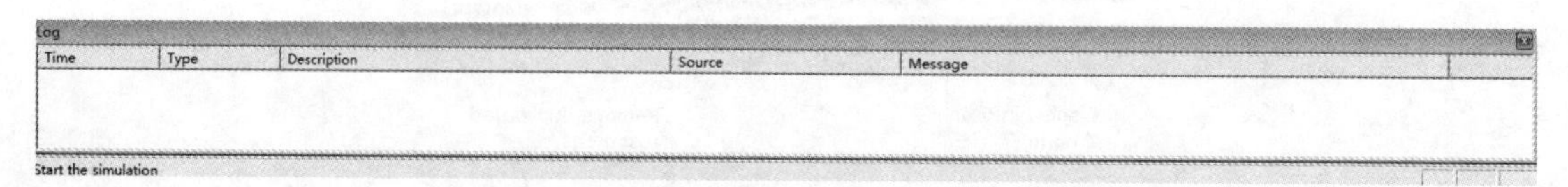

图 2-67 状态栏

2.6 EON Studio 组件简介

2.6.1 节点简介

1. 关于节点

（1）什么是节点。EON 节点是用于创建 EON 仿真程序的基本单元，EON 仿真程序是通过安排和连接节点以形成仿真子树的层次结构来构造的。仿真子树下的所有节点都可以作为一个单元进行操作和控制。EON Studio 有 200 多个节点，可以使用这些节点向 EON 仿真程序添加元素和功能。在每个节点的属性栏视窗中会显示节点的属性，通过为这些属性设定特定值，用户可以定义每个节点在仿真中的执行方式。所有节点都具有反映其在仿真中的特定功能的默认名称。

一个 EON 仿真程序实际上是通过排列和连接节点来构建的，而所谓的节点，就是 EON 的一种组件。EON 中的每个节点都由一个属性栏视窗来显示和存储它们的属性，用户可以在节点的属性栏视窗中修改其属性。每个节点都有一个默认的名称，而这个名称反映了该节点在仿真中特定的功能。通过节点的名称，可以很容易地和其他同类节点进行区分。

在 EON 仿真程序中的某个节点，如果和其他节点不发生交互的话，那么该节点将不会起到任何作用。所谓的节点之间的交互，是指将节点排列在仿真树层次结构中，以及在逻辑关系视窗中连接两个节点，当节点互相连接之后，它们才可以在仿真程序运行时交换信息。节点可根据接收到的信息执行不同的动作，比如，移动某个对象、播放一段声音或者视频文件等。

EON 不仅为用户提供了大量的可用节点，也提供了为某种特殊应用而设计节点的工具。具有熟练编程技巧的用户还可以通过编写脚本程序来自定义节点的行为，或者通过 EON 专业版和 Visual C++来设计、创建新的节点。

（2）节点库。组件视窗包含了 EON 中按类型存放的所有节点库，其目的是可以缩小节点的搜索范围，便于快速定位和查找节点。每个类型的节点库都包含了具有类似功能的节点，要查看和选择节点库，请单击节点库列表旁边的下拉箭头，将会看到如图 2-68 所示的节点库选项列表。

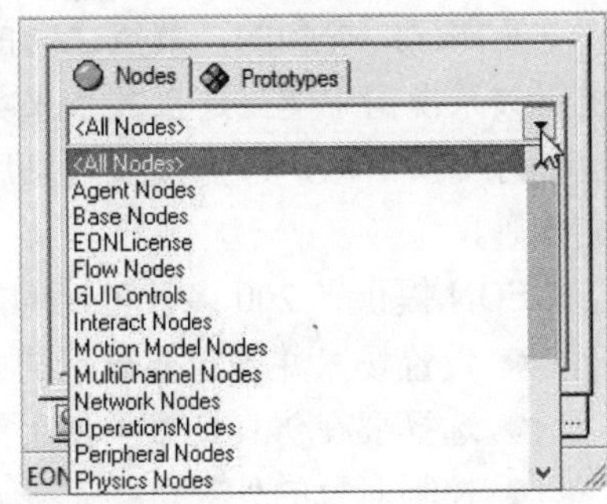

图 2-68　节点库选项列表

（3）节点状态。

Normal：可以正常使用。

Deprecated：可以使用，但今后将逐步废弃。

Obsolete：在 EON Studio 视窗中可见，但不一定能正常工作，无法加载到 EON 仿真程序中。

2. 节点域

（1）域数据类型（Data Types）。所有的节点都包括一些信息或者数据，这些数据可以通过节点的属性栏视窗修改，或者通过接收其他节点发送来的数据修改。一个节点可存储、发送和接收的数据类型取决于对节点属性的预先设定。

（2）域类型（Field Types）。节点通过域来存储数据，并与其他节点进行通信。在 EON 中，节点共有四种类型的节点域：

● 输入域：该域用来接收数据，可以在属性栏视窗中更改域值，但所做的修改不会保存在 EON 文件中。

► 输出域：该域用来发送数据，不能在属性栏视窗中更改域值。

●► 输入输出域：该域用来存储、发送和接收数据，可以在属性栏视窗更改域值。如果节点具有 SetStartValues 字段，则单击 SetStartValues 字段后就可以在运行时保存这些值。在重新运行仿真程序时，新值将作为初始设置；如果没有 SetStartValues 字段，则将自动保存对这些值的修改。

内部域：该域作为节点内部使用，可以在属性栏视窗中更改域值。注意该类型的域无法发送或接收数据。

注意：在输入域和输出域中产生的值在仿真程序关闭时不会被保存在节点域中。exposedField（输入输出）域和 Field（内部）域的值可以保存到 EON 文件的节点域中。

（3）域值（Field Values）。属性栏视窗用于观察和调整节点内每个域的值，根据域的数据类型不同，域值的调整方式会有所不同。

（4）事件（Events）。在两个域之间传递信息时会发生事件，输出事件称为 Out-Event，输入事件称为 In-Event。事件可改变域值、外部条件、节点之间的交互等，甚至可以通过仿真树之外的节点发送。

3. 节点功能

节点是用于创建 EON 仿真程序的基本单元。节点的类型、域值以及节点之间的连接方式不同，节点对仿真的影响也不相同。从程序员的角度来看，节点是具有函数（或方法）和数据（或属性）的对象。

正如已经提到的，节点之间的交互可以通过在仿真树层次结构中排列节点，以及通过在逻辑关系视窗中建立连接关系来实现。节点通过逻辑关系视窗建立相互连接后，可以在仿真运行时交换信息，节点接收信息后可执行某种动作。例如，可以移动对象、播放声音或视频文件等。

EON 提供了 200 多种可用的节点，这些节点为仿真程序提供了不同的功能，基本功能是：

- 设置场景并确定要显示的内容。
- 选择要在仿真场景中使用的对象。
- 控制对象的外观。
- 提供照明。
- 添加文本。
- 控制媒体。
- 移动对象。
- 添加传感器。
- 添加组件。

- 设置仿真性能。

4. 使用节点的基本原则

- 同一时刻只能选择一个节点，但选择的节点可以包含子节点。
- 可以在不同的仿真文件之间移动和复制节点，某些特定节点不能移动和复制，如Simulation节点、Viewport3节点和Scene节点，有些类型的节点无法粘贴到某些特定类型的节点下，将某个节点移动或复制到另外一个同名节点下时，该节点会被自动重命名，即自动加一个数字后缀。例如，如果节点Move被移动或复制，它将变成Move1；如果Move1已经存在，则会变成Move2，该特性加速了节点向父节点的复制。

注意：如果一个节点包含了多个子节点，对该节点进行移动或者复制操作会很耗时。

2.6.2 元件简介

为了节省开发时间和提高效率，程序员通常会重用以前的部分代码。这样的代码会被打包成组件，这些组件存储在软件库中，以便它们可以被其他应用程序使用。EON中的元件类似子程序。在一些编程语言中，可重用代码的组件通常称为函数原型，或者简单地称为原型。

1. 为什么要使用元件

在EON仿真程序开发过程中使用元件有以下好处：

（1）有助于应用程序之间的可重用性和可移植性。元件使得循环使用仿真树结构变得更容易，因为这些仿真树结构同时包含节点和逻辑关系连接，所以可以重用在EON逻辑关系视窗中创建的复杂对象和行为。

（2）简化开发工作。如果将复杂的仿真树划分为小的、独立的对象（即分而治之的方法），则更容易对其进行处理。独立元件的集合比仿真子树及其关联节点、元件和逻辑关系的复杂集合更易于管理。

（3）减少开发时间。元件的使用简化了仿真树结构，从外部来看，元件仅对外公开可以设置或连接的域，元件内部的节点、属性及其逻辑关系被封装了起来，开发者不必关心元件内部的实现方式，极大地简化了开发者在逻辑关系视窗中的工作。

（4）简化维护。元件易于插入，并且允许一个元件定义有多个元件实例，可以通过更改一个元件定义来更新多个元件实例，元件定义的更改将影响实际仿真中该类型的所有元件实例，通过在某个位置进行一次更改（无须展开多个仿真子树），即可在多个位置实现相同的更改。

元件库界面如图2-69所示。

元件可以从EON元件库中复制并放置到仿真树中，每个元件都包含了其内部仿真子树和一组可选的外部域（即属性和事件，具体取决于元件的用途），这些域用于在仿真过程中传递数据。将元件添加到仿真树后，可以通过为其属性设定特定值来控制其行为，就像使用EON节点一样。

若要重复使用或者与其他开发者共用某元件，可将该元件存储在仿真文件外部的元件库文件中。元件库文件的格式类似于EON仿真文件，其扩展名是.eop，而不是.eoz。元件库文件具有定义并容纳多个元件的能力。

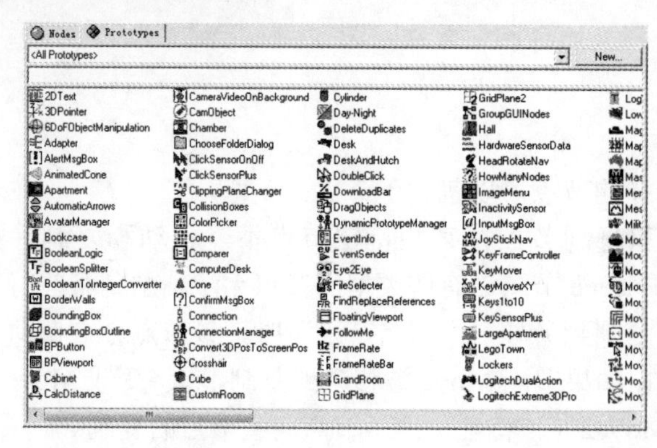

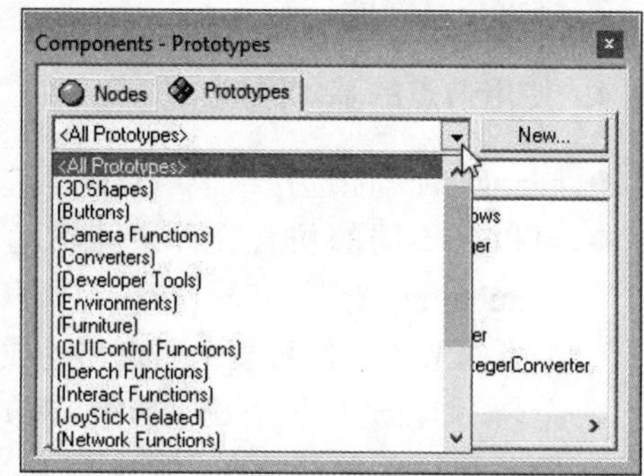

图 2-69　元件库界面

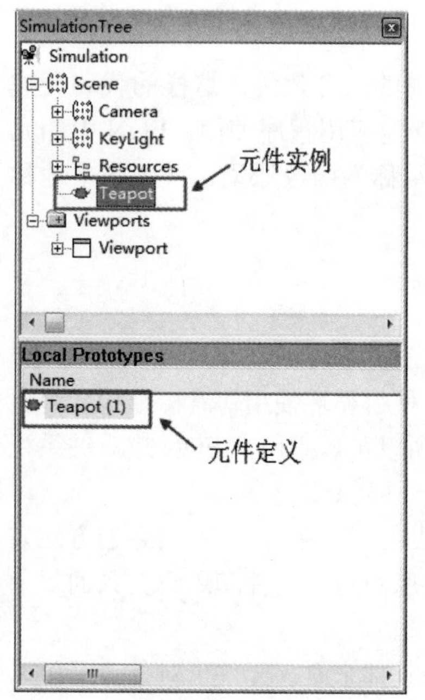

图 2-70　元件存在的两种方式

一个元件可以以两种方式存在仿真程序中：一是作为本地元件（Local Prototypes）视窗中的元件定义，二是作为仿真树中的一个元件实例，如图 2-70 所示。元件定义与元件实例之间的区别在于，元件定义仅包括对元件内容的描述，而元件实例是元件定义在仿真树中的具体应用。元件定义是仿真树中元件实例的模板，元件定义的更改将影响实际仿真程序中该元件的所有实例。

元件定义在本地元件视窗中显示为图标，其中包含有关元件的仿真子树结构及其相关文件的信息。

将元件添加到仿真树后，它将成为元件实例，并且可以将其当成标准的 EON 节点来使用。在将元件添加到 EON 仿真树之前，它必须出现在本地元件视窗中。当更改元件定义时，该元件定义的所有元件实例也会更改。

在仿真树中选择元件实例时，其元件定义将在本地元件视窗中突出显示。

本地元件视窗显示本地存储在仿真文件中的元件。在本地元件视窗中可编辑元件定义，右击本地元件视窗中的元件定义图标，弹出右键菜单，其命令如表 2-19 所示。

表 2-19　选择元件定义时本地元件视窗右键菜单的命令

命　　令	描　　述
Properties	打开元件定义属性对话框
Open	打开元件编辑视窗
Cut	删除所选内容并将其放入剪切板
Copy	复制所选内容并将其放置在剪切板
Delete	从当前仿真树中删除元件定义。注意：如果仿真树中有元件实例，则无法删除元件定义
Clone	复制一个相同的元件
Insert in tree	将元件插入仿真树中选定节点的下方

如果当前未选择元件定义，在本地元件视窗中右键菜单的命令如表 2-20 所示。

表 2-20　未选择元件定义时本地元件视窗右键菜单的命令

命　令	描　述
Compact view	元件图标以不带滚动条的小图标进行显示
List view	元件图标以带滚动条的小图标进行显示
Normal view	元件图标以大图标进行显示
Paste	将元件插入仿真树中选定节点的下方

另外，EON 中有一个动态旋转类型的节点 DynamicPrototype，它类似于元件实例，但不基于本地元件视窗中的任何元件定义。DynamicPrototype 节点基于存储在外部元件库文件（.eop）中的元件定义，因此，通常在为 DynamicPrototype 节点加载元件时，外部元件库文件可以从本地计算机加载，也可以从 Web 服务器下载。这里的动态是指节点通过发送新的元件名称（在运行时）来更改其加载的外部元件库文件的能力。

2. 创建和自定义元件

创建元件是通过仿真树的某个仿真子树进行的。在将仿真子树转换为元件时，该仿真子树的所有节点之间的逻辑关系都将被自动封装，并集成在元件中。使用以下方法之一可将仿真子树转换为元件。

（1）将仿真子树的顶端节点拖到本地元件视窗时，鼠标光标会提示选择的节点是否有效。

（2）右击相应仿真子树的顶端节点，然后在右键菜单中选择创建元件。

（3）选择仿真子树的顶端节点，在右键菜单中选择复制；转到本地元件视窗后，在右键菜单中选择粘贴。

注意：仿真子树的顶端节点必须是框架节点；如果不是，则无法将仿真子树转换为元件。

可以通过两种方式对元件进行自定义：一是更改元件定义，二是更改元件编辑视窗中的仿真子树结构。

注意：在仿真程序运行时或当元件包含未获得 EON 许可的节点时，将无法编辑元件。

在本地元件视窗中可以编辑所有自定义的元件，但元件不能包含未获得 EON 许可的节点。右击选中的元件，在其右键菜单中选择“Open”，或按住 Shift 键并双击元件图标即可打开元件编辑视窗；也可以在选择元件定义后通过菜单“Windows→Prototype→Open Prototype”来打开元件编辑视窗，如图 2-71 所示。

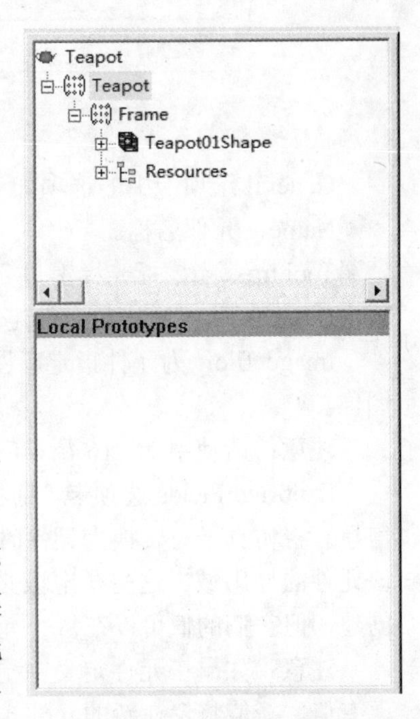

图 2-71　元件编辑视窗

元件编辑视窗的组织方式与仿真树视窗相同，视窗上半部分的树状结构显示的是元件当前的层次结构，此处还可以执行仿真树视窗中的操作。例如，可以使用常用方法添加新的节点和元件。

如果某个元件包含子元件，按住 Shift 键并双击子元件图标则可以打开子元件的元件编辑视窗。

如果在本地元件视窗中修改了某个元件定义，那么在仿真树视窗中用到该元件定义的所有元件实例都会受到影响，在元件编辑视窗中，双击元件定义图标或右击元件定义图标并在右键菜单中选择“Properties”可打开元件定义属性（Prototype Definition Properties）对话框，如图 2-72 所示。

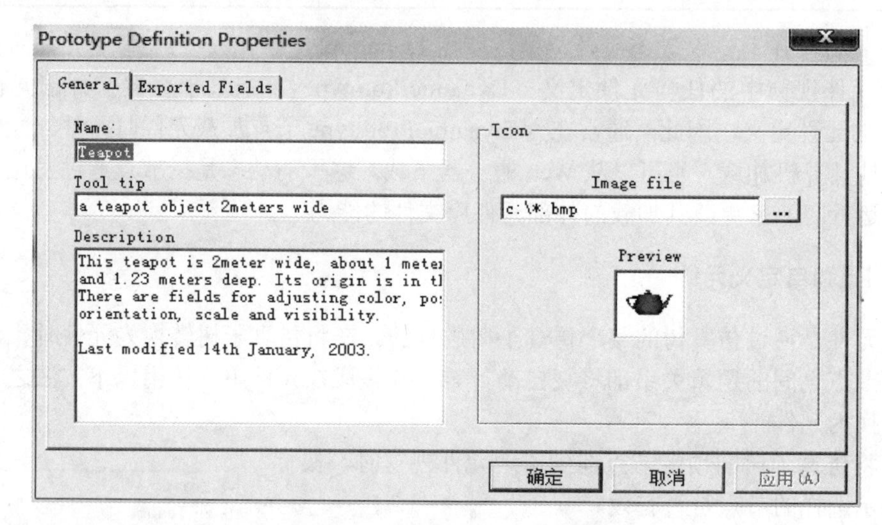

图 2-72　元件定义属性对话框

General 选项卡中的选项如下。

Name：元件名称。

Tool tip：当鼠标光标滑过元件时会出现提示文本，该功能在浏览元件库时特别有用。

Description：添加在元件定义属性对话框中显示的说明。

Image file：为元件指定新图标，可以手动输入新图像的位置，或单击浏览按钮后添加新图像。

注意：请使用 16×16 像素的图像创建图标。

Exported Fields 选项卡（见图 2-73）显示的是该元件在仿真树中作为元件实例时可用的域信息。将仿真子树转换为元件时，EON Studio 会将该子树的所有输入和输出逻辑关系转换为该元件的导出域。这些导出域必须连接到该元件中现有节点的域，导出域只能在元件定义中创建，但它们的值可以在每个元件实例中单独修改。

注意：如果在元件定义中更改了导出域的值，则不会影响该元件定义的所有元件实例的现有值，新值将仅在新的元件实例中起作用。

Exported Fields 选项卡中的选项如下。

Add new field：添加一个新的导出域。

Remove selected field：删除选择的导出域。

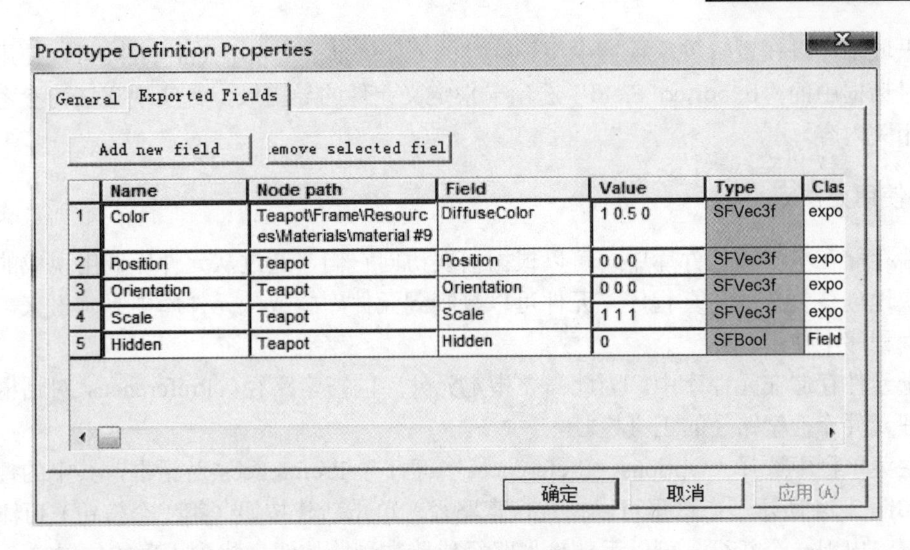

图 2-73　Exported Fields 选项卡

下面是导出域中各列的信息：

Name：域名。

Node path：导出域连接到此元件中节点的绝对路径，创建导出域时会自动设置此路径。

Field：目标节点的域或事件的名称。请注意，可用的选项由所选节点的特性决定。

Value：分配给域的初始值。注意：如果域的类型为 SFNode 或 MFNode，则不能分配初始值。

Type：域的数据类型（如 SFBool、SFInt32、SFFloat 等）。

Class：域的类型（如 eventIn、eventOut、exposedField、Field）。注意：如果定义为 Field 类型，那么该域不能与外部节点交换信息，只能在元件内部使用。

创建导出域的操作步骤如下：

（1）在仿真子树或元件的逻辑关系视窗中选择节点。

（2）右击该节点，在右键菜单中选择“Prototype Definition Properties”。

（3）选择“Exported Field”选项卡，单击“Add new field”按钮。

（4）输入必要的信息后单击“确定”按钮。

3．逻辑关系视窗中的元件

逻辑关系视窗反映的是当前仿真树的状态。如果打开元件编辑视窗，则逻辑关系视窗将显示仿真子树中节点之间的逻辑关系。元件中的节点可以通过三种方式在逻辑关系视窗中进行连接。

第一种方法是作为元件实例，它可以与仿真树中的其他节点一起使用，创建从仿真树中的节点域到元件域的逻辑关系。

注意：不能在元件内部建立各域之间的逻辑关系。

第二种方法是在构成元件的节点之间创建逻辑关系，就像为仿真树创建逻辑关系一样。

第三种方法是通过导出域功能创建从元件内部节点到元件外部节点的逻辑关系。

在元件的内部节点和外部节点之间建立任何直接连接之前，必须定义导出域。元件中所有的导出域都可以在逻辑关系视窗中用于标准的 In-Event 和 Out-Event 事件。可以使用元件定义属性对话框中的“Exported Field”选项卡来定义元件的导出域，具实现方法请参考自定义元件的相关内容。

4．使用元件库

元件存储在单独的元件库中，可以根据需要访问它们，通过从元件库调用现成的元件，可以更快地创建复杂的仿真程序。元件可以复制到元件库中或从元件库中复制出来，以便在其他仿真程序中使用。

由于元件存储在元件库中，因此需要指定元件库的搜索路径。Preferences 对话框中具有用于管理元件库搜索路径的工具栏。

在主菜单栏中选择“Options→Preferences”可打开 Preferences 对话框，其中的搜索路径工具栏如图 2-74 所示，在这里可以指定搜索路径。单击新建按钮（第 1 个按钮）可添加新路径，这时将出现一个新行，可以手动输入路径或单击浏览按钮后找到正确的位置。

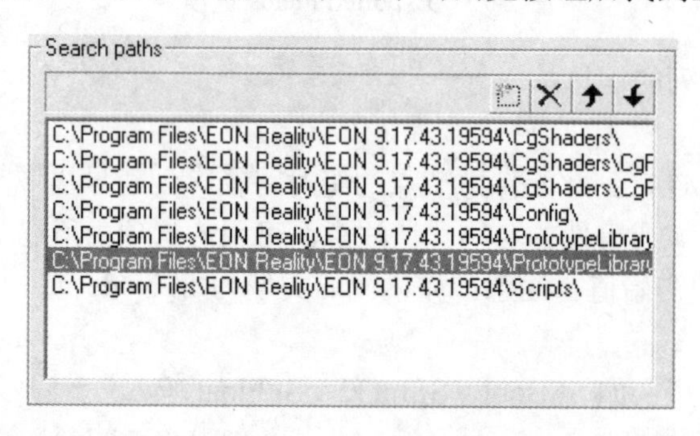

图 2-74　Preferences 对话框中的搜索路径工具栏

元件库文件的扩展名为.eop 或者.edp，.edp 文件无法编辑，主要用于发布。元件库文件可以使用 EON Studio 创建，然后将其复制到其他计算机或 Web 服务器，供 EON 仿真程序使用或其他计算机上的 EON 使用。

（1）向元件库中添加元件。在本地元件视窗中创建的元件仅可在当前 EON 仿真程序中使用，如果要将元件用于其他 EON 仿真程序或与其他用户共享，则必须将其添加到元件库文件中。通过将元件从本地元件视窗拖曳到组件视窗中的元件库，可以将元件添加到元件库文件中。

注意：在组件视窗的元件（Prototypes）选项卡中，只能选择一个元件分组。每个元件分组都对应于一个元件库文件。

（2）元件分组。在组件视窗中，可以新建元件分组并对元件进行重新整理分组。

在组件视窗中单击“New”按钮可创建新的元件库文件，此时将弹出一个对话框，要求输入新建元件库文件的名称。选择文件夹后输入名称，然后单击“Save”按钮，便会在所选文件夹中创建一个.eop 文件，此时.eop 文件尚未包含任何元件。

新建元件库文件后，在组件视窗的元件（Prototypes）选项卡的下拉列表中选择刚刚建立的分组名称，将元件从本地元件视窗拖到组件视窗中，该元件将存储在元件库文件中。元件库文件中可以包含任意数量的元件。

元件分组中的所有元件都存储在扩展名为.eop 的文件中。

（3）移动元件。元件也可以在元件分组之间移动。打开两个或多个组件视窗，然后将元件从一个视窗拖曳到另一个视窗，这实际上是一个复制操作，纹理和几何数据（共享数据）不会从原元件分组（.eop 文件）中删除。此方法可解决引用共享数据的原元件分组缺少元件连接的问题。

（4）更新元件库。下载元件库文件（*.eop），然后将新元件库文件（*.eop）保存在计算机上的元件库文件夹中（如“C:\Program Files\EON Reality\EON Studio\PrototypeLibrary”），如图 2-75 所示。

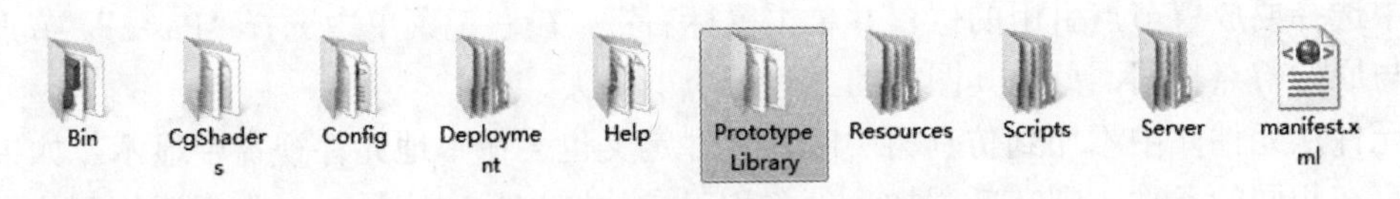

图 2-75 元件库文件的存储位置

元件库（PrototypeLibrary）文件夹的内容如图 2-76 所示。

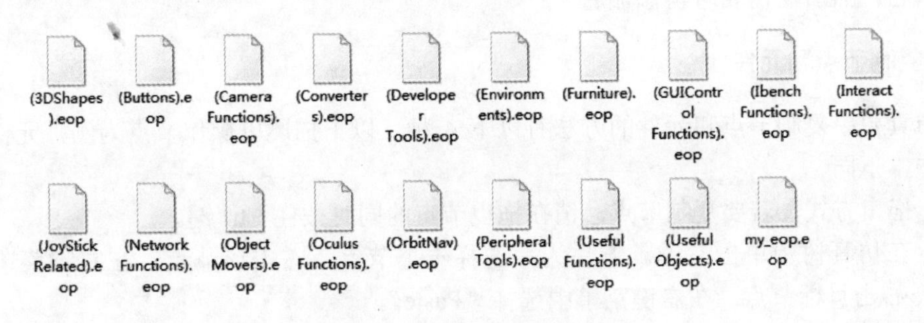

图 2-76 元件库文件夹的内容

运行 EON Studio 后，在组件视窗中选择元件选项卡时，可以在任何组件视窗中找到更新的元件。

2.6.3 节点和元件的基本操作

如何在仿真树下放置节点和元件是学习 EON 的一个重点。一般来讲，可以将节点放置在 Scene、Materials、Resources 或从 3D 模型文件导入的基于几何的对象下，不同类型的节点和元件允许放置的位置也是有区别和限制的。下面对节点和元件的一些基本操作进行简单介绍。

1. 添加节点和元件

在仿真树中放置节点和元件的方法有以下 4 种。

（1）从组件视窗中拖曳进来。首先要确保目标节点可见，从组件视窗中拖曳一个节点，然后将其放置到仿真树的目标节点下，在松开鼠标之前，将要插入的节点悬空在目标节点的上方一会儿，这样会自动展开目标节点。

（2）在组件视窗中双击节点。在仿真树中选择目标节点后，在组件视窗中双击要添加的元件分组，选择的目标节点就会作为一个仿真子树自动展开，然后新添加的节点便会自动添加到目标节点下。如果在双击鼠标的同时按住 Shift 按键，那么新添加的节点还会被自动定位和高亮显示，这个快捷方法可以很方便和迅速地定位到新添加的节点。

（3）在仿真树中单击右键。选择一个目标节点，右击该节点，在右键菜单中选择“New”可添加一个新节点。

注意：这个方法只适用于添加节点，不能添加元件。

（4）复制一个节点或元件的引用。如果要使用的节点已经放置在仿真树中，那么就可以很容易地创建一个节点的引用。在仿真树中，节点的引用实际上就相当于节点的一个快捷方式。复制引用的方法为：右击仿真树中的节点，在右键菜单中选择“Copy as Link”，接着在仿真树中选择要放置节点引用的位置并单击鼠标右键，在右键菜单中选择“Paste”。节点引用的图标与原始节点相同，只是其图标的上有一个小箭头。

当元件从元件库中添加到仿真树中时，元件定义也会在本地元件视窗中显示。如果仿真树中已存在相同的元件，则在新添加元件名称后自动增加数字序号。对于新添加到仿真树中的相同元件，此数字序号会增加。

注意：在修改元件之前，不需要将元件添加到仿真树中，可以将元件拖曳到本地元件视窗中编辑它，然后在需要时再添加它。

2．复制节点和元件

在仿真树中复制节点和元件的方法有以下 4 种，以下描述以操作节点为例，元件操作的方法一样，下同。

（1）拖曳方式。若要复制节点，请在拖曳节点的同时按住 Ctrl 键。

（2）在仿真树中单击右键。方法为：选择一个节点，右击该节点，在右键菜单中选择“Copy”；右击目标节点，在右键菜单中选择“Paste”。

（3）工具栏方式。选择一个节点，单击工具栏上的复制按钮可复制该节点；右击目标节点，在右键菜单中选择“Paste”即可。

（4）键盘方式。选择一个节点，按 Ctrl + C 组合键复制该节点；选择目标节点，按 Ctrl+ V 组合键粘贴该节点。这时相关子树将被展开，但焦点将保留在目标节点上。

3．移动节点和元件

在仿真树中移动节点和元件的方法有以下 3 种。

（1）在仿真树中单击右键。选择一个元件，右击该节点，在右键菜单中选择“Cut”；右击目标节点，在右键菜单中选择“Paste”。

（2）工具栏方式。选择一个节点，单击工具栏的剪切按钮；右击目标节点，在右键菜单中选择“Paste”即可。

（3）键盘方式。选择一个节点，按 Ctrl + X 组合键剪切该节点；选择目标节点，按 Ctrl + V 组合键可粘贴该节点。这时相关子树将被展开，但焦点将保留在目标节点上。

4．重命名节点和元件

当向 EON 仿真程序中插入新节点时，它们的名字跟功能是一致的。例如，一个 Place 节点，会被自动命名为 Place；当在同一个节点下插入多个 Place 节点时，它们将会被命名为 Place、Place1…。如果不进行重命名，当仿真树中的节点非常多时，就很难追踪哪个节点起到什么作用。鉴于这个原因，当插入新节点时，要养成一个重命名的好习惯。要想在仿真树中重命名一个节点，按下F2键，输入新节点的名称后按回车键即可。注意：节点名称不能以"!""/""\""*"":"或者空格开头。

另外，节点具有属性对话框，在仿真树视窗中双击节点图标即可打开节点属性对话框，也可以通过在主菜单栏选择"Edit→Properties"中或者在右键菜单中选择"Properties"来打开节点属性对话框；还有一种方式是在仿真树中选择节点后按回车键。

5. 删除节点和元件

删除节点和元件比较简单，直接选中要删除节点或元件后按Delete键，然后单击"确定"按钮即可。

注意：要从本地元件视窗中删除元件定义，元件实例计数器（元件定义图标的编号）必须为零。要删除元件定义，先选择元件定义并按Delete按键，或在右键菜单中选择"Delete"即可。

6. 查看节点的域

启动EON后，在仿真树视窗中右击节点，在右键菜单中选择"Show Fields"可查看选中节点的所有域。

7. 连接节点

节点之间的连接关系是在逻辑关系视窗中建立的。为了建立连接关系，需要将进行连接的所有节点拖曳到逻辑关系视窗中，在这里，它们会以图标的形式显示。单击源节点右下角的按钮，打开输出事件菜单（该菜单的内容随节点类型不同而不同），选择一个输出事件，这时会出现一条连线；然后单击目标节点左下方的按钮，在弹出的菜单中选择一个想要的输入事件，单击鼠标即可建立一条连线，从而在节点之间建立一个连接。

第3章 创建 EON 仿真程序

3.1 EON 中的坐标系统

3.1.1 关于坐标系

EON 使用右手笛卡尔坐标系，*X* 轴正方向指向右侧，*Y* 轴正方向指向前方，*Z* 轴正方向指向上方。使用右手法则，即拇指指向 *X* 轴正方向，食指指向 *Y* 轴正方向，中指指向 *Z* 轴正方向。

EON 的三维坐标体系如图 3-1 所示。

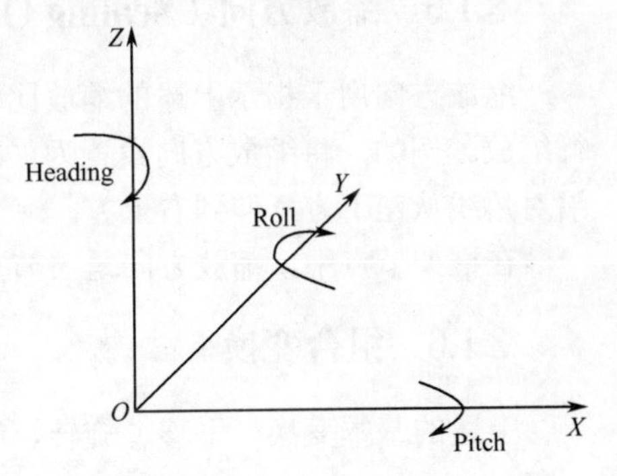

图 3-1 EON 的三维坐标体系

在三维笛卡尔空间中，对象通常使用框架（Frame）节点来定位。每个框架（Frame）节点都定义了相对于其父节点的坐标系参考，从而形成坐标系参照树，每个坐标系参照都与其自身的父框架节点具有紧密的关系。

一般是通过框架节点进行坐标变换的，该变换实现了子节点相对于框架节点的平移、旋转和缩放，这是对象在场景中的定位方式。

每个框架节点都定义了其相对于父节点的局部变换，并且在从对象到场景（Scene）节点的整个路径定义了对象的世界坐标变换（World Transform），即对象在世界坐标系中的位置。

对象可以完成 4 种基本变换：平移、旋转、缩放比例和缩放方向。

3.1.2 平移（Translation）

平移指的是对象沿坐标系中 *X*、*Y* 和 *Z* 三个轴的移动，平移的值可以是负值也可以是正值。比如，当平移的值为（-1，0，0）时，表示沿 *X* 轴将对象放置在坐标原点左侧一个单位处。

在框架（Frame）节点中，平移在节点的 Position 域中定义，即相对于其父节点的位置。

3.1.3 旋转（Rotation）

在 EON 中，旋转分为航向（Heading）、俯仰（Pitch）和滚转（Roll），其中航向是指绕 *Z* 轴的旋转，俯仰是指绕 *X* 轴的旋转，而滚转是指围绕 *Y* 轴的旋转。

航向、俯仰和滚转的命名最初源于飞机工程，是指围绕飞机主轴的旋转。现在假设一架虚拟的飞机正在沿着坐标系的 Y 轴正方向飞行，根据上述的三维坐标体系，实际上是飞机是朝着进入 EON 的屏幕的方向飞去。

旋转以度（°）为单位，输入负值也是有效的，如输入“–90”，其处理方式与输入“270”相同。沿着坐标系的一个轴向坐标系的原点看去，顺时针方向代表正旋转，逆时针方向代表逆旋转。例如，航向、俯仰和滚转的值为（0、0、45），则表示对象向左滚转 45°。

Heading：代表航向，向右旋转时为正，向左旋转时为负。

Pitch：代表俯仰，飞机俯冲时为正，爬升时为负。

Roll：代表滚转，向左滚转时为正，向右滚转时为负。

在框架节点中，旋转在节点的 Orientation 域中定义，表示该框架节点相对于其父节点的旋转。

3.1.4 缩放比例（Scaling）

缩放比例表示对象沿坐标系三个轴的缩放系数，通过设置缩放比例可使对象变大或变小。例如，将缩放比例设置为（2，1，1），将使对象沿 X 轴的长度增加 1 倍。

在框架节点中，缩放比例是在节点的 Scale 域中定义的，表示该框架节点相对于其父节点的大小变化。

3.1.5 缩放方向（Scaling Orientation）

缩放方向用于指示上述的缩放比例应用在哪个方向上，从而使对象可以在任何方向上进行缩放。例如，将缩放方向设置为（0，0，45）并将缩放比例设置为（2，1，1），将使对象沿对角线从左下方延伸到右上方。

在框架节点中，缩放方向是在节点的 ScaleOrientation 域中定义的。

3.1.6 组合变换

上述的基本变换（平移、旋转、缩放比例和缩放方向）可通过多个框架节点实现组合变换，如图 3-2 所示，该组合变换的顺序为：缩放方向的逆方向、缩放比例、缩放方向、滚转、俯仰、航向、平移。

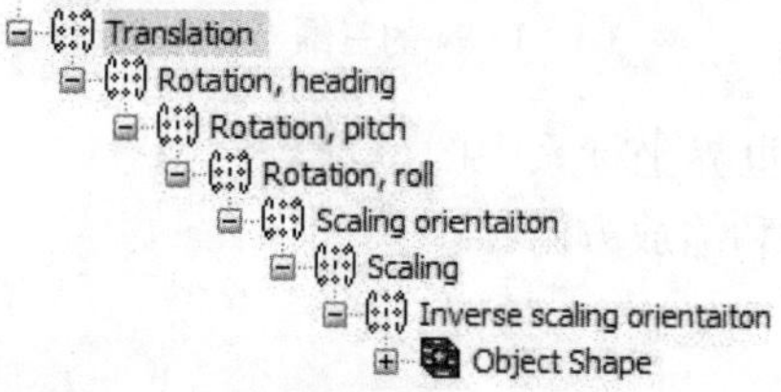

Translation
Rotation, heading
Rotation, pitch
Rotation, roll
Scaling orientaiton
Scaling
Inverse scaling orientaiton
Object Shape

图 3-2 通过多个框架节点实现组合变换

注意：EON 中没有内置真实世界中计量单位，这要由仿真程序的设计者来定义。必须在开始创建 3D 模型时约定好计量单位，因为不同的 3D 建模软件都有各自不同的计量单位。

3.2 EON 中的资源数据库结构

为了提高系统的表现力和灵活性，EON 引入了一种全新的材质——网格系统，该系统由一组节点组成，这些节点通常称为可视节点集（Visual Nodes Set）。

可视节点集包括以下节点：

（1）网格节点：Mesh3、Mesh3Properties。

（2）材质节点：MultiMaterial、ShaderMaterial。

（3）纹理节点：Texture3、MovieTexture。

（4）形状节点：Shape。

网格系统的核心理念是使用资源数据库实现几何和纹理数据的共享和实例化。按照 EON 的设计模式，资源数据库实际上是仿真树的任意一个分支，这意味着可以组织资源数据库的结构。导入程序可创建如图 3-3 所示的资源数据库结构树。

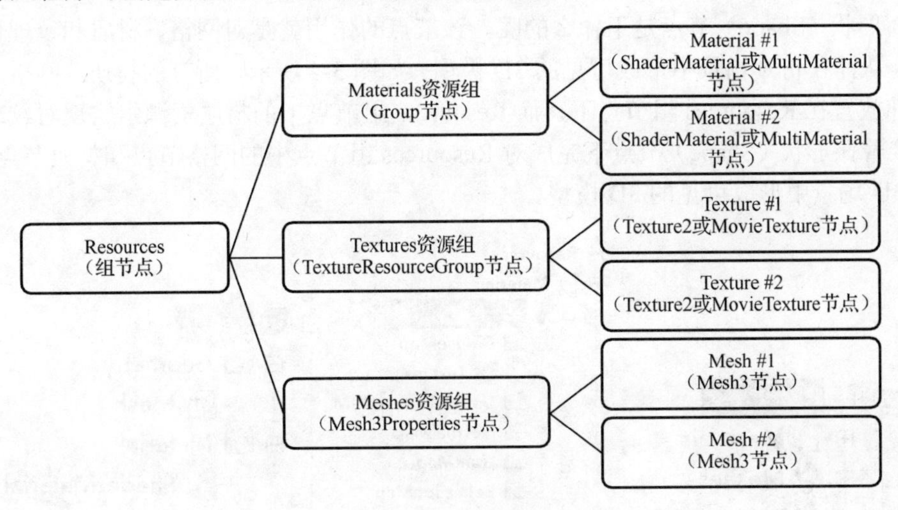

图 3-3　资源数据库结构树

图 3-3 中，Resources 组节点用于将仿真场景中所有的资源组放在一起，在 Resources 组节点下有三个资源组，分别是材质（Materials）资源组、纹理（Textures）资源组和网格（Meshes）资源组。材质资源组使用普通的 Group 节点，而其他两个资源组使用特殊的节点，因为这两个资源组的节点有一些需要单独设定的属性。

材质资源组包含原始模型文件中的所有可用材质。某些 3D 建模软件支持多材质，这意味着可以为单个模型指定多个不同的子材质，比如可以在模型的每个面上指定一个子材质。在导入过程中遇到这种多材质时，EON 会自动创建多材质（MultiMaterial）节点，多材质中的每个子材质也会被创建，多材质节点将包含对这些子材质的引用。

纹理是一种向对象表面提供细节展示的图像，从计算的角度来讲，这种方式非常经济高效。纹理有两种类型节点：Texture2 和 MovieTexture，它们之间的区别在于后者使用电影文件作为图像源，而前者使用简单的静态图像文件。

在许多应用程序中，纹理节点将作为一个资源组来进行操作和更改，所以 EON 中才有了 TextureResourceGroup 节点。此节点始终由导入程序创建，以对模型中的所有纹理节点进行分组，它包含纹理节点的所有公共属性，如嵌入（Embedded）、质量级别（QualityLevel）、最大宽度（MaxWidth）、最大高度（MaxHeight）、原始大小（OriginalSize）和发布大小（DistributionSize）等。

网格资源组包含 3D 模型的实际定义，但不包含外观，外观存储在材质资源组中。导入程序从 3D 模型文件创建资源数据库时，将为文件中找到的每个 3D 模型创建扩展名为.eog 的网格节点，并将 3D 模型网格数据存储在单独的文件中，然后使节点引用该文件。

为了更好地满足数据存储的需求，EON 中的网格可以压缩，多边形的数量也可以减少。压缩就像 JPEG 图像压缩一样，可以在精度和质量之间进行折中，而多边形压缩则意味着减少构建网格的多边形数量。

与纹理类似，导入程序将使用 Mesh3Properties 节点对 3D 场景中使用的所有网格进行分组，以便可以轻松地对它们进行整体分组操作。

那么形状（Shape）节点是干什么的呢？该节点的作用就是对网格、材质和纹理资源组进行组合，从而在仿真场景中形成可见的 3D 模型。如图 3-4 所示，所有的材质、网格和纹理资源组全部放置在 Resources 组节点下，而 Resources 组节点下的材质资源组实现对纹理节点的引用，接着在形状（Shape）节点下完成对 Resources 组节点中的网格节点和材质节点的引用，从而在 3D 场景中形成可见的 3D 模型。

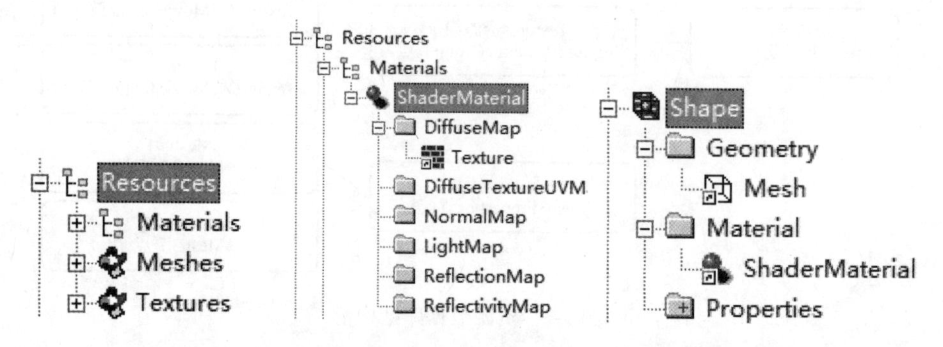

图 3-4　仿真树中 Resources 组节点下各类资源的组织方式

上述资源在仿真树中的组织方式如图 3-4 所示，这种资源组织方式的功能非常强大，可以在导入 3D 模型后，对 3D 模型的材质和网格进行自由组合。比如，可以创建五个形状相同但材质不同的椅子。另外，由于这种资源组织方式使得网格、材质和纹理资源组可以在各个形状之间进行共享，所以节省了内存资源和下载时间。

3.3　创建 EON 仿真程序

仿真程序虽然是在 EON Studio 中创建的，但仍然需要使用其他软件来创建和编辑 3D 模型、纹理和声音等。当然，EON Studio 可以对 3D 模型进行一些简单的编辑，比如，可以改变 3D 模型的颜色和材质，但即使如此，也应该在开始工作之前将这些材质或者声音等素材提前准备好。

创建一个仿真程序主要有三个步骤：一是添加 3D 模型；二是为 3D 模型定义行为属性；三是设计如何与 3D 模型进行交互。如果要进一步提高仿真场景的实现效果，还需要添加一些诸如声音、灯光以及其他一些特效。

3.3.1　在 EON 中导入 3D 模型

1．支持导入的文件格式

在向 EON 仿真程序中添加 3D 模型时，经常要用到文件格式的转换。一般而言，利用文件格式的转换来将 3D 模型导入仿真程序中，是创建仿真程序所必需的。EON 可以直接读取 JPG 图像文件、MP3 声音文件和 MP4 视频文件等，但是对于 3D 模型文件，必须使用 EON 的导入功能才能将其转换为适合 EON 的格式。

EON Studio 支持的 3D 模型文件格式如表 3-1 所示。

表 3-1　EON Studio 支持的 3D 模型文件格式

文件格式	描　述
Cg Material（*.emt files）	Vertex 和 pixel shader 生成的 EMT 格式文件
3D Studio .3ds	Autodesk's 3D Studio 格式文件
Autodesk FBX .fbx	Autodesk FBX 格式文件
Autodesk Inventor Files	Autodesk Inventor 格式文件
Okino.bdf transfer file format	Okino 格式文件
Collada .dae	COLLADA 格式文件
DirectX.x	DirectX 格式文件
DWF 3D	AutoCAD 3D DWG 格式文件
DWG（up to v2008）	AutoCAD DWG 格式文件，支持 2008 版本
DXF ASCII/Binary	AutoCAD DXF 格式文件
HOOPS HSF	HOOPS 格式文件
IFC（STEP-based）.ifc	IFC 格式文件
IGES v5.3（via Okino）ASCII	IGES 格式文件
Irrlicht Mesh/Scene .irr/.irrmesh	IRRMESH 格式文件
Lightwave .lw	LightWave 3D 格式文件
Ogre .mesh .xml	Ogre、mesh、xml 等格式文件
Open Game Engine Exchange .OpenGEX	OpenGEX 格式文件
Pro/E .SLP .'Render File'	Pro Engineer SLP Render 格式文件
SolidWorks	SolidWorks 零件或装配体文件
Stanford Ply .ply	PLY 格式文件
Stereo Lithography .STL	STL 格式文件
Terragen Terrain .ter	TER 格式文件
USGS & GTopo30 .dem	DEM 格式文件
VRML 2.0 .wrl	WRL 格式文件
Wavefront（+Rhino）.obj	OBJ 格式文件
XGL/ZGL（XML-style Transfer File Format）	XGL/ZGL 格式文件
Import RPC Object	RPC 格式文件

2. 导入过程

在将不同格式的 3D 模型导入 EON 时，会有不同的导入选项，用户可在导入选项对话框中进行设置。

导入 3D 模型的基本步骤如下：

（1）在场景（Scene）节点下新建一个框架（Frame）节点，将其作为待导入 3D 模型的父节点，这样做的目的是在后续设计交互时可以方便地对 3D 模型进行整体操作。

（2）选中建立的框架（Frame）节点，然后在主菜单栏中选择“File→Import”。

（3）选择要导入的 3D 模型。

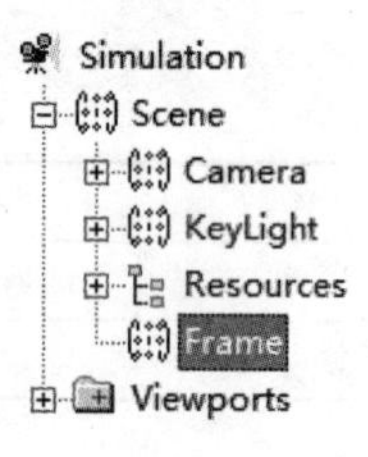

图 3-5　新建一个框架节点作为待导入 3D 模型的父节点

上面已经说过，对于不同的 3D 模型，其导入选项是不同的，下面以导入 3DS MAX 和 SolidWorks 创建的 3D 模型为例进行介绍。

3. 采用常规方法导入 3DS MAX 创建的模型

（1）在场景（Scene）节点下新建一个框架（Frame）节点，将其作为待导入 3D 模型的父节点，如图 3-5 所示。

（2）选中建立的框架（Frame）节点，然后在主菜单栏中选择“File→Import”，接着在出现的二级菜单中选择“3D Studio .3ds”，如图 3-6 所示。

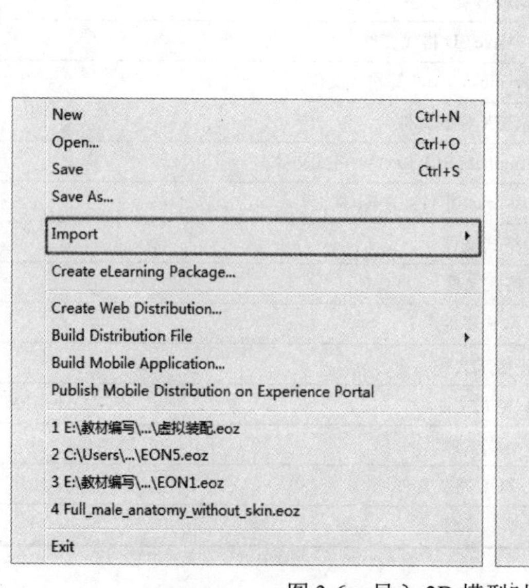

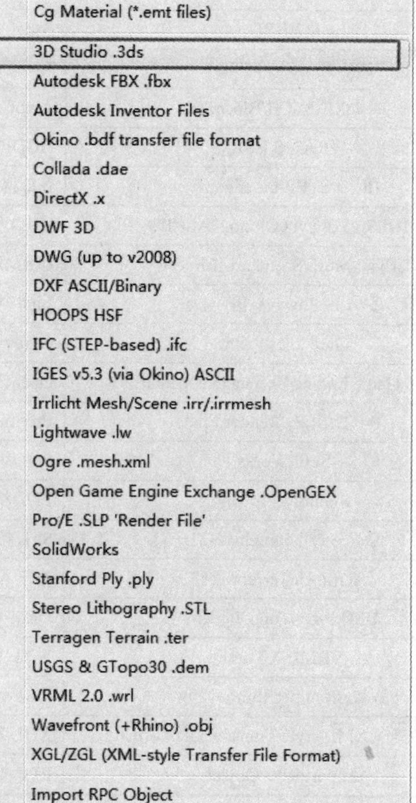

图 3-6　导入 3D 模型时的菜单选项

（3）在弹出的对话框中选择要导入的 3D 模型，如图 3-7 所示。

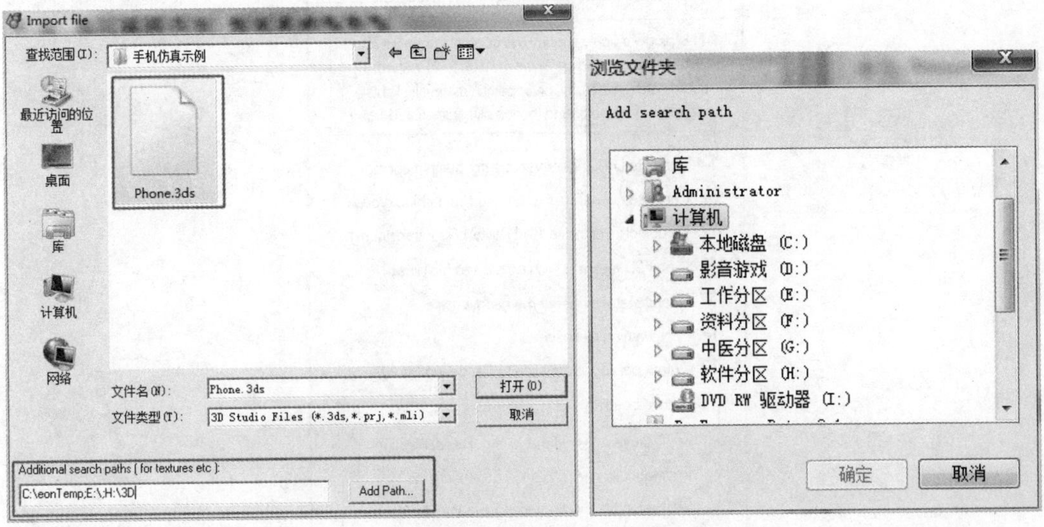

图 3-7　选择要导入的 3D 模型

（4）在导入 3D 模型时需要指定该模型在建模时用到的一些材质和贴图文件，如果这些文件的存放位置与 3D 模型文件不在同一个文件夹，则必须为 EON 指定搜索路径。单击图 3-7 中底部的“Add Path”按钮可打开一个对话框，用于选择存放材质和贴图的文件夹。如果有多个搜索路径，可以使用分号将其隔开，比如“C:\TEXTURES;C:\MORE_TEXTURES”。如果在指定的搜索路径下没有找到 3D 模型需要的材质或者贴图文件，那么 EON 将会在其日志（Log）视窗中进行提示。

（5）完成上述步骤后，单击“打开”按钮，接下来 EON 会根据选择的 3D 模型的类型自动调用 EON 内部的模型转换插件。图 3-8 是导入 3D 模型时的模型转换插件对话框（导入选项对话框）。

注意：图 3-8 所示的对话框会随着 3D 模型格式的不同而有所不同。

下面对该对话框中的部分参数进行说明。

Compute normals using assigned smoothing groups：如果选中（默认）该选项，模型顶点法线将根据 3D 模型的平滑信息进行自动计算，该功能使得导入的 3D 模型在渲染时看起来更加平滑。如果未选中此选项，则不会执行平滑操作，从而导致 3D 模型在渲染时呈现为平面阴影。

Fix objects that have ‘Bad Parity’（mirror transforms）：如果选中该选项，将启用特殊代码，用于检测和纠正 3D 模型的奇偶校验问题。奇偶校验用于描述沿 3D 模型的 X 轴镜像变换所导致的错误。如果未检测到此镜像转换，则导入的 3D 模型可能定位不正确。在默认情况下，此选项处于选中状态。如果 3D 模型在导入后看起来有不合适的地方，则取消该选项。

Report statistics about the geometry file：如果选中该选项，那么在导入 3D 模型后，将在一个消息窗口中显示 3D 模型解析的一些统计信息。

Print warning messages：如果选中该选项，那么在 3D 模型导入和解析过程中的警告消息将显示在日志视图中。

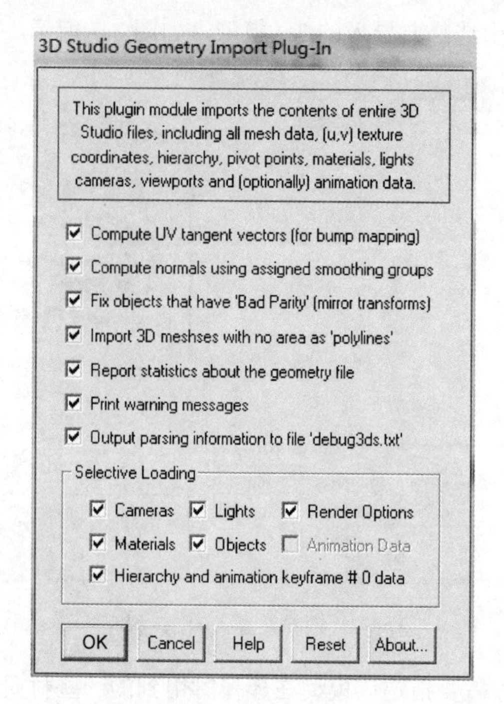

图 3-8　导入 3D 模型时的模型转换插件对话框

Output parsing information to file ‘debug3ds.txt’：如果选中该选项，将详细描述 3D 模型被导入和解析的详细内容，并输出到文件 debug3ds.txt 中。

以下选项用于确定是否加载 3D 模型的相关内容：

Cameras：如果选中，将加载在 3D 模型中关于摄像机的定义。

Lights：如果选中，将加载在 3D 模型中关于灯光的定义。

Materials：如果选中，将加载在 3D 模型中关于材质的定义。

Objects：如果选中，将加载所有 3D 模型。

Hierarchy and animation keyframe #0 data：如果选中，3D 模型的所有层次结构和枢轴点信息都将被加载。另外，第一个关键帧的动画数据也会被加载并应用于 3D 模型。如果未选择此选项，则不会加载 3D 模型的层次结构信息。

（6）接下来将显示一个对话框，如图 3-9 所示，可以在其中定义构建 EON 仿真树的一些选项，例如，在“Target path”文本框中输入导入纹理和网格文件的目录路径。单击“OK”按钮，3D 模型在进行最后的转换后将导入 EON 中。

3D 模型导入 EON 的内部过程为：导入程序首先加载 3D 模型并将其转换为 EON 的内部数据库表示形式，然后 EON 从其内部数据库中构建一个 EON 仿真树层次结构，在这个过程中，所有的几何图形都将转换为多边形网格，所有的纹理都将转换为 EON 内部格式。

4．使用 EON Raptor 插件导入 3D MAX 创建的 3D 模型

EON Raptor 是一个免费的 3D MAX 插件，可以实时显示 3D 模型并与之交互，并可以直接将 3D 模型导入 EON 中，然后进行下一步的编辑以创建更具交互性和真实感的 3D 仿真程序。下面对 EON Raptor 插件的使用做一个简单介绍。

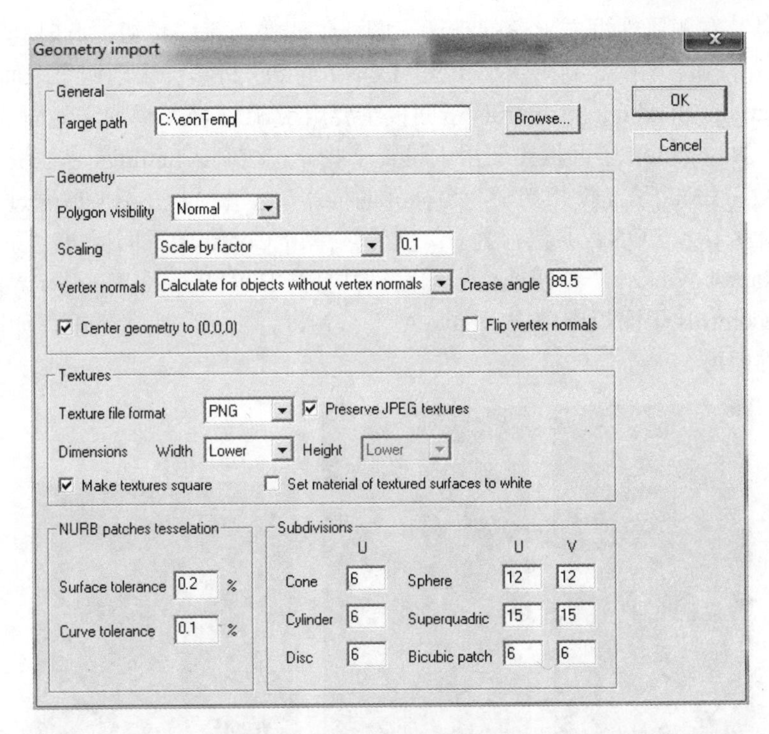

图 3-9　3D 模型导入选项对话框

首先确保计算机上已经安装了 3D MAX 建模软件，然后安装 EON Raptor 插件，这一步比较简单，按照一般软件的安装方法即可，这里不再详述。

启动 3D MAX 并打开 3D 模型文件，如图 3-10 所示。

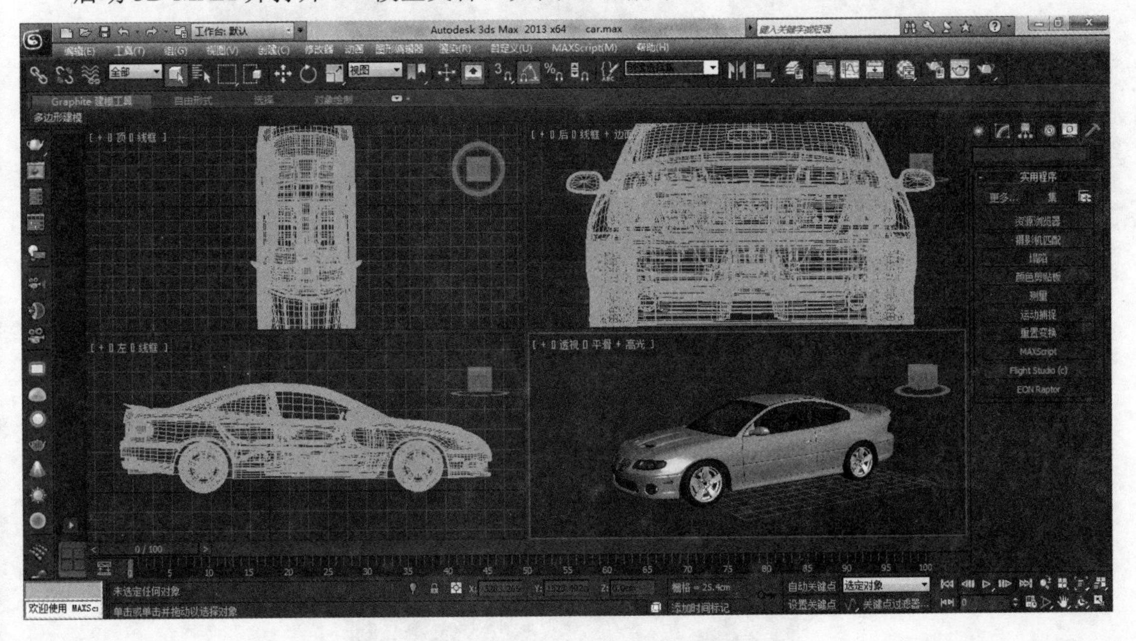

图 3-10　启动 3D MAX 并打开 3D 模型文件

单击图 3-10 右侧属性框右上角的小锤子图标，即实用程序按钮，此时会在其下方显示 EON Raptor 插件按钮，如图 3-11 所示。单击“EON Raptor”按钮会出现四个子面板：Controls、Navigation、Settings 和 About。Controls 子面板主要用于 3D MAX 模型文件向 EON 文件的渲染和输出控制，Navigation 子面板主要用于设置一些导航控制，Settings 子面板主要用于设置一些基本的参数，About 子面板相当于一个插件的描述。这里主要介绍如何通过 Controls 子面板将 3D 模型直接导入 EON，并保存为.eoz 文件。单击 Controls 子面板再次将其展开，这时只需要单击“Raptor Window”按钮就会启动渲染并打开 EON Raptor Window 界面，如图 3-12 所示。接着在 Controls 子面板中单击“Save As”按钮，弹出另存为对话框，如图 3-13 所示，保存为.eoz 文件即可。

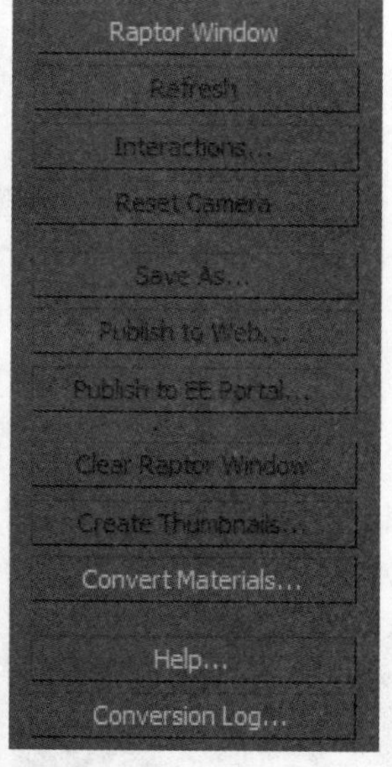

图 3-11　EON Raptor 插件按钮

图 3-12　EON Raptor Widow 界面

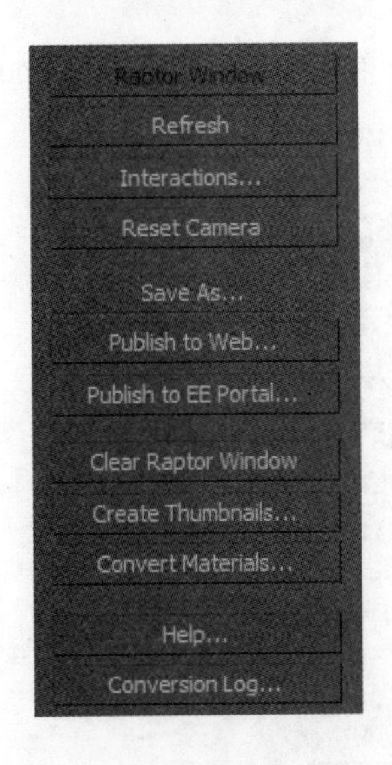

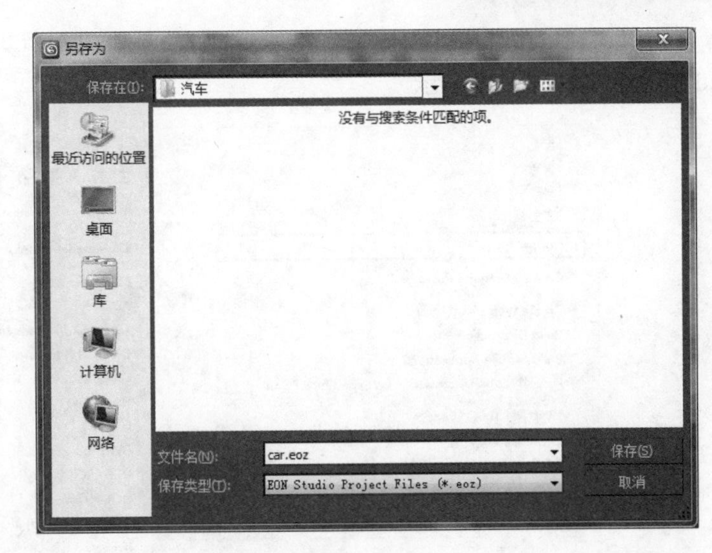

图 3-13　另存为对话框

5. 导入 SolidWorks 创建的 3D 模型

由于目前的 EON 在导入 SolidWorks 创建的 3D 模型时只能识别 SolidWorks 中零部件的英文特征，所以在 SolidWorks 生成 SLDASM 格式的文件之前务必进行以下设置：在 SolidWorks 中打开系统选项对话框，如图 3-14 所示，然后勾选“使用英文特征和文件名称”，该选项上面的“使用英文菜单”选项对导入 SolidWorks 创建的 3D 模型没有影响。

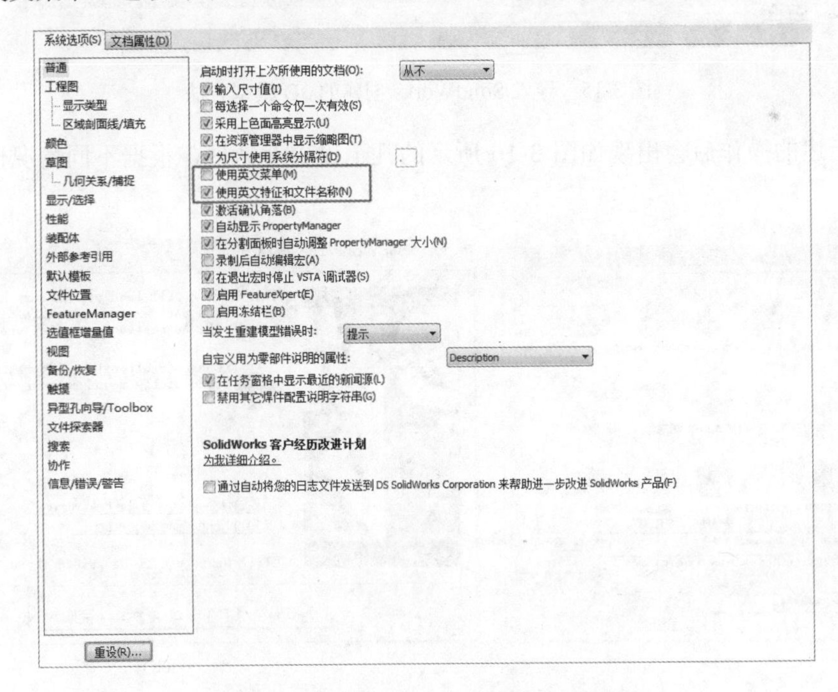

图 3-14　SolidWorks 的系统选项对话框

打开 EON Studio，建立一个新的仿真程序。

在仿真树视窗中选中 Scene 节点，然后在 EON Studio 主菜单栏中选择“File→Import→SolidWorks”，如图 3-15 所示。

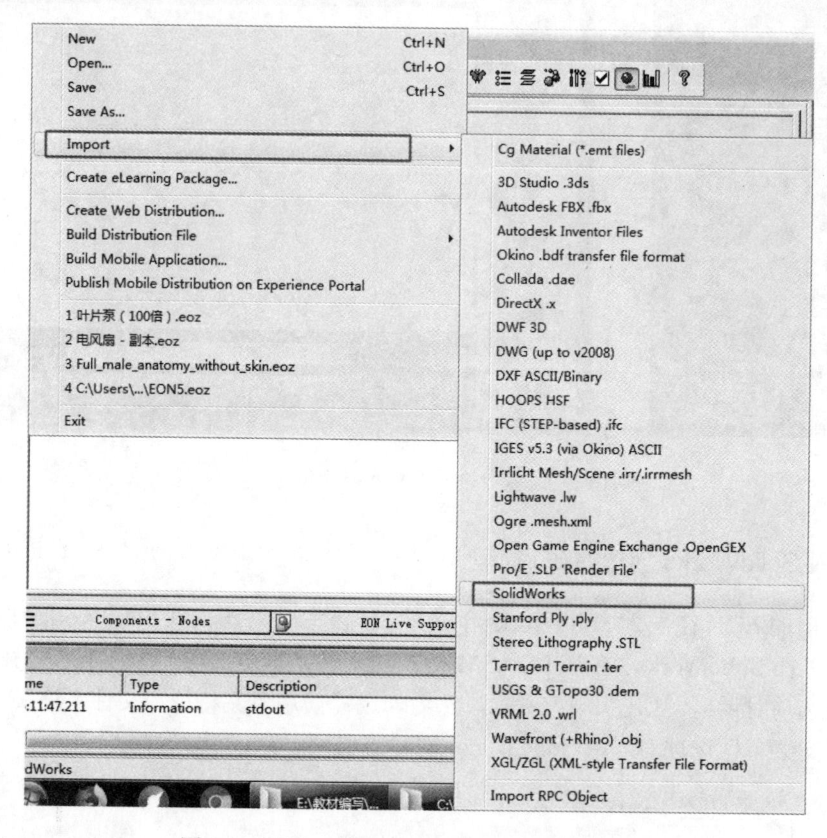

图 3-15 导入 SolidWorks 创建的 3D 模型方法

进行上述的操作后会出现如图 3-16 所示的几个设置对话框，根据不同情况依次进行设置即可。

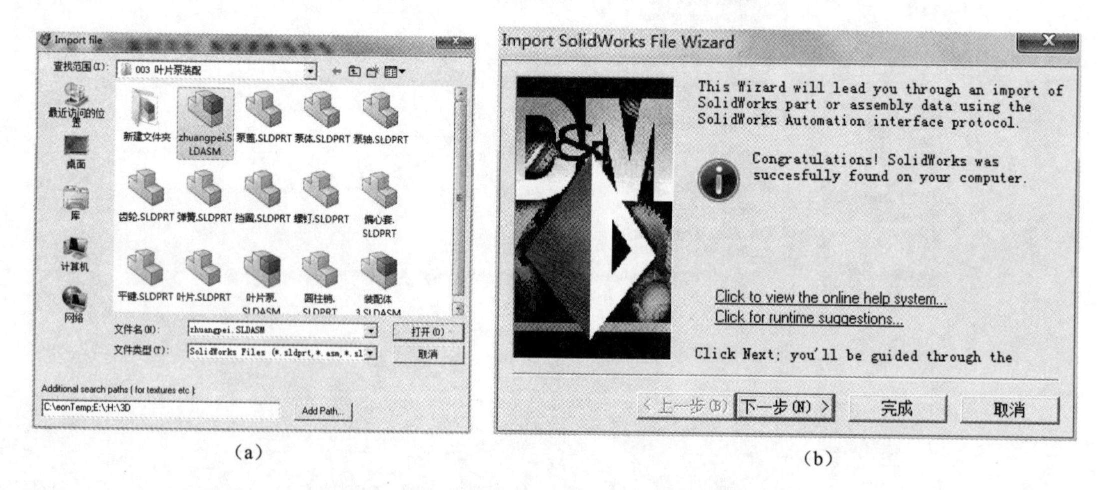

（a）　　（b）

图 3-16 导入 SolidWorks 创建的 3D 模型步骤

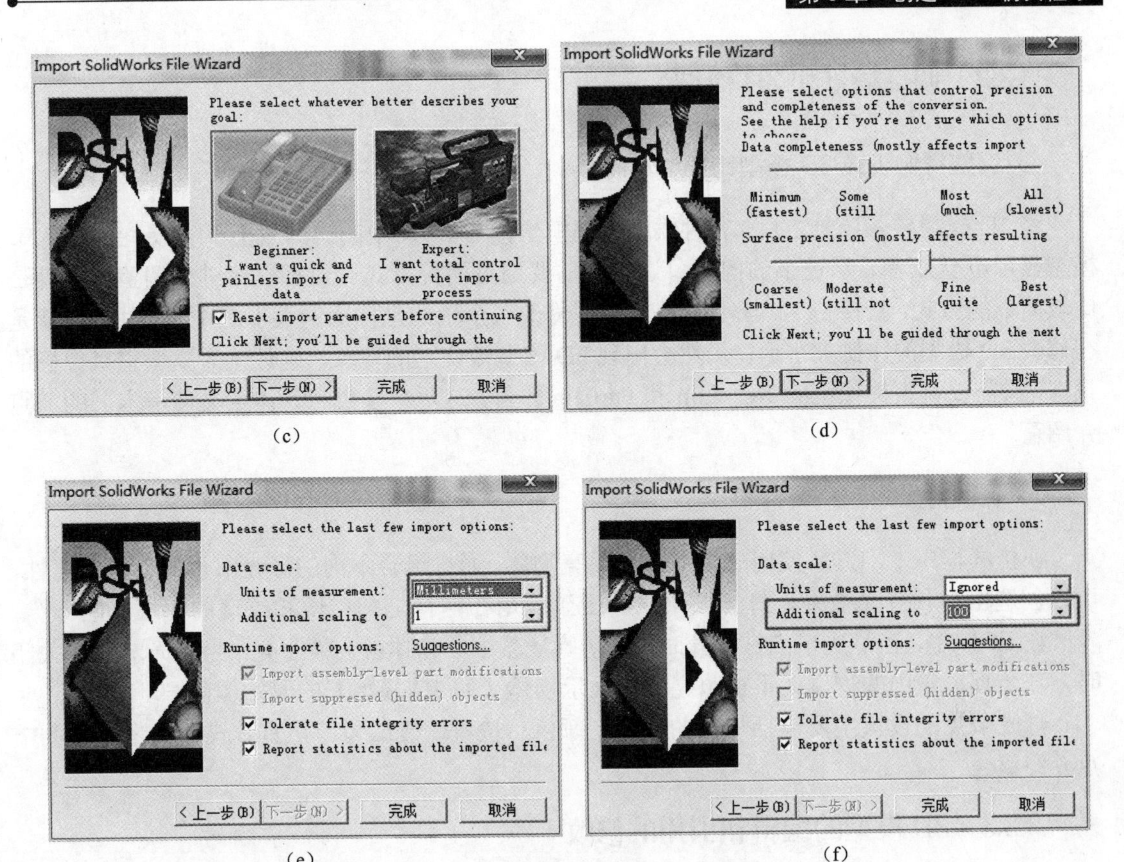

图 3-16　导入 SolidWorks 创建的 3D 模型步骤（续）

最后单击“完成”按钮，弹出如图 3-17 所示的对话框，确定无误后单击“OK”按钮。

Geometry import

General
Target path C:\eonTemp　Browse...
OK
Cancel

Geometry
Polygon visibility Normal
Scaling Scale by factor 1
Vertex normals Calculate for objects without vertex normals　Crease angle 89.5
Center geometry to (0,0,0)　Flip vertex normals

Textures
Texture file format PNG　Preserve JPEG textures
Dimensions　Width Lower　Height Lower
Make textures square　Set material of textured surfaces to white

NURB patches tesselation
Surface tolerance 0.2 %
Curve tolerance 0.1 %

Subdivisions
	U		U	V
Cone	6	Sphere	12	12
Cylinder	6	Superquadric	15	15
Disc	6	Bicubic patch	6	6

图 3-17　导入 SolidWorks 创建的 3D 模型选项

3.3.2　调整场景和 3D 模型

1．调整摄像机或 3D 模型比例大小

将 3D 模型导入场景之后，有时候由于建模软件与 EON 中的比例大小不一致，会出现 3D 模型显示不全或者显示过小的问题，这时就需要通过两种方式对仿真程序进行调整，一种是比较简单的方式，直接在 3D 模型的根节点下修改三个轴的坐标比例大小；另外一种情况就是在修改 3D 模型的比例大小后，仍然会出现 3D 模型被切割的现象，这时就需要调整摄像机的景深，只需要调整摄像机的 NearClip 和 FarClip 即可，这两个参数的具体意义请考本书的节点介绍篇。

2．调整灯光

在仿真程序中，EON 使用灯光节点来照亮物体。通过组合不同的灯光节点并设置其属性，可以创造出多种灯光效果。灯光效果也会受到应用在网格上的材质和纹理的特性影响。

在 EON 中，当灯光节点被打开时，在仿真场景中的物体就会被照亮；当灯光节点被关闭时，在仿真场景中的物体就不被照亮，将显示物体（如 3D 模型）的原始颜色。

灯光节点的设置主要包括灯光的类型、颜色、位置、衰减量等，具体设置请考本书的节点介绍篇。

3.3.3　3D 模型的编辑和引用的修改

1．选取工具

为了支持新的可视化节点集，EON 从 4.0 版开始添加了 4 个新的选取工具，这些工具用于在仿真树视窗中选择形状、网格、材质或纹理，如图 3-18 所示，只需单击场景中的 3D 模型即可。

图 3-18　EON 选取工具栏

这 4 个选取工具在默认状态下都处于未选取状态，通过单击某个选取工具按钮可将其激活。一旦某个选取工具处于激活状态，在仿真树视窗中用鼠标单击 3D 模型的某个部分时，该工具都将尝试选取 3D 模型的形状、网格、材质或纹理，具体取决于当前选取工具。如果选取成功，仿真树视窗中的对应节点将自动进行跳转并处于选中状态。

下面介绍如何使用选取工具。

注意：由于选取工具是在仿真树视窗中上工作的，因此在停止仿真时将无法使用选取工具。

（1）形状选取工具。单击 3D 模型时，该工具将选取该模型的形状节点。

（2）网格选取工具。单击 3D 模型时，该工具将选取该模型的网格节点。

（3）材质选取工具。单击 3D 模型时，该工具将选取该模型的材质节点。

注意：如果 3D 模型使用多种材质，那么就需要单击实际的子材质节点，而不是多材质节点。

（4）纹理选取工具▣。当单击 3D 模型并且该模型的表面上映射有纹理时，该工具将选择相应的纹理节点。请注意，无法使用该工具选择光照贴图纹理（Lightmap Texture），必须使用仿真树。

下面通过使用 EON 自带的 Tractor.eoz 来简单演示选取工具的使用方法。

（1）打开 TutorialFiles 目录中的文件 Tractor.eoz

（2）单击形状选取工具，如图 3-19 所示。

图 3-19　单击形状选取工具

（3）打开仿真树视窗，在按住 Alt 键的同时单击驾驶室，这时所选取的 3D 模型将标有黄色外框（图 3-20 中的圈），如图 3-20（a）所示。

（4）此时仿真树视窗将自动展开并显示选取的驾驶室的形状节点，如图 3-20（b）所示。形状节点包含了相关网格节点和材质节点的引用，单击网格节点和材质节点的引用，即可在属性栏视窗中编辑相关属性。如果双击，则将打开网格节点和材质节点在 Resource 目录中的实际节点。这些网格节点和材质节点都集中存放于 Resource 目录中，以便集中管理，以及被多个形状节点共享和引用。

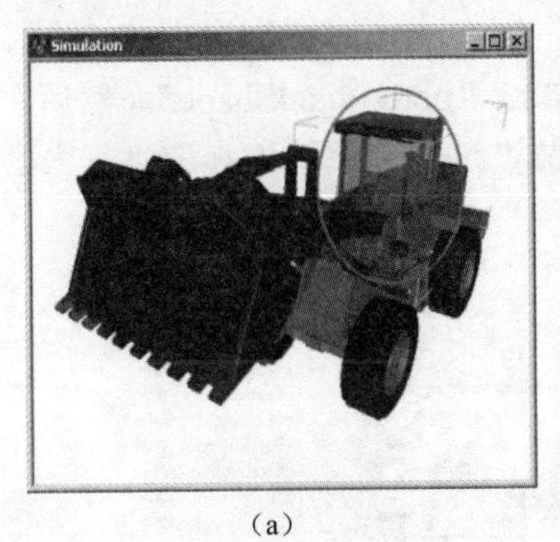

（a）

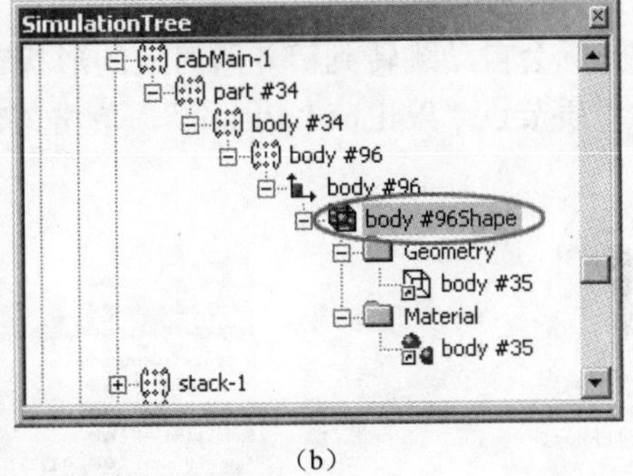

（b）

图 3-20　在仿真树视窗中定位对应形状节点

2. 缩放工具

缩放工具非常实用，可以在仿真视窗中快速定位 3D 模型，同时摄像机将快速移动，从而使所选取的 3D 模型完全进入视野。

注意：缩放工具仅适用于框架（Frame）节点、元件（Prototype）和形状（Shape）节点。

首先在仿真树视窗中选择要放大的 3D 模型的框架或形状节点，然后单击“▣”按钮来放大仿真树视窗中的被选对象。如果所选节点是框架（Frame）节点，则将放大该节点下整个仿真子树中所有的 3D 模型（这意味着仿真子树中的几何结构将跨越很大的区域，这时会将摄像机拉得离 3D 模型很远）。

下面举例说明：

（1）将在仿真树视窗下选定的 3D 模型放大观看。选择“Scene/MainAssembly/IP1-2/part #19/body #19/body #81/”路径下的“body #81Shape”形状节点，如图 3-21（a）所示。

打开仿真树视窗，然后单击“ ”按钮，摄像机将放大选定的对象，如图 3-21（b）所示，缩放范围包括 Frame 节点，甚至整个场景。

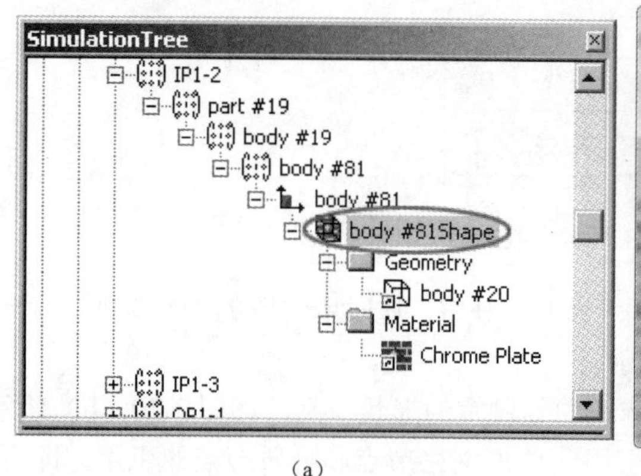

（a）

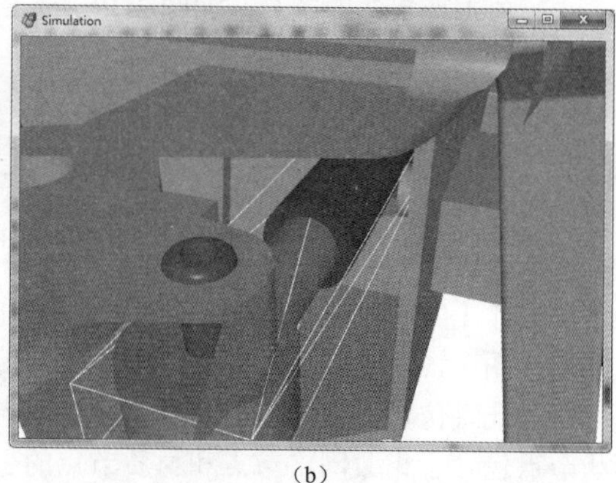

（b）

图 3-21　在仿真树视窗中定位并放大 3D 模型

（2）通过属性栏视窗进行编辑。下面我们修改推土机模型中铲斗的一些属性，首先单击形状选取工具，打开仿真视窗，在按住 Alt 键的同时单击仿真树视窗中的铲斗，此时在仿真树视窗中的光标会自动跳转到铲斗所对应的形状节点“body @64Shape”，然后在形状节点下找到对应的材质节点“Polished Plastic”，单击该节点可打开属性栏视窗进行参数修改，如图 3-22 所示。

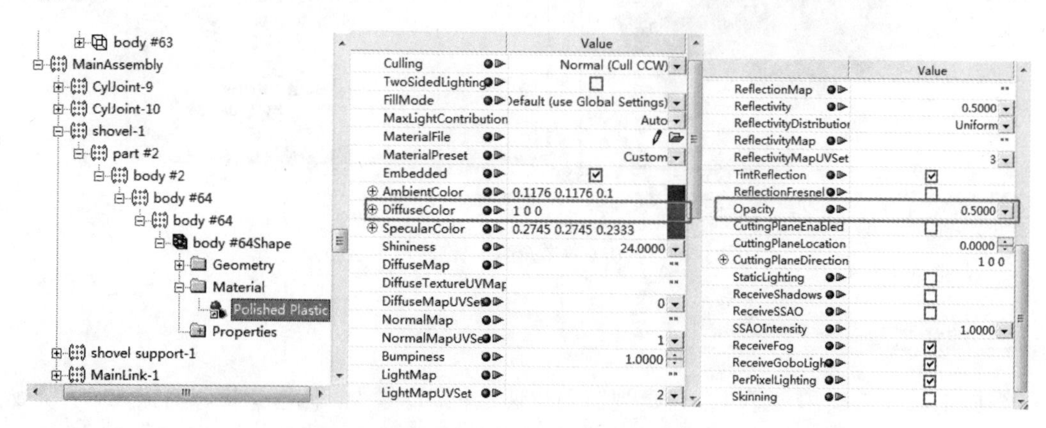

图 3-22　修改对应的材质参数

通过属性栏视窗可修改两个属性，一个是 DiffuseColor，将其改为红色（100）；另一个是 Opacity，将其修改为 0.5。修改两个属性后的效果如图 3-23 所示。

提示：可以在仿真树视窗打开的情况下进行上述修改，这样就会边修改边查看修改后的效果。

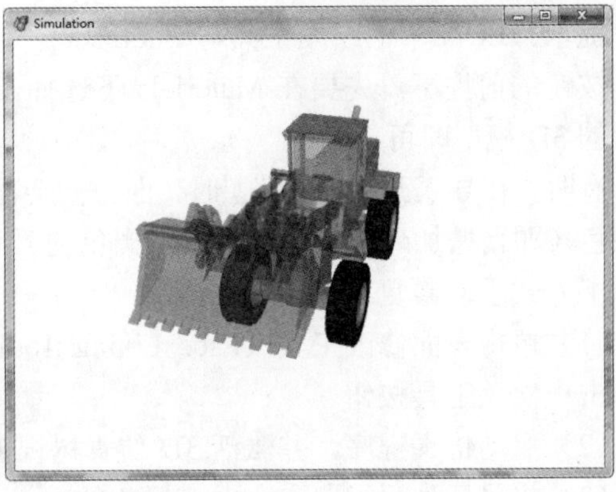

图 3-23　修改材质参数后的效果图

3. 绘图工具和表面修改工具

除了选取工具，还有两个重要的工具：一个是绘图工具（Paint Tool），另一个是表面修改工具（Face Fixing Tool）。绘图工具的作用是通过简单的单击方法将材质指定给 3D 模型，表面修改工具的作用是对导入的 3D 模型做一些简单修改。

下面举例说明使用方法：

（1）在“Scene/Resources/Materials”下选择材质节点 Glass。

（2）打开仿真树视窗。

（3）单击绘图工具按钮。

（4）按住 Alt 键，单击轮胎，此时轮胎的材质就变成了 Glass。

使用绘图工具的效果如图 3-24 所示。

图 3-24　使用绘图工具的效果

（5）重复上述步骤继续绘制场景中的其他 3D 模型，再次单击绘图工具按钮可离开绘图模式。

提示： EON 中的绘图工具与 Photoshop 中的油漆桶工具非常类似，用法就是在单击绘图工具按钮的前提下，先要在 Materials 下选择一个源材质，然后在按住 Alt 键的同时单击想要喷涂的 3D 模型即可。

有时，在导入某些 3D 模型时，面方向会出错，这意味着某些面不可见（如空心面）或完全黑色（即使增加环境光，面仍然是黑色的）。如果发生这种情况，就可以使用表面修改工具按以下方式手动修复这些面。

（1）单击表面修改工具（Face Fixing Tool）按钮可激活该工具。若要停用该工具，请再次单击一次该工具按钮。

（2）启动仿真程序，并激活 3D 仿真树视窗。

（3）将鼠标光标指向空心面或黑色的面，在按住 Alt 键的同时单击选定的面即可进行修改。反复修改，直到面看起来正常为止。注意：每次单击都会反转选定面的法线。

4．修改引用工具

修改引用工具（Change References Tool）用于同时对多个对象的引用进行批量修改。例如，有一种材质在多个地方使用，并且想要更改一个或多个形状节点以使用另一种材质。

在主菜单栏中选择“Tools→Change References”可打开修改引用工具，下面举例说明。

打开示例文件 ChangeReferences_Table.eoz，展开仿真树，如图 3-25 所示。注意到如下信息：4 条桌子腿的形状（Shape）节点下的材质文件全部引用的是 TableLegMaterial 节点。接下来要做的是将 4 条桌子腿的材质转换为高动态（HDRMaterial）材质。

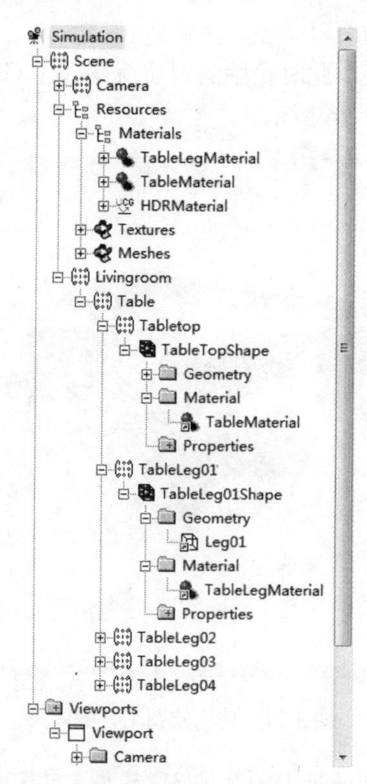

图 3-25　使用修改引用工具之前的仿真树

选择“Simulation/Scene/Resources/Mateials”下的 TableLegMaterial 节点，在主菜单栏中选择“Tools→Change References”，打开“Change references to TableLegMaterial”对话框（修改引用工具对话框），如图 3-26 所示。

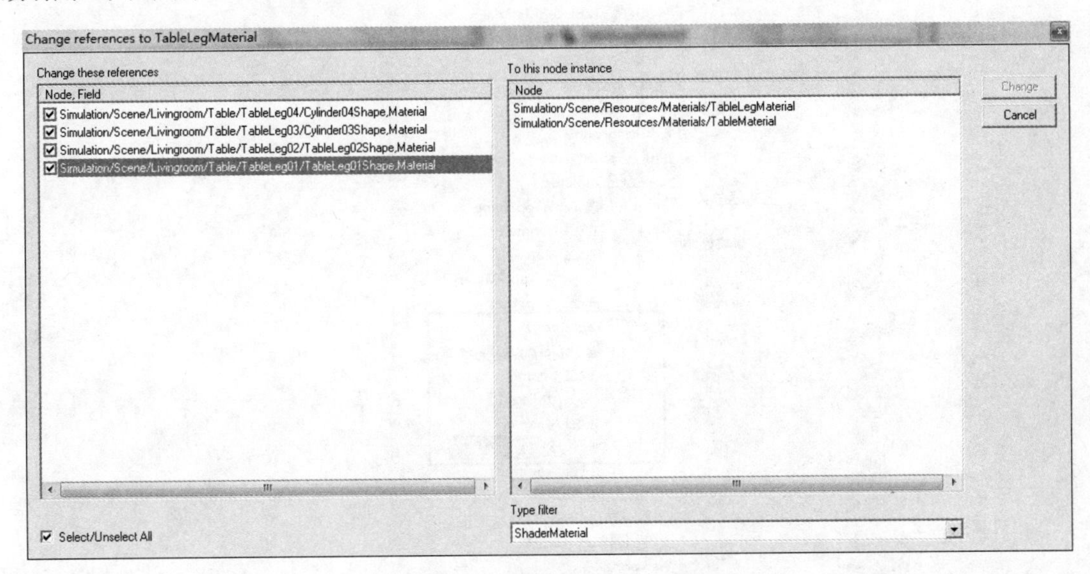

图 3-26　打开修改引用工具对话框

修改引用工具对话框左侧显示的是 Scene 中哪些节点使用的上面选中的材质，右侧显示的是通过右下角的类型过滤框（Type filter）过滤的相关节点。在右下角的类型过滤框中选择“HDRMaterial”，然后在右侧显示框中选中“HDRMaterial”，最后单击“Change”按钮，如图 3-27 所示。

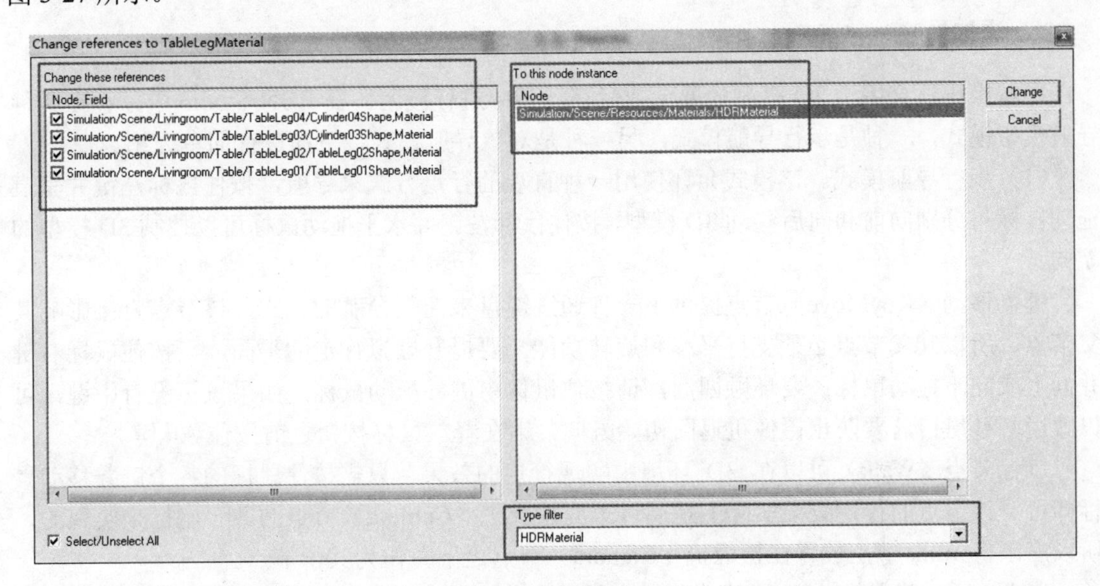

图 3-27　修改材质引用

TableLegMaterial 材质已经被转换为 HDRMateria 材质，如图 3-28 所示。

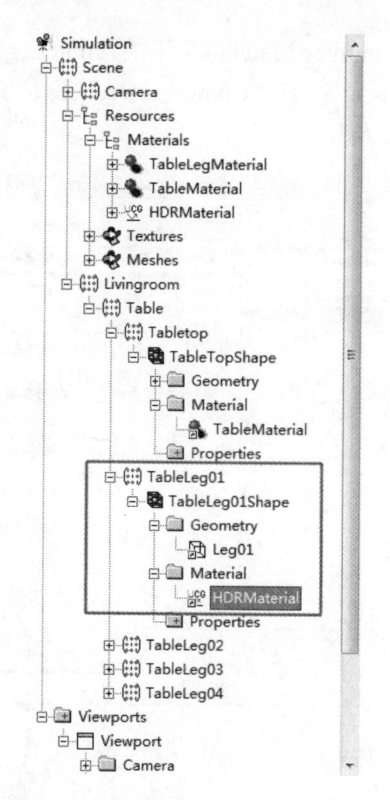

图 3-28 使用修改引用工具之后的仿真树

3.3.4 给 3D 模型添加导航和运动

1. 添加导航

导航操作适合用于 3D 模型的展示或者在场景中进行漫游。在 EON Studio 中，存在两种导航模型模式，一种是步行导航模式，另一种是对象导航模式，下面进行简单介绍。

（1）步行导航模式。该模式允许使用一种直观的行走方式来导航，按住鼠标左键并垂直拖动鼠标将分别向前和向后移动 3D 模型，按住鼠标左键并水平拖动鼠标可以控制 3D 模型的航向。

键盘移动（KeyMove）节点提供了一种通过键盘来控制导航的方式，该节点直接影响其父节点，所以其父节点必须支持平移和旋转功能。要提升虚拟行走的平面，请按住鼠标右键并向上或向下拖动鼠标；要环顾四周，请按住鼠标中键并拖动鼠标，如果鼠标没有中键，可以改用 Ctrl 键；若要防止摄像机返回初始方向，请在释放鼠标按钮之前按住 Alt 键。

步行节点（Walk）可以在 3D 环境中实现行走的效果，只需按住鼠标的各个键并移动鼠标即可。该节点的行走效果实际上是通过改变摄像机（Camera）节点的各个坐标来实现的，所以应该将 Walk 节点放置在摄像机（Camera）节点之下并作为其子节点。

WalkAbout 节点与 Walk 节点类似，也是用来在场景中进行漫游的，都可以改变摄像机的坐标。两者不同之处是，WalkAbout 节点是用键盘来控制的，而 Walk 节点是用鼠标来控制的。

（2）对象导航模式。该模式可以实现对3D模型的放大、缩小，并使3D模型围绕场景的中心点进行旋转。例如，轨道导航（OrbitNavigation）节点可以实现围绕中心点的平滑轨道导航，即在观察中心点的同时围绕中心点旋转，还可以进行靠近或远离中心点移动。EON提供了许多比较实用的导航节点，具体请参考4.4节。

2．添加运动

在仿真程序中移动3D模型的方法有多种，例如，对于场景中的可见3D模型，可以通过更改父框架节点的坐标来实现移动，这些3D模型必须有位置或方向参数的属性；又如，对于灯光节点或摄像机节点，则必须将其放置在某个框架节点下才可以对其进行移动和旋转。

要移动3D模型，请将某个运动节点在添加到仿真树，同时确保3D模型和运动节点处于同一个框架节点之下，如图3-29所示。

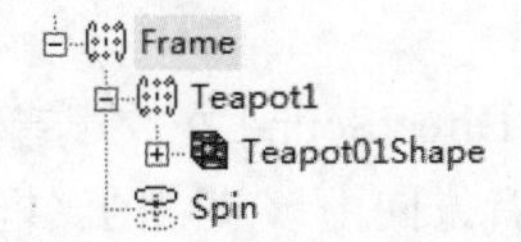

图3-29 父框架节点Frame下的3D模型（Teapot1节点）和运动节点（Spin节点）

移动可以以两种不同的方式启动。如果希望在仿真程序启动时开始移动，请在某个运动节点的属性栏视窗中选中 Active；如果要在仿真程序开始后开始移动，请禁用运动节点的属性栏视窗中的Active，然后使用事件控制其移动。当运动节点的SetRun域接收到TRUE事件时，开始移动；当其SetRun_域接收到TRUE事件时，停止移动。

表3-2列出了EON提供的一些常用运动节点，更多介绍请参考节点介绍篇。

表3-2 EON提供的一些常用运动节点

节点名称	功能
重力（Gravitation）节点	通过修改父框架节点的Z坐标，可向同级节点添加重力
关键帧（KeyFrame）节点	可通过预定义的帧来移动同级节点，其中每个帧由时间戳、位置和方向组成。同级节点可以以突然（Abrupt）或平滑（Smooth）的方式在节点之间移动，并且可以是循环的
导弹（Missile）节点	用于移动同级节点，就像具有加速度的导弹一样，加速度可以由用户自定义。当燃烧时间（Burn Time）结束时，同级节点继续以恒定的速度移动
运动（Motion）节点	通过该节点可以自定义速度和加速度来移动一个或多个同级节点，并使用自定义的角速度和角加速度来旋转它们
放置（Place）节点	在用户定义的时间内将同级节点移动到新的位置和方位。移动方式可以是基于当前位置的相对距离，也可以是相对于坐标原点的绝对距离
旋转（Rotate）节点	旋转同级节点，可以自定义旋转方向和旋转周期（即绕某轴旋转一周的时间）
自转（Spin）节点	以给定的半径、速度和X-Y平面上方的高度绕Z轴旋转同级节点，旋转对象始终面向旋转中心

3.3.5　给 3D 模型添加多媒体效果

EON 支持音频和视频的节点主要有 DirectSound、SoundPlayer 和 MovieTexture 三个，如表 3-3 所示。

表 3-3　EON 支持音频和视频的节点

节　点	支持的媒体	支持的平台
DirectSound	音频	Windows
MovieTexture	音频和视频	Windows、Android、iOS
SoundPlayer	音频	Windows、Android、iOS

1．添加音频

DirectSound 节点使用 Microsoft DirectSound 播放声音文件，声音可以在 2D 或 3D 模式中播放。在 3D 模式中播放音频时，声音方向由该节点的父框架节点定义，其他参数可以在属性对话框中调整。

注意：3D 模式中的声音使用了世界坐标来计算衰减和多普勒效应。为了产生逼真的声音，仿真比例（Scale）必须正确，仿真中的感知距离必须与实际距离相匹配。可使用场景节点调整仿真比例。

3D 模式中的声音的硬件加速需要 DirectX 5.0 或更高版本。

下面举例说明：文件 walk.wav 将被放置在（10，10，0）播放，方向设置为（225，0，0），全音量播放，无平移，并循环播放，在 100 m 半径范围内和在 10 m 半径范围内的全音量范围内都能听到声音。

（1）在框架（Frame）节点下放置一个 DirectSound 节点。

（2）将框架（Frame）节点定位在（10，10，0）处，标题为 225。

（3）打开 DirectSound 节点的属性对话框。

（4）在 General 选项卡上，将“Active”设置为 Yes，将声音文件设置为 walk.wav，然后选中循环（Loop）选项。

（5）在 3D 选项卡上，选择“Play this sound in 3D”，将“Distance min”设置为 10，将“Distance max”设置为 100。

注意：如果要在移动平台上播放音频文件，请使用 SoundPlayer 节点或 MovieTexture 节点。

2．添加视频

MovieTexture 节点可通过多媒体文件的视频帧来替换 3D 模型的纹理，以便在 3D 模型表面播放视频。Windows MediaPlayer 支持的视频格式都可以在 MovieTexture 节点中使用。还要注意，除了图像，MovieTexture 节点可以禁用视频通道，仅使用声音通道，例如以 MP3 格式播放背景音乐。

MovieTexture 节点必须由 Material、GLSLMaterial 或 ShaderMaterial 节点引用，才能在场景中可见。材质节点还必须由形状（Shape）节点引用。

下面举例说明，在此示例中将在 3D 模型表面播放视频。

（1）在仿真树视窗中放置一个框架（Frame）节点，然后在其下添加形状（Shape）节点。

（2）加入几何图形（如 Box 节点）和材质（如 ShaderMaterial 节点）。

（3）将 MovieTexture 节点连接到 ShaderMaterial 节点的引用，可通过插入的 URL 或者属性栏视窗的 Filename 字段来浏览多媒体文件。

添加视频后的仿真树结构如图 3-30 所示。

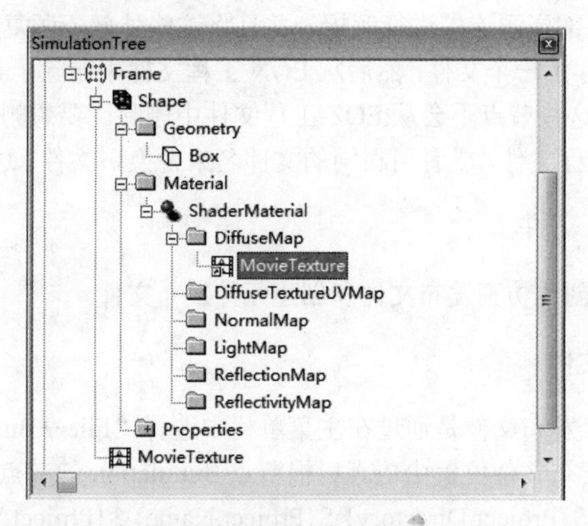

图 3-30 添加视频后的仿真树结构

3.4 保存 EON 仿真程序

3.4.1 EON 的文件格式

EON Studio 能够生成和识别的文件类型主要由以下几种：

（1）EOZ 文件。EOZ 文件是 EON Studio 的工程文件，它是独立的，这意味着所有外部数据（除了动态原型仿真所使用的外部文件），如纹理（.ppm、.jpg、.png 等文件）和声音（.wav、.midi 等文件）都已经被封装在了这个文件里，这样做的好处是不管将该工程文件移动到哪里，都可以随时编辑，同时也可以发布出去。但为了安全考虑，最好还是使用 EDZ 文件格式来保护文件。

注意：存储在 EOZ 文件中的所有的资源都没有经过压缩和优化，所以文件可能非常大。直到创建一个发布文件（EDZ）时，这些资源才会被压缩，并进行性能优化。

（2）EDZ 文件。EDZ 文件是 EOZ 文件的发布格式。在发布过程中，存储在 EOZ 文件中的资源会被编译，同时这些资源会被重新整理并归档在一个个文件夹中。EDZ 文件不能被 EON Studio 打开，只能在 EON Viewer 或 Web 浏览器中查看，这样做的目的是使得发布的文件得到安全保障。

（3）EOP 文件和 EDP 文件。EOP 文件是 EOZ 文件的一个类型，用于存储元件。EOP 文件包含一个元件库和新创建的元件。就像 EOZ 文件一样，所有外部数据都存储在元件库中，所以 EOP 文件中的元件库可以作为一个独立文件进行发布。

（4）其他文件。还有一些类型的文件，比如 EOG 文件是 EON 内部网格文件格式，EMT 文件是 EON 内部材质文件格式等，这些都属于 EON 内部文件。对于 EON 仿真程序的设计者来说，不必关心这些文件，也不建议手动修改这些文件，在此不进行过多介绍。

3.4.2 创建工程文件

EON 将整个工程文件保存为一个独立的、扩展名为.eoz 的文件。在执行保存或另存为时，EON 会对用到的所有外部资源连接进行解析，并且将这些外部资源复制到 EOZ 工程文件中。

注意：如果已经保存了一个文件，然后从 EON 工程文件中删除了某些资源节点（如网格、纹理等节点）并保存，这些节点不会从 EOZ 工程文件中删除。要想删除，则必须选择“另存为”以创建新的 EOZ 工程文件，或者用相同的文件名来替换旧文件。这种方法也适用于元件。

3.4.3 创建发布文件

创建发布文件包括创建仿真发布文件和创建元件发布文件。

1. 创建仿真发布文件

在 EON Studio 中，发布文件是通过在主菜单栏中选择“File→Build Distribution File”来构建的。生成的 EDZ 发布文件位置由仿真树根节点 Simulation 的节点域 DistributionFilename 来定义，默认设置为“${Project.Directory}\${Project.Name}\${Project.Name}.edz”。花括号中的名称是配置变量，在使用前将替换为当前实际值。例如，如果要在文件“C:\simulations\MySim.eoz”中构建发布文件，那么输出的发布文件将在“C:\simulations\MySim\MySim.edz”中创建，如果有外部资源则放在“C:\simulations\MySim\resources”中。发布文件时根节点 Simulation 的设置如图 3-31 所示。

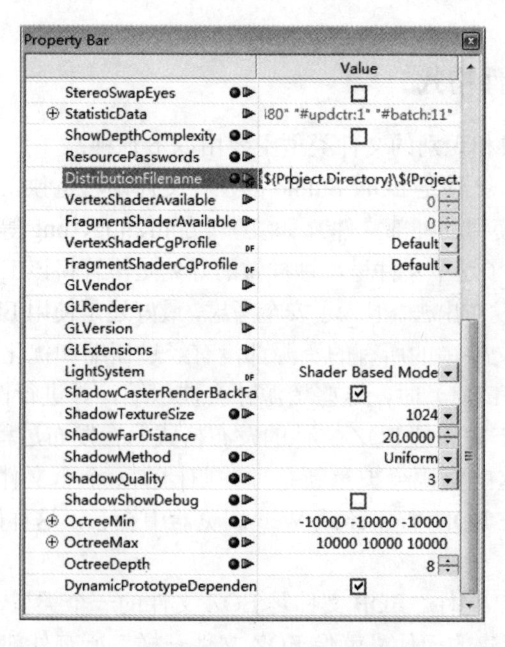

图 3-31 发布文件时根节点 Simulation 的设置

构建发布文件时使用的配置变量意义如下：

${Project.Directory}：工程文件的目录，如“C:\simulations”。

${Project.Name}：工程文件的名称，如“MySim”。

${Project.Filename}：工程文件的文件名，如“MySim.eoz”。

2. 创建元件发布文件

元件发布文件的创建只能在 EON Studio 中进行。元件发布文件是通过右击仿真树视窗中本地元件（Local Prototypes）视窗中的元件定义，并在右键菜单中选择“Build Distribution file”来创建的，如图 3-32 所示。

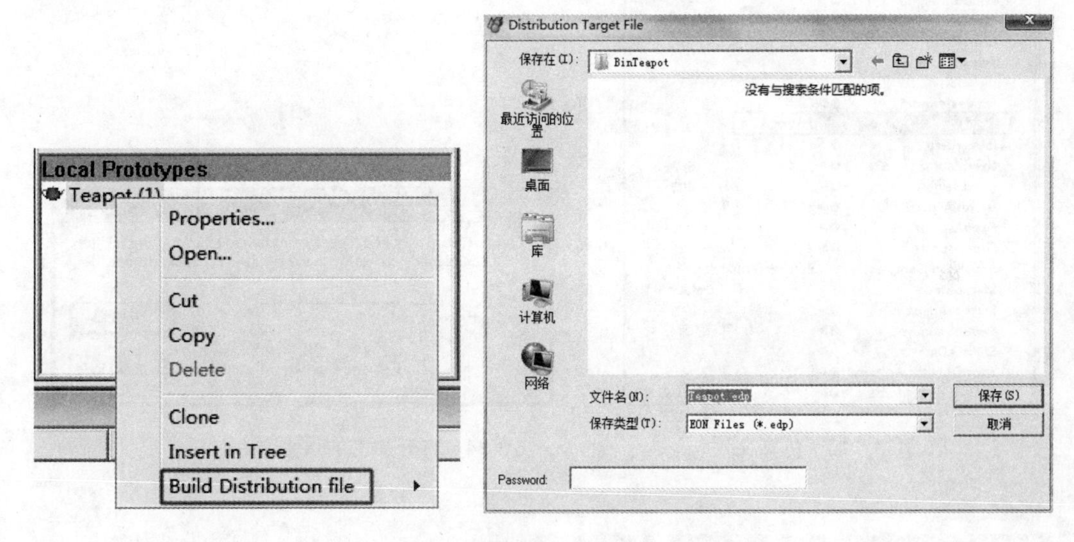

图 3-32 创建元件发布文件

3. 外部资源

可以使用的外部资源节点都具有 Embedded 域，该域表示外部资源是放在最终发布文件的内部还是外部。Embedded 域的值对工程文件（EOZ 或 EOP）本身没有影响，除了动态元件，所有的外部资源总是嵌入在工程文件中。但是，在创建发布文件时，标记为外部（Embedded= FALSE）的资源将放置在发布文件之外，这些资源将被编译为待嵌入的外部资源，并被放置在一个单独的文件夹中。

为什么要使外部资源呢？主要有以下两个原因：

（1）为了实现资源共享。几何形状、纹理和元件等资源可以在多个仿真程序之间共享，因此需要建立一个可以随时重用的资源库。

（2）通过流功能可实现异步加载。当仿真程序需要用到某些资源时，可通过流功能进行异步加载。

3.4.4 仿真程序的保护

为了保护 EON 仿真程序的版权和程序开发者的劳动成果，可以为 EON 仿真程序添加密码以进行保护。在仿真树视窗中单击 Simulation 节点，在其对应的属性栏视窗中设置 Simulation 的节点域 Password 的值，也就是密码，如图 3-33 所示，输入完毕后，退出 EON 仿真程序。

此时，再次打开刚刚加密后的 EON 文件（扩展名为.eoz），此时 EON 便会弹出如图 3-34 所示的对话框，要求输入密码，如果输入错误，那么只能以只读的方式浏览加密后 EON 文件，但不可以编辑，这样就达到了保护 EON 仿真程序的目的。

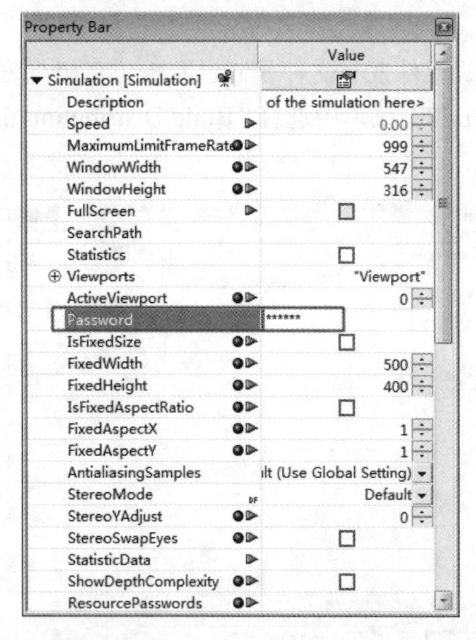

图 3-33　加密仿真文件

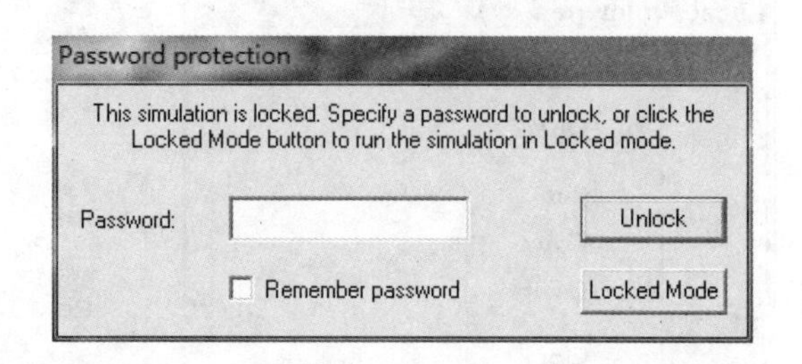

图 3-34　打开加密的仿真文件时需要提供密码

3.5　运行和监测 EON 仿真程序

3.5.1　运行 EON 仿真程序

在 EON Studio 中，通过“Simulation”菜单或者工具栏上的“Start”按钮可以启动仿真程序。仿真视窗被打开后会加载数据，这时也可以通过单击“Stop”按钮来停止仿真程序，如图 3-35 所示。

图 3-35　运行仿真程序

启动仿真程序后，为提高视觉效果，可以将仿真视窗设为全屏模式，方法是在主菜单栏中选择“Simulation→Full-size Window Mode”（其快捷键为 Ctrl + W 组合键），按下 Alt + F4 组合键后可关闭全屏模式。

3.5.2 监测 EON 仿真程序

通过设置可以在 EON 仿真视窗的标题栏上显示仿真过程中的统计信息。在主菜单栏中选择“Simulation→Show Simulation Statistics”或者单击工具栏中对应的按钮可显示仿真统计信息，如图 3-36 所示。

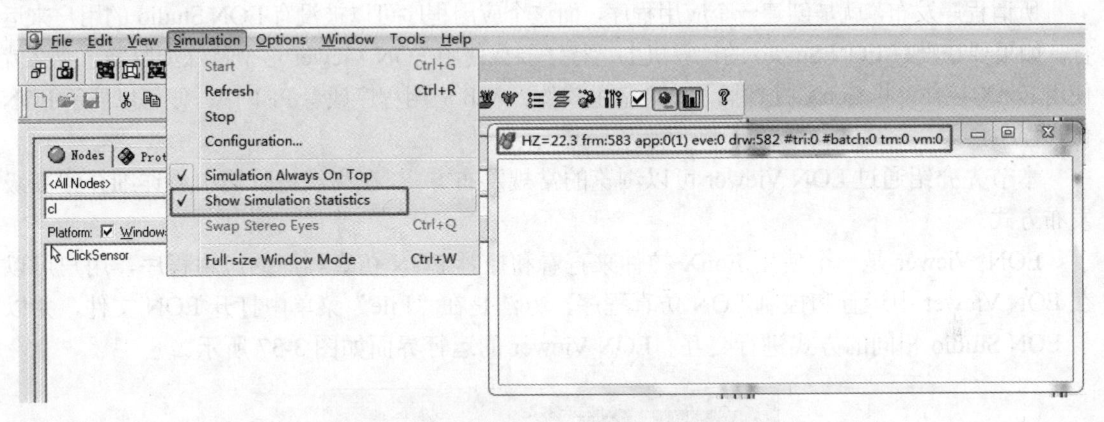

图 3-36 监测仿真运行过程中的各类统计信息

在 EON 仿真程序中产生的所有事件必定会经过发送、接收和处理过程，而事件的数量与仿真程序中包含的逻辑关系及脚本程序的数量有关。如果 EON 仿真程序中使用了许多复杂的脚本程序，那么事件的处理将消耗大量的时间。为了减少事件的处理次数和时间，要尽可能地优化逻辑关系和脚本程序。

下面介绍一下 EON 仿真视窗标题栏统计信息的各种参数含义。

hz：代表每秒产生的帧数，这是通过对多帧进行运算后得到的一个平均速率，该值越小，表示帧的产生速度越慢。

frm：准备一帧所需的时间（以 ms 为单位），这个值可以帮助确定哪些帧消耗的时间最长。

app：更新调用所需的时间（以 ms 为单位）。

eve：事件处理所需的时间（以 ms 为单位）。

drw: 界面绘图所需的时间（以 ms 为单位），包括加载纹理、像素填充、顶点变换。

#tri：实际绘制的三角形数量，注意，这个数量的改变取决于 Viewpoint3 节点。

tm：纹理使用的内存大小（以 KB 为单位）。

vm：顶点使用的内存大小（以 KB 为单位），这是加载几何数据所需的存储空间。对于大多数显卡，几何数据和纹理共享相同的物理内存，因此在加载几何数据和纹理时，需要充分考虑的显卡情况。

3.6 发布 EON 仿真程序

在 EON Studio 中创建仿真程序通常涉及以下任务：导入 3D 模型、添加声音、添加行为和添加交互。EON 仿真程序是通过排列和连接节点来创建的，在某些情况下，还会添加脚本程序。EON Studio 是创建 EON 仿真程序的工具，EonX 控件（EON 的 ActiveX 控件）则用于发布 EON 仿真程序。

所谓程序发布，就是创建一个应用程序，而这个应用程序可以被没有 EON Studio 的用户来运行。如果要在没有 EON Studio 的计算机上运行，要么使用 EON Viewer 这个特殊浏览器，要么就使用 EonX 控件。将 EonX 控件插入一个宿主软件、Web 应用程序或者 PPT 中，便可以展示 EON 仿真程序。

本节先介绍通过 EON Viewer 可以浏览的常规发布方式，在高级进阶篇中将详细介绍高级发布方式。

EON Viewer 是一个使用 EonX 控件来查看和控制 EON 仿真程序的应用程序，用户可以在 EON Viewer 中运行和控制 EON 仿真程序，方法是在“File”菜单中打开 EON 文件，并以与 EON Studio 相同的方式进行交互。EON Viewer 的运行界面如图 3-37 所示。

图 3-37　EON Viewer 的运行界面

注意：无法在 EON Viewer 中编辑或创建 EON 仿真程序。

第二篇

节点介绍篇

第4章 EON节点介绍

EON 提供了大量不同类型的节点，而元件是多个节点的封装，有点像软件中的子程序。为了提高工作效率，EON 也提供了大量不同功能的元件供开发者调用，在仿真树视窗中打开元件后，可以研究每个元件的实现方式，这对仿真程序的设计和节点的使用非常有帮助。本章主要对常用的一些节点进行简要介绍（本书不再介绍元件），有兴趣的读者可以阅读相关资料。

4.1 代理节点

代理（Agent）节点是 EON 仿真程序中的活动节点，为 EON 仿真程序提供交互（输入/输出）和多媒体（运动和声音）功能。代理节点主要与其他节点共同使用，如网格节点和框架节点。

4.1.1 切换场景（ChangeSimulation）节点

切换场景节点用于在运行 EON 仿真程序时切换不同的仿真场景，使大的、复杂的场景更容易、更快地运行。一个仿真场景可以分成几个小的、简单的仿真场景，例如，在仿真一个大的建筑物时，它有很多房间，如果全部放在一个仿真程序中，不但会占用很多的内存资源，还会大大降低仿真程序的运行速度，同时也不方便浏览，这时就可以使用该节点适时地切换各个仿真场景，将要浏览的各个仿真场景单独作为一个 EON 文件，在浏览完一个仿真场景后再浏览另外一个仿真场景，这样可以加快仿真程序的运行速度，同时仿真效率也可得到很大的提高。

表 4-1 描述了 ChangeSimulation 节点域的功能。

表 4-1 ChangeSimulation 节点域的功能

域 名	域 类 型	域数据类型	功 能
Simulation	exposedField	SFString	代表要切换的仿真场景
Change	eventIn	SFBool	是否切换仿真场景

4.1.2 计数器（Counter）节点

计数器节点是用于计数事件，设定计数器的上限值、下限值以及触发值后，当计数器或统计事件达到设定的数值时，就会产生一个相应的命令动作，从而通过发送事件来启动相关操作。

表 4-2 列出了 Counter 节点域的功能。

表 4-2　Counter 节点域的功能

域　名	域 类 型	域数据类型	功　能
Reset	eventIn	SFBool	重置当前计数器值 Value 为 0
Increment	eventIn	SFBool	当前计数器值 Value 加 1
Decrement	eventIn	SFBool	当前计数器值 Value 减 1
Add	eventIn	SFInt32	当前计数器值 Value 加上 Add，如果增加后的 Value 大于计数器上限值 SetIntervalEnd，那么计数器值 Value 就会重置为 SetIntervalBegin
Subtract	eventIn	SFInt32	当前计数器值 Value 减去 Add，如果减去后的 Value 小于计数器下限值 SetIntervalBegin，那么计数器值就会重置为 SetIntervalEnd
Value	exposedField	SFInt32	当前计数器值
SetIntervalBegin	eventIn	SFInt32	设置计数器的下限值
SetIntervalEnd	eventIn	SFInt32	设置计数器的上限值
SetMode	eventIn	SFInt32	计数模式：0 代表循环模式，表示达到计数器的下限值或上限值后重复循环计数；1 代表停止模式，表示达到计数器计的下限值或上限值后停止计数
SetTrigValue	eventIn	SFInt32	计数器触发值，用于指定何时发送事件的计数值，如果将其设置为-1，则不会发送事件
OnCycle	eventOut	SFBool	在循环模式下，当计数完毕并在重新开始下一轮计数前发送事件
OnStop	eventOut	SFBool	在停止模式下，当计数器到达上限值或下限值时发送事件
OnIntervalBegin	eventOut	SFBool	当计数器达到下限值时发送事件
OnIntervalEnd	eventOut	SFBool	当计数器达到上限值时发送事件
OnIncrement	eventOut	SFBool	当计数值增加时发送事件
OnDecrement	eventOut	SFBool	当计数值减少时发送事件
OnTrigTRUE	eventOut	SFBool	当计数器达到触发值时发送事件
OnTrigFALSE	eventOut	SFBool	当计数器超过触发值时发送事件
OnTrigChanged	eventOut	SFBool	当 OnTrigTRUE 或 OnTrigFALSE 改变时发送该事件

4.1.3　立体声（DirectSound）节点

立体声节点可以在 2D 或 3D 模式下播放.wav 格式的音频文件。当以 3D 模式播放时，声音的方向由该节点的父框架节点来定义，其他 3D 参数可以在属性对话框中的 3D 选项卡中进行设置。立体声节点所产生的声音的远近立体声音效是依照世界坐标来计算的。为了制作出更加真实的立体声音效，仿真场景中的声音距离比例需要与真实环境中的距离比例保持一致，这可以通过设定仿真树中场景节点的 Scale 参数来调整。

下面介绍关于声锥（Sound Cones）的常识。

没有方向的声音在所有方向的给定距离上具有相同的音量大小，而有方向的声音在指定的方向上音量最大。描述定向声音音量的模型称为声锥，声锥由内锥和外锥组成，外锥角必须始终等于或大于内锥角。在内锥内，音量最大；超出外锥时，音量等于外锥音量乘以内锥音量。如果外锥音量为 0，则在外锥之外将听不到声音。在外锥和内锥之间，音量是逐渐变化的。

声锥的特性图如图 4-1 所示。

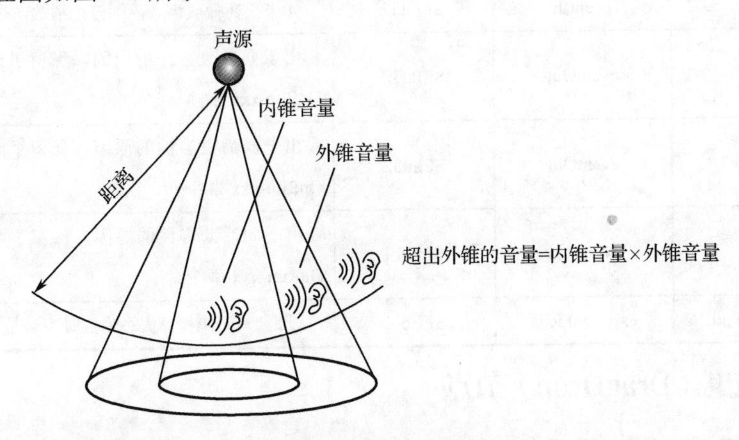

图 4-1 声锥的特性图

正确设计声锥可以给应用程序增加戏剧性的效果。例如，可以首先将声源定位在房间的中央，将其朝向走廊上敞开的门；然后设置内锥角，将其延伸到门口的宽度，使外锥变宽一点；最后将外锥音量设置为听不见，这样沿着走廊移动的听众只有在靠近门口时才会听到声音，当听众从敞开的门前经过时，音量会最大。

表 4-3 描述了 DirectSound 节点域的功能。

表 4-3 DirectSound 节点域的功能

域 名	域 类 型	域数据类型	功 能
Volume	exposedField	SFFloat	音量，取值范围为 0～1
Pitch	exposedField	SFFloat	频率偏移
Loop	exposedField	SFBool	是否循环播放
Active	Field	SFBool	是否随仿真启动
FileName	Field	SFString	声音文件名称
Enable3D	Field	SFBool	是否启用 3D 音效处理
MinDistance	exposedField	SFFloat	音量开始衰减时的最小距离
MaxDistance	exposedField	SFFloat	音量停止衰减时的最大距离
InnerConeAngle	exposedField	SFFloat	内锥角
OuterConeAngle	exposedField	SFFloat	外锥角
OutsideConeVolume	exposedField	SFFloat	外锥之外的相对音量，取值范围为 0～1

续表

域　　名	域 类 型	域数据类型	功　　能
Start	eventIn	SFInt32	出于向后兼容性的原因，保留了此事件。建议使用 SetRun 或 SetRun_
Stop	eventIn	SFInt32	出于向后兼容性的原因，保留了此事件。建议使用 SetRun 或 SetRun_
Toggle	eventIn	SFInt32	如果正在播放声音，则停止播放；否则启动播放
Started	eventOut	SFInt32	出于向后兼容性的原因，保留了此事件。建议使用 OnRun-xxx 事件
Stopped	eventOut	SFInt32	出于向后兼容性的原因，保留了此事件。建议使用 OnRun-xxx 事件
IsRunning	eventOut	SFBool	出于向后兼容性的原因，保留了此事件。建议使用 OnRun-xxx 事件
EnableInBackground	exposedField	SFBool	设定当 EON 视窗失去焦点时声音是否继续播放

4.1.4　拖曳（DragDrop）节点

拖曳（DragDrop）节点用于在 EON 仿真程序中产生拖曳行为，它会影响其父节点的平移和旋转。位置（Position）节点和动力开关（PowerSwitch）节点是用来产生拖曳行为必需的节点。拖曳节点很容易和鼠标传感器（MouseSensor）节点配合使用，如果与 MouseSensor 节点一起使用，则其父节点将跟随鼠标移动，父节点将位于到摄像机指定的距离处（鼠标光标处），这样就可利用鼠标在虚拟环境中产生拖曳 3D 模型到处移动的效果，而且 3D 模型到摄像机的距离也可以随时改变。例如，可以通过单击鼠标中键和鼠标右键来增大或减小距离。为了能够利用鼠标控制拖曳节点，鼠标传感器节点的节点域 nCursorPosition 必须连接到拖曳节点的 MouseIn 域。

表 4-4 描述了 DragDrop 节点域的功能。

表 4-4　DragDrop 节点域的功能

域　　名	域 类 型	域数据类型	功　　能
FieldOfView	Field	SFFloat	该值要与摄像机的视角值保持一致
Distance	Field	SFFloat	摄像机和 3D 模型之间的距离
DistanceStep	Field	SFFloat	当 StepCloser 或 StepAway 域的值为 TRUE 时，3D 模型朝着或者远离摄像机移动的距离
MouseIn	eventIn	SFVec3f	通过该输入域，可指定待拖曳 3D 模型在仿真视窗中放置的二维位置坐标：（0,0）表示仿真视窗的中心，（-1, -1）表示仿真视窗的左下角，（1,1）表示仿真视窗的右上角
StepAway	eventIn	SFBool	当该域的值为 TRUE 时，表示 3D 模型远离摄像机移动，移动的距离由 DistanceStep 决定

续表

域　名	域 类 型	域数据类型	功　　能
StepCloser	eventIn	SFBool	当该域的值为 TRUE 时，表示 3D 模型朝着摄像机移动，移动的距离由 DistanceStep 决定
OffsetX	exposedField	SFFloat	该值被增加到 DragDrop 节点的父节点的 *X* 轴坐标，用于将待拖曳的 3D 模型放置在鼠标光标的左侧或者右侧
OffsetH	exposedField	SFFloat	在 Heading 方向的旋转角度
OffsetP	exposedField	SFFloat	在 Pitch 方向的旋转角度
OffsetR	exposedField	SFFloat	在 Roll 方向的旋转角度

4.1.5　重力（Gravitation）节点

重力（Gravitation）节点是通过修改其父节点的 *Z* 轴坐标值来模拟重力效果的，当物体下落到 *Z* 轴坐标的 0 点时，物体将停止。默认的重力加速度为 9.81 m/s^2（约为地球重力加速度），可以调整。重力节点的父节点必须支持平移和/或旋转。

表 4-5 描述了 Gravitation 节点域功能。

表 4-5　Gravitation 节点域的功能

域　名	域 类 型	域数据类型	功　　能
Force	exposedField	SFFloat	设定重力加速度的数值，默认为 9.81 m/s^2
active	exposedField	SFBool	是否在仿真启动时立即生效

4.1.6　关键帧（KeyFrame）节点

关键帧（KeyFrame）节点用来移动和旋转其父节点，所以父节点必须支持平移和旋转。3D 模型可按照在属性窗口中输入的位置控制点进行移动，每个位置控制点都是由时间、位置（X,Y,Z）、方向（H,P,R）和比例（SX,SY,SZ）组成的一行数据。通过这些位置控制点，3D 模型将会按照各个时间点所给予的位置和方向平滑地移动到指定位置并旋转到正确方向。点到点之间移动的路径模式有插值法（Interpolate）和样条曲线法（Spline）两种。

关键帧节点有一个属性对话框，通过该对话框可以进行一些必要的设置。

（1）设置（Settings）选项卡如图 4-2 所示，具体选项如下：

Loop：是否循环。

Cycle：反复循环模式，当 3D 模型按照位置控制点完成移动后，重新按照原路线继续移动，例如，1→2→3→4→1→2→3→4…

Swing：对称循环模式，当 3D 模型按照位置控制点完成移动后，然后按照原路线的相反方向继续移动，例如，1→2→3→4→3→2→1→2→3→4…

Variables：移动 3D 模型时用到的坐标。

Frame time：该属性决定了 3D 模型移动什么时候被激活。

Interpolate：插值法。

Spline：样条曲线法。

Active：是否在仿真程序启动时激活。

Import：通过读取一个包含多个位置控制点的 ASCII 码文本文件来导入位置控制点，在该文件中，每一行代表一个位置控制点数据，行与行之间通过 Tab 制表符进行分隔，格式如下：

T X Y Z H P R SX SY SZ

每一行都有时间（T）、位置（X, Y, Z）、方向（H, P, R）和比例（SX, SY, SZ）的数据。导入每行数据（位置控制点）时，它们会根据绝对时间进行升序排序。

对于没有绝对时间（time = 0.0）的数据，3D 模型将处于等待状态，直到最早的时间点到来，此时 3D 模型被迅速移动到第一个时间点设定的坐标，然后按照后续的位置控制点继续移动。

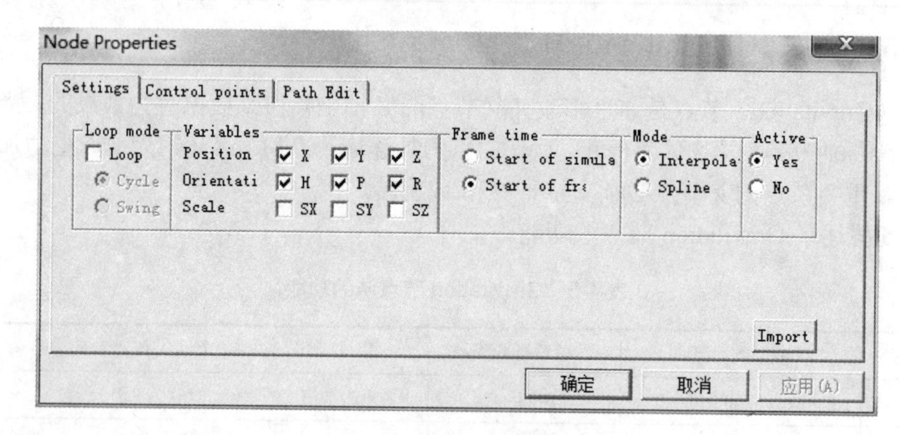

图 4-2　Settings 选项卡

（2）控制点（Control points）选项卡如图 4-3 所示。

	Time	X	Y	Z	H	P	R	SX	SY	SZ
1	0.00	0.0000	0.0000	0.0000	0.0000	0.0000	0.0000	1.00	1.00	1.00
2	5.00	3.0000	4.0000	0.0000	0.0000	0.0000	0.0000	1.00	1.00	1.00
3	6.00	3.0000	4.0000	0.0000	90.0000	0.0000	0.0000	1.00	1.00	1.00
4	11.00	-3.0000	4.0000	0.0000	90.0000	0.0000	0.0000	1.00	1.00	1.00
5	12.00	-3.0000	4.0000	0.0000	90.0000	0.0000	0.0000	1.00	1.00	1.00
6	12.00	-3.0000	4.0000	0.0000	90.0000	0.0000	0.0000	1.00	1.00	1.00
*										

图 4-3　Control points 选项卡

所有的位置控制点都按时间升序显示在控制点选项卡中，当从该选项卡切换到其他选项卡或关闭该属性对话框时，位置控制点都会重新排序。如果在 Time 列中输入了相同的时间值，它们将以红色高亮显示。每次在新行中输入时间值时，上面一行的值都会被复制到该行。要想删除一行位置控制点的数据，单击该行最前面的序号，然后按 Delete 键即可。

注意：航向（H）和滚转（R）只能设置为-180～180 之间的值，俯仰（P）只能设置为-90～

90 之间的值。

（3）路径编辑（Path Edit）选项卡如图 4-4 所示，在该选项卡下，可以通过修改关键帧节点中每个位置控制点的坐标来实时查看仿真运行时 3D 模型移动的位置和方向，从而达到修改移动路径的目的。

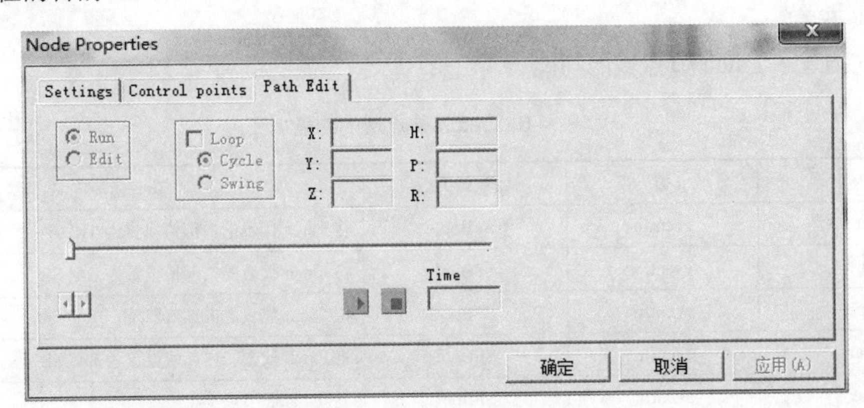

图 4-4 Path Edit 选项卡

注意：此选项卡仅在仿真运行时启用，每个位置控制点的选择无法通过图中的滑块确定，必须单击左/右箭头按钮找到每个位置控制点，因为每个位置控制点都是离散的值，不是连续的。

Run：运行状态，不可以编辑。

Edit：编辑状态，在此状态下可以对每个位置控制点进行编辑。

Loop：是否循环。

Cycle：反复循环模式，见 Settings 选项卡。

Swing：对称循环模式，见 Settings 选项卡。

滑块：通过移动该滑块可以移动时间轴，从而快速预览移动路径。

左/右箭头按钮：定位到前一个或者后一个位置控制点。

播放按钮：自动预览移动路径。

停止按钮：停止移动。

关键帧节点的大部分域都包含在上面属性对话框的设置（Settings）选项卡中，这里不再赘述，但是该节点还有一些特殊功能的域，如 Positions、Orientations、Scales、Times、RemoveAllPoints，这些域主要用于关键帧节点动态地添加和删除位置控制点。

通过设置关键帧节点的 Positions、Orientations、Scales 和 Times 域，然后将 SortPoints 域设置为 TRUE，可以在运行期间向关键帧节点发送一个新的数据，必须至少发送 Times 域，并且每个时间值必须是唯一的。如果忽略 Positions 或 Orientations 域，则它们的默认值为 0；如果省略了 Scales 域，则默认值为 1。在每次发送数据时，关键帧节点都会覆盖以前的数据。如果以前发送过 Positions 和 Times 域，那么下次可以只发送 Times 域，并将 SortPoints 域设置为 TRUE，这将使用以前的 Positions 域。如果不希望使用以前的数据，则将 RemoveAllPoints 域设置为 TRUE，以删除所有数据。

注意：Positions、Orientations、Scales 和 Times 域中只有输入事件 In-Event，表示不可以

获取关键帧节点中的这些数据，只能向其发送新数据。

4.1.7 切换开关（Latch）节点

切换开关（Latch）节点是通过输入的布尔型数值来触发控制运算的，此节点可看成一个简单的切换开关。

表 4-6 描述了 Latch 节点域的功能。

表 4-6 Latch 节点域的功能

域　名	域 类 型	域数据类型	功　能
Set	eventIn	SFBool	将 Latch 代表的内部值设置为 TRUE
Set_	eventIn	SFBool	将 Latch 代表的内部值设置为 FALSE
Toggle	eventIn	SFBool	将 Latch 代表的内部值取反
Clear	eventIn	SFBool	将 Latch 代表的内部值设置为 FALSE
Reset	eventIn	SFBool	复位 Latch 节点
OnChanged	eventOut	SFBool	当 Latch 代表的内部值产生变化时发送事件
OnSet	eventOut	SFBool	当 Latch 代表的内部值为 TRUE 时发送事件
OnClear	eventOut	SFBool	当 Latch 代表的内部值为 FALSE 时发送事件
StartValue	exposedField	SFBool	Latch 代表的内部初始值

4.1.8 运行外部程序（LaunchExternalProgram）节点

运行外部程序（LaunchExternalProgram）节点用于在仿真中启动其他外部程序，该节点是独立工作的，不会影响其他节点。

表 4-7 描述了 LaunchExternalProgram 节点域的功能。

表 4-7 LaunchExternalProgram 节点域的功能

域　名	域 类 型	域数据类型	功　能
Done	eventOut	SFBool	是否已经启动外部程序的一个标志
Program	exposedField	SFString	要启动的外部程序名称
Parameters	exposedField	SFString	启动外部程序时传递的参数
WokingDirectory	exposedField	SFString	外部程序的存放路径
StartProgram	eventIn	SFBool	通过将该域设置为 TRUE 可启动外部程序

4.1.9 导弹（Missile）节点

导弹（Missile）节点会影响其父节点，如果其父节点支持平移功能，就能产生一种类似导弹飞行的效果。此节点的移动是通过指定的加速度（Acceleration）来计算的，加速度时间就是燃烧时间，燃烧时间通过 BurnTime 设定。

表 4-8 描述了 Missile 节点域的功能。

表 4-8　Missile 节点域的功能

域　名	域 类 型	域数据类型	功　能
BurnTime	exposedField	SFFloat	燃烧时间
Gravity	exposedField	SFFloat	重力加速度，单位为 m/s^2
Acceleration	exposedField	SFFloat	加速度，单位为 m/s^2
Active	exposedField	SFInt32	是否启动

4.1.10　运动（Motion）节点

运动（Motionn）节点用来移动对象（如 3D 模型），可通过设定的速度、加速度、角速度及角加速度来控制其父节点的移动，其父节点必须支持平移和旋转功能。

表 4-9 描述了 Motion 节点域的功能。

表 4-9　Motion 节点域的功能

域　名	域 类 型	域数据类型	功　能
Velocity	exposedField	SFVec3f	速度
Acceleration	exposedField	SFVec3f	加速度
AngularVelocity	exposedField	SFVec3f	角速度
AngularAcceleration	exposedField	SFVec3f	角加速度
Active	exposedField	SFInt32	仿真程序启动时是否激活

4.1.11　简易开关（OnOff）节点

简易开关（OnOff）节点实际上是一个简化版的 KeyboardSensor 节点，当按下所设定的字母键或数字键时，就会令其父节点做一个开或关的切换。该节点每帧扫描一次键盘，如果按键的频率高于仿真的帧速率，就会导致有些按键无法监测到，KeyboardSensor 节点则不会受这种限制，因此建议使用功能较全的 KeyboardSensor 节点。

Onoff 节点有一个属性对话框，通过该对话框设置按键比较方便，如图 4-5 所示，如果直接设置域的话，需要输入按键的 ASCII 值。

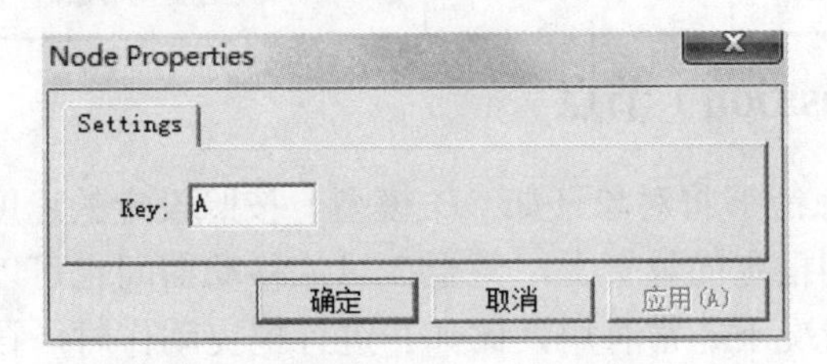

图 4-5　OnOff 节点属性对话框

表 4-10 描述了 OnOff 节点域的功能。

表 4-10　OnOff 节点域的功能

域　名	域 类 型	域数据类型	功　能
TriggerKey	exposedField	SFInt32	按键的 ASCII 值

4.1.12　放置（Place）节点

放置（Place）节点用于将对象（如 3D 模型）从当前位置移动到另一个位置，目标位置的坐标可以是当前位置的相对坐标，也可以是绝对坐标，该节点会影响其父节点的坐标信息，所以其父节点必须支持平移和旋转的功能。

表 4-11 描述了 Place 节点域的功能。

表 4-11　Place 节点域的功能

域　名	域 类 型	域数据类型	功　能
Toggle	eventIn	SFInt32	切换移行和停止状态
Done	eventOut	SFInt32	当移动到达终点时发送事件
Translation	exposedField	SFVec3f	平移坐标值
Rotation	exposedField	SFVec3f	旋转坐标值
TransTime	exposedField	SFVec3f	坐标平移时间
RotTime	exposedField	SFVec3f	坐标旋转时间
TypeH	exposedField	SFInt32	0 代表相对坐标，1 代表绝对坐标
TypeP	exposedField	SFInt32	0 代表相对坐标，1 代表绝对坐标
TypeR	exposedField	SFInt32	0 代表相对坐标，1 代表绝对坐标
TypeX	exposedField	SFInt32	0 代表相对坐标，1 代表绝对坐标
TypeY	exposedField	SFInt32	0 代表相对坐标，1 代表绝对坐标
TypeZ	exposedField	SFInt32	0 代表相对坐标，1 代表绝对坐标
Active	exposedField	SFBool	是否在仿真程序启动时激活

4.1.13　位置（Position）节点

位置（Position）节点能够将对象（如 3D 模型）按照设定的速度和加速度沿着起点到终点的最短直线方向移动到指定的位置上，甚至在对象移动期间也可以改变终点的位置和旋转方向。这个功能在某些情况下非常有用，比如在进行拖曳动作时。该节点会影响到其父节点下的所有网格节点。

表 4-12 描述了 Position 节点域的功能。

表 4-12　Position 节点域的功能

域　名	域 类 型	域数据类型	功　能
ActiveFromStart	Field	SFVec3f	是否在仿真程序启动时激活
StartVelocity	Field	SFFloat	初始速度
Velocity	Field	SFFloat	当前速度
Acceleration	Field	SFFloat	当前加速度
Position	exposedField	SFVec3f	目标位置坐标
OffsetPosition	eventOut	SFVec3f	目标位置坐标偏移值
InPosition	eventOut	SFBool	对象到达目标位置时发送事件
StartAngularVelocity	Field	SFVec3f	初始角速度
AngularVelocity	Field	SFVec3f	当前角速度
AngularAcceleration	Field	SFVec3f	当前角加速度
Orientation	exposedField	SFVec3f	目标旋转坐标
OffsetOrientation	exposedField	SFVec3f	目标旋转坐标偏移值

4.1.14　旋转（Rotate）节点

旋转（Rotate）节点可绕一个轴（*X* 轴、*Y* 轴或 *Z* 轴）或这些轴的组合来旋转其父节点。旋转的原点是由父节点（通常是框架节点）定义的枢轴（Pivot）点，父节点必须支持旋转功能。旋转由三个值（X、Y 或 Z）指定，这些决定了在 LapTime 期间要完成的绕各自轴的 360°旋转的度数（用小数表示）。LapTime 值由旋转一周所需的秒数指定。

表 4-13 描述了 Rotate 节点域的功能。

表 4-13　Rotate 节点域的功能

域　名	域 类 型	域数据类型	功　能
Axis	exposedField	SFVec3f	分别绕 *Z* 轴（Headmg）、*X* 轴（Pitch）、*Y* 轴（Roll）旋转的角度，范围是 0～1，例如 0.75 代表旋转一周的 3/4，即 270°
LapTime	exposedField	SFFloat	设定旋转时间
Active	exposedField	SFBool	是否在仿真开始运行时就开始旋转

4.1.15　自转（Spin）节点

自转（Spin）节点可通过设定的旋转半径、旋转速度及高度（以 *X-Y* 平面为基准），使其父节点下的对象（如 3D 模型）绕 *Z* 轴进行旋转，但父节点必须支持平移和旋转功能。

表 4-14 描述了 Spin 节点域的功能。

表 4-14　Spin 节点域的功能

域　名	域 类 型	域数据类型	功　能
Height	exposedField	SFFloat	旋转时离水平面（*X-Y* 平面）的高度
Radius	exposedField	SFFloat	旋转半径
LapTime	exposedField	SFFloat	旋转一周的时间
Active	exposedField	SFBool	是否在仿真开始运行时就开始旋转

4.1.16　文本框（TextBox）节点

在仿真场景中，有时候文字信息是必要的。文本框（TextBox）节点可以在仿真场景中为用户提供必要的文字信息，文本框节点既可以在 3D 环境中移动，也可以将其固定在某个位置。文本框节点已被指定好方向，一直以正面朝向观看者。

表 4-15 描述了 TextBox 节点域的功能。

表 4-15　TextBox 节点域的功能

域　名	域 类 型	域数据类型	功　能
Text	exposedField	MFString	显示的文本内容
FontSize	exposedField	SFInt32	文本字体大小
Font	exposedField	SFString	文本字体
BackgroundColor	exposedField	SFColor	文本框背景颜色
TextColor	exposedField	SFColor	文本颜色
Scale	exposedField	SFBool	允许改变文本框比例大小
Transparent	exposedField	SFBool	文本框背景透明
BoxSize	exposedField	SFVec2f	文本框大小
ScaleSize	exposedField	SFVec2f	文本框缩放比例
DecalOrigin	exposedField	SFVec2f	文本框位置
Margins	exposedField	MFInt32	文本框内边距

4.1.17　提示（ToolTip）节点

提示（ToolTip）节点用于在仿真过程中为对象（如 3D 模型）添加必要的辅助性文字说明，在仿真过程中，将鼠标滑动并停留在对象上时就会显示一个提示信息。

表 4-16 描述了 ToolTip 节点域的功能。

表 4-16　ToolTip 节点域的功能

域　名	域 类 型	域数据类型	功　能
Text	exposedField	SFString	要显示的提示信息
PopupDelay	exposedField	SFFloat	鼠标滑过时停留多长时间就会显示提示信息
NeedsClick	exposedField	SFBool	是否需要单击鼠标才显示提示信息

续表

域　名	域 类 型	域数据类型	功　能
Language	exposedField	SFInt32	暂时不支持该属性设置
CursorOnObject	eventOut	SFBool	当鼠标滑过对象时，发送 TRUE；离开对象时发送 FALSE
ChangeCursor	exposedField	SFBool	当鼠标滑过对象时会改变鼠标样式

4.1.18　触发（Trigger）节点

当外部发送来一个特定的值时，触发节点（Trigger）将输出事件。不管值是否发生变化，该节点都会自动对比外部的数值与指定数值，检查是否相同，如果相同，则立即触发该节点，并输出事件。

表 4-17 描述了 Trigger 节点域的功能。

表 4-17　Trigger 节点域的功能

域　名	域 类 型	域数据类型	功　能
SetIntegerValue	eventIn	SFInt32	设置整数触发值
Value	exposedField	SFFloat	设置触发值
LowTrigPoint	exposedField	SFFloat	触发值下限
HighTrigPoint	exposedField	SFFloat	触发值上限
OnLowTrigTRUE	eventOut	SFBool	当 Value 从低于 LowTrigPoint 向高于 LowTrigPoint 变化时发送 TURE
OnLowTrigFALSE	eventOut	SFBool	当 Value 从高于 LowTrigPoint 向低于 LowTrigPoint 变化时发送 TURE
OnLowTrigChanged	eventOut	SFBool	当 Value 从高于 LowTrigPoint 向低于 LowTrigPoint 变化时发送 TRUE；当 Value 从低于 LowTrigPoint 向高于 LowTrigPoint 变化时发送 FALSE
OnHighTrigTRUE	eventOut	SFBool	当 Value 从低于 HighTrigPoint 向高于 HighTrigPoint 变化时发送 TRUE
OnHighTrigFALSE	eventOut	SFBool	当 Value 从高于 HighTrigPoint 向低于 HighTrigPoint 变化时发送 TRUE
OnHighTrigChanged	eventOut	SFBool	当 Value 从低于 HighTrigPoint 向高于 HighTrigPoint 变化时发送 TRUE；当 Value 从高于 HighTrigPoint 向低于 HighTrigPoint 变化时发送 FALSE

4.1.19　变焦（Zooming）节点

变焦（Zoom）节点用于移动摄像机，该节点必须放在需要变焦对象（如 3D 模型）的框架下，通过移动摄像机，可使对象看起来具有推近拉远的效果。将该节点放置好后，再将 Camera 节点的引用复制到变焦节点的 Camera 文件夹内，如图 4-6 所示，然后通过传感器节点控制该节点 ZoomIn 和 ZoomOut 域的值即可。

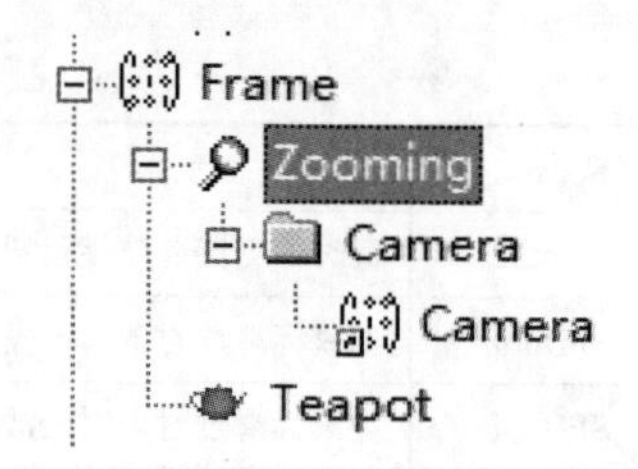

图 4-6　Zooming 节点在仿真树中的位置

表 4-18 描述了 Zooming 节点域的功能。

表 4-18　Zooming 节点域的功能

域　名	域 类 型	域数据类型	域 描 述
ZoomDistance	Field	SFFloat	摄像机与变焦节点的父节点之间的距离
ZoomPercent	Field	SFFloat	每次变焦的比例
Camera	Field	SFNode	摄像机节点的引用
ZoomToDistance	eventIn	SFBool	变焦至 ZoomDistance 指定的距离
ZoomIn	eventIn	SFBool	变焦放大指示
ZoomOut	eventIn	SFBool	变焦缩小指示

4.2　基本节点

基本（Base）节点提供基本的仿真功能，因此被广泛使用。基本节点包含基本仿真元素的指令，例如将节点分组，定义视口、颜色、贴图、光线等。

4.2.1　摄像机（Camera）节点

EON 建立了一个专用的摄像机节点，关联了摄像机的所有相关属性。EON 中的摄像机有两种不同的视图，即透视（Perspective）视图和正交（Orthographic）视图，这两种视图有什么区别呢？

在正交视图中，所有的对象（如 3D 模型）都是以相同的比例大小来显示的。正交视图无法看到一个对象是远离我们还是正在我们面前。为什么呢？因为正交视图不会根据距离自动缩放对象，所以如果有一个固定大小的对象在前面，同时有一个同样大小的对象在第一个对象的远后方，则无法说哪个对象是前面的。因为两个对象一样大，跟距离无关，它们不会随着距离而缩放，如图 4-7（a）所示。

而在透视视图（EON 默认）中，远处的对象比近处的对象看起来要小，如图 4-7（b）所示，因为透视视图和我们眼睛中看到的视图是一样的。很常见的一个例子就是远小近大。

一个个子高的人站在你面前，他看上去是很高的。但如果这个人站在 100 m 以外，他甚至还没有你的拇指大，他看上去会随着距离而缩小，实际上他依然是个高个子。这种效果就是透视。

图 4-7（b）显示的两个对象大小是一样的，但第二个对象显示得更小，所以可以区分哪

个对象离我们近，哪个对象离我们远。

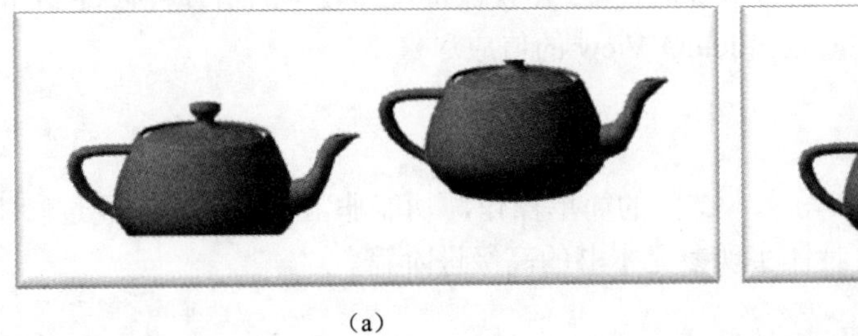

（a）

（b）

图4-7 正交视图和透视视图的区别

表4-19描述了Camera节点域的功能。

表4-19 Camera节点域的功能

域 名	域 类 型	域数据类型	功 能
Position	exposedField	SFVec3f	位置坐标
Orientation	exposedField	SFVec3f	旋转坐标
Scale	exposedField	SFVec3f	缩放比例
ProjectionType	exposedField	SFInt32	选择透视视图或正交视图
FieldOfView	exposedField	SFFloat	以度为单位确定观察者的视野，默认值为53°，改变该值可以扩大视角，显示更多的对象，取值范围为0°～180°
NearClip	exposedField	SFFloat	摄像机离对象的最小距离，如果小于该距离，对象将不会被显示
FarClip	exposedField	SFFloat	摄像机离对象的最大距离，如果大于该距离，对象将不会被显示
Focus	exposedField	SFFloat	该值用于定义零视差的摄像机距离。零视差意味着左眼和右眼的图像重合，任何相同距离的对象都被认为在同一个平面上，也就是没有立体效果
EyeSeparation	exposedField	SFFloat	这个距离定义了左眼和右眼之间的距离。6.5 cm是人左眼和右眼的正常距离，可以使用更大的值来创建更大的空间视图，但是人的眼睛一般很难看到
FieldOfViewBinding	exposedField	SFInt32	指定FieldOfView（FOV）值的含义。将FOV绑定到水平视角和垂直视角的目的是保证显示正确的长宽比例。 Minimum：如果窗口宽度小于窗口高度，FOV代表水平视角，反之代表垂直视角。 Maximum：如果窗口宽度大于窗口高度，FOV代表水平视角，反之代表垂直视角。 Horizontal：表示水平视角。 Vertical：表示垂直视角。 None：表示同时控制水平视角和垂直视角
Aspect	exposedField	SFFloat	视角的缩放比例。如果将FieldOfViewBinding设置为None，则可以同时控制水平视角和垂直视角

摄像机节点的所有属性都会影响仿真的帧速率。在某段时间内显示的对象越多，计算机执行的计算就越多，消耗就越大。为了获得最好的性能，建议保持尺寸较小的仿真视窗，FarClip 的值应尽量小，NearClip 的值应尽量大，FieldOfView 的值应尽量小。

4.2.2 文件（File）节点

文件（File）节点提供了一些读/写文本文件的简单操作，功能非常有限，建议通过脚本程序来实现强大的文件读/写操作，具体实现参见本书的高级进阶篇。

4.2.3 框架（Frame）节点

框架（Frame）节点是一个最为常见的节点，可以作为其子节点的容器或父节点，从而使其下所有的子节点能够作为一个整体来操作，可以拖动任意节点至 Frame 节点下面。当 Frame 节点作为父节点时，可以设置其子节点的平移、旋转及缩放比例。位置值表示框架节点在 *X*、*Y*、*Z* 轴上的坐标，方向值表示框架节点的 *H*、*P*、*R*（航向、俯仰和滚转）坐标（以度为单位），缩放值表示框架节点在 *X*、*Y*、*Z* 轴上的缩放比例。为了更易于维护仿真结构，框架节点通常用于创建仿真子树的层次结构，合理地利用框架节点可以优化仿真程序的结构。

表 4-20 描述了 Frame 节点域的功能。

表 4-20 Frame 节点域的功能

域 名	域 类 型	域数据类型	功 能
Position	exposedField	SFVec3f	所有子节点的原始坐标
Orientation	exposedField	SFVec3f	旋转子节点
Scale	exposedField	SFVec3f	子节点的缩放比例
Hidden	Field	SFBool	是否隐藏框架节点及其所有的子节点
ProportionalScale	Field	SFBool	是否保持三个坐标轴方向的比例同步变化
WorldPosition	exposedField	SFVec3f	在世界坐标系中的位置坐标，该坐标与 Scene 节点的坐标紧密相关
WorldOrientation	exposedField	SFVec3F	在世界坐标系中的方向坐标，该坐标与 Scene 节点的坐标紧密相关
SetStartValues	exposedField	SFBool	将当前值设置为下次启动仿真程序时的值
BBoxCenter	exposedField	SFVec3f	框架节点的中心坐标
BBoxSize	exposedField	SFVec3f	框架节点仿真子树中的所有几何图形周围的局部轴对齐边界框大小
ComputeBBox	eventIn	SFBool	计算 BBoxSize 的大小
ScaleOrientation	exposedField	SFVec3	缩放比例
WorldScale	exposedField	SFVec3F	在世界坐标系中的缩放比例，该坐标与 Scene 节点的坐标紧密相关
WorldScaleOrientation	exposedField	SFVec3F	在世界坐标系中的缩放方向，该坐标与 Scene 节点的坐标紧密相关

4.2.4 框架枢轴（FramePivot）节点

框架枢轴（FramePivot）节点是框架（Frame）节点的扩展，用于定义框架节点的枢轴（旋转中心）。

框架枢轴节点必须放置在框架节点之下，如果框架枢轴节点的上级节点有多个层级的 Frame 节点，那么 FramePivot 节点只影响其直接父节点，不会影响更上层级的父节点，通过这个特性，可以独立地控制和旋转每个对象。

既然 FramePivot 节点是用于定义 Frame 节点的旋转中心的，那么很显然，这个节点会经常与某些具有旋转功能的节点一起配合使用。EON 中提供了两个旋转节点：Rotate 节点和 Spin 节点，这两个节点的功能略有区别，请读者自行查阅本书的节点介绍篇。

表 4-21 描述了 FramePivot 节点域的功能。

表 4-21　FramePivot 节点域的功能

域　名	域 类 型	域数据类型	功　能
SetStartValues	eventIn	SFBool	设置初始坐标
Enabled	exposedField	SFBool	是否启用枢轴功能
RotatePosition	exposedField	SFVec3f	枢轴的位置坐标
RotateOrientation	exposedField	SFVec3f	枢轴的旋转方向
ScalePosition	exposedField	SFVec3f	枢轴的缩放比例

4.2.5　群组（Group）节点

群组（Group）节点类似于框架节点，它可以让设计者在仿真树中对其他相似的节点进行操作，使其成为一个组，这样便于管理和查看。但是它与框架节点也有区别：框架节点可以对其子节点进行平移、旋转及缩放，但群组节点并没有这些功能，它只是简单地将相似的节点组成一组。

4.2.6　多层次精细度（LevelOfDetail2）节点

多层次精细度（LevelOfDetail2）节点可让观察者在不同的距离看到不同精度的对象。它的实现方式是先做好几组不同精度的对象，然后放置在这个节点之下，并在属性栏窗口中设定不同的显示距离，随着摄像机镜头的远近来更换精度高或精度较低的对象。在距离较远时使用精度较低的对象，在距离较近时更换成精度高的对象，那么在从观察者的角度看起来就不会有任何的差别。使用这个节点能够提升复杂仿真场景的品质和性能。

EON 版本 9 中有一个重要特征是过渡衰减，这意味着不同精度级别的对象不会立即转换，而是会逐渐减弱为每一个级别。

表 4-22 描述了 LevelOfDetail2 节点域的功能。

表 4-22　LevelOfDetail2 节点域的功能

域　名	域 类 型	域数据类型	功　能
SetStartValues	eventIn	SFBool	将当前值设置为下次启动仿真程序时的值
Enabled	exposedField	SFBool	是否启用该节点
Levels	exposedField	MFNode	引用不同精度级别的对象框架，这些对象会根据它到摄像机的距离而被显示或隐藏

续表

域　名	域 类 型	域数据类型	功　能
Values	exposedField	MFFloat	切换不同精度级别的对象时离摄像机的距离
Transitions	exposedField	MFFloat	不同精度之间的渐变范围

4.2.7　灯光（Light2）节点

灯光（Light2）节点用来照亮对象（如 3D 模型），一个灯光节点可以照亮整个仿真场景或某个对象。选择不同的灯光类型和颜色可以产生不同的灯光效果。打开灯光节点后，可以看到一个 EnableFrame 文件夹，如果此文件夹为空，则照亮整个仿真场景；如果此文件夹中含有某个特定的节点，则灯光节点只对这个节点起作用。

（1）灯光类型。灯光类型有：平行光（Directional）灯、点光（Point）灯、聚光（Spot）灯等。

平行光灯：这种灯光发射的光线只有方向性而没有位置性，是从一个方向上以同样的光强度来照亮对象的，就像在仿真场景中无穷远的地方发射过来一样。这种光一般用来仿真太阳光，选用这种灯光可以得到最快的渲染速度。

点光灯：这种灯光在所有的方向上均匀地照射到对象上，能够产生比平行光灯更加真实的效果，但需要更多的计算时间。

聚光灯：这种灯光发射出一个锥形的光线，且只有在锥形范围之内的对象才能被照亮，此灯光类型有两个角度参数：Umbra（本影）和 Penumbra（半影）。本影用来设定内部核心圆锥范围较强的光线强度，半影用来设定其周围较弱的光线强度，照明曲线在本影和半影角度间逐渐衰减。

（2）光线颜色。一个灯光可以发射出任何颜色的光线，光线的颜色可以影响光照射的对象表面，例如，红光照射到白色的表面上就会使对象的表面呈现微红色。光线的颜色在灯光节点中使用 RGB 值来定义，可以在 Red、Green、B1ue 中直接输入数值，也可以单击旁边的颜色按钮，在弹出的调色板里调节颜色。

（3）灯光位置和旋转。对于大部分的灯光，其位置（Position）和方向（Orientation）属性都是由其父框架节点决定的，可以通过其父框架节点的 Translation/Rotation 选项卡来设定。

（4）衰减量（Attenuation）。在真实世界中，当灯光离开对象时，照射在该对象上的光量会显著减少。Light2 节点的 Attenuation 域用于实现这种效果。

（5）范围（Range）值指的是灯光源到光强度为 0 处（不能照亮物体）的距离。

注意：范围（Range）值仅适用于 Spot 类型的灯光，有三个系数，即常量值、线性值和平方值，用于定义光强度如何与聚灯光的距离成比例地减小。

常量值的改变：灯光的光强度随着常量值的增加而减小，在与聚灯光距离相同的情况下，光强度是恒定不变的。

线性值的改变：当线性值增大时，光强度相对于聚灯光的距离减小得更快。

平方值的改变：平方值使曲线具有比线性值更陡的斜率，并且能比线性值更快地降低光强度（相对于距离）。较高的平方值能够比较低的平方值更快地降低光强度。

（6）灯光节点下的 EnableFrame 文件夹。一个灯光节点可以照亮整个场景，或仅仅照亮某个对象。灯光节点下的 EnableFrame 文件夹中的内容决定了都有哪些对象被照亮。

如果 EnableFrame 文件夹下是空的，那么灯光节点会照亮整个仿真场景；如果这个文件夹包括一个框架节点，或连接了一个框架节点的引用，那么只有这个框架节点下的对象能够被照亮。通过在某个框架节点上单击右键，在右键菜单中选择“Copy as Link”；然后右击 EnableFrame 文件夹，在右键菜单中选择“Paste”即可将该框架节点的引用连接到 EnableFrame 文件夹下。灯光节点下的 EnableFrame 文件夹如图 4-8 所示。

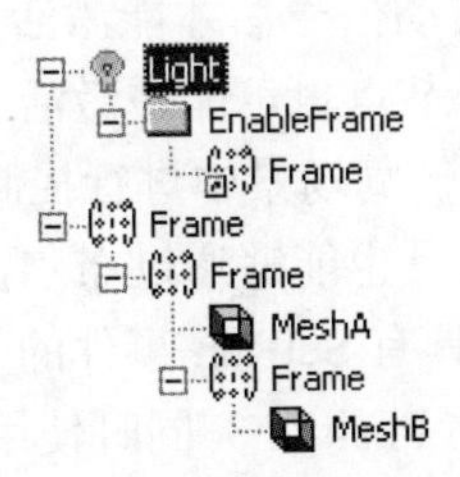

图 4-8 灯光节点下的 EnableFrame 文件夹

表 4-23 描述了 Light2 节点域的功能。

表 4-23 Light2 节点域的功能

域 名	域 类 型	域数据类型	功 能
Type	exposedField	SFInt32	灯光类型
Color	exposedField	SFVec3F	光线颜色，如果使用了 ShaderMaterial，那么可以将光强度设置为大于 1
Intensity	exposedField	SFFloat	光强度，灯光的最后实际效果是 Intensity×Color
Range	exposedField	SFFloat	此参数是用来设定一个灯光的有效半径，在此范围之外的对象将不会被照亮
Umbra	exposedField	SFFloat	聚光灯效果的内圆锥体角度（本影）
Penumbra	exposedField	SFFloat	聚光灯效果的外圆锥体角度（半影）
Attenuation	exposedField	SFVec3f	在默认情况下，不管对象离灯光有多远，灯光都将以相等的强度影响所有的对象。对于点光灯和聚光灯，可以通过将该域的值从（1 0 0）设置为（0 1 0）来改变这一点。这可将恒定衰减变为线性衰减
Active	Field	SFBool	打开或关闭灯光
EnableFrame	exposedField	SFNode	指定灯光照射到哪个框架节点的对象上
Shadow	exposedField	SFBool	打开/关闭阴影投射

4.2.8 开关（Switch）节点

开关（Switch）节点用于切换其子节点的显示状态。Switch 节点下有两个子节点，其中一个处于显示状态，而另一个处于隐藏状态。当开关节点进行切换时，处于隐藏状态的子节点会切换成显示状态，而处于显示状态的子节点会切换成隐藏状态。

表 4-24 描述了 Switch 节点域的功能。

表 4-24　Switch 节点域的功能

域　名	域 类 型	域数据类型	功　能
Value	exposedField	SFInt32	要显示的子节点编号

4.2.9　动力开关（PowerSwitch）节点

动力开关（PowerSwitch）节点是 Switch 节点的增强版，通常用来激活一个或一组固定数量的子节点，它必须在接收到一个启动信号后才能激活它的子节点，因此，如果一个子节点被激活，那么在同一时间内其他的子节点也可能被激活。PowerSwitch 节点相比于 Switch 节点，有个优势就是它比较容易在一个仿真场景中进行控制，PowerSwitch 节点不仅能够通过其子节点的编号对子节点进行控制，而且也能够通过布尔操作对五个子节点进行控制。

PowerSwitch 节点可以包含任何具有 SetRun 事件的 EON 节点，PowerSwitch 节点还可以与拖曳节点（DragDrop）、位置节点（Position）同时使用，从而在 EON 仿真场景中创造出更加逼真的拖曳效果。

注意：① PowerSwitch 节点的第一个子节点编号为 0，依次类推；②它必须接收到父节点的启动信号后才能被激活。

表 4-25 描述了 PowerSwitch 节点域的功能。

表 4-25　PowerSwitch 节点域的功能

域　名	域 类 型	域数据类型	功　能
ActiveNr	exposedField	SFInt32	通过子节点编号激活指定的子节点
ActivateNone	eventIn	SFBool	取消激活所有的子节点
ActivateNrX	eventIn	SFBool	五个子节点的独立激活选择框

4.2.10　分数（Score）节点

分数（Score）节点用于在仿真中计算成绩。当答对问题时分数就会增加，答错时分数就会减少，如果没有在指定的时间内完成测试，分数同样也会减少。

表 4-26 描述了 Score 节点域的功能。

表 4-26　Score 节点域的功能

域　名	域 类 型	域数据类型	功　能
MaxScore	Field	SFString	分数最大值
MaxQuestion	Field	SFString	最大问题个数
ScoreOption	Field	SFInt32	两种扣分规则
PenaltySec	Field	SFString	每超出 Maximum 1 秒应该扣掉的分数
Penalty1	Field	SFString	出现第一个错误答案时的扣分值
Penalty2	Field	SFString	连续出现两个错误答案时的扣分值
Penalty3	Field	SFString	连续出现三个错误答案时的扣分值

续表

域　名	域 类 型	域数据类型	功　　能
Penalty4	Field	SFString	连续出现四个错误答案时的扣分值
Penalty5	Field	SFString	连续出现五个错误答案时的扣分值
CorrectAnswer	eventIn	SFBool	正确答案的输入域
GenerateScore	eventIn	SFBool	通过向该输入域传递 TRUE，可使得 Score 域产生一个输出事件，从而得到最终得分
WrongAnswer	eventIn	SFBool	错误答案的输入域
Score	eventOut	SFFloat	测试完成时获得的总分
MaxTime	exposedField	SFFloat	完成测试的最长时间

下面对该节点的得分和扣分方法进行说明。该节点的 Score 域代表的是测试完成时获得的总分，而这个总分的计算方法有以下两种算法：

（1）Based On Timer and Counter：最终得分基于回答问题的时间和答案的正确性。当回答正确时，计数器值会增加每个问题的分值，而回答错误时，计数器值会减去一个扣分值。计时器检查在分配的时间内是否完成了测试，如果没有，则使用以下公式计算分数（假设用掉的时间用 ElapsedTime 表示）：

$$(\text{ElapsedTime}-\text{MaxTime})\times\text{PenaltySec}$$

所以最后的总分数应该为：

$$\text{MaxScore}/\text{MaxQuestion} - \text{Penalty}X - (\text{ElapsedTime}-\text{MaxTime})\times\text{PenaltySec}$$

（2）Based On Counter：最终得分仅基于给出答案的正确性。计数器值对于每个正确答案都增加，对于每个不正确答案都减少。总得分的公式如下：

$$\text{MaxScore}/\text{MaxQuestion} - \text{Penalty}X$$

Penalty$X$：指扣分值，可以设定五个扣分值。第一个扣分值 Penalty1 对应于出现第一个错误答案时，第二个扣分值 Penalty2 对应于连续出现两个错误答案时，依次类推。比如，如果受训者在给出正确答案之前连续出现了三次错误答案，那么将在最后的分数中减去 Penalty3，而不是减去 Penalty1+Penalty2+Penalty3。

注意：扣分值的大小必须满足：

$$\text{Penalty1}\leqslant\text{Penalty2}\leqslant\text{Penalty3}\leqslant\text{Penalty4}\leqslant\text{Penalty5}$$

如果 Penalty1 至 Penalty5 的值相同，则无论在给出正确答案之前尝试多少次，分数都将保持不变。

Score 节点有一个输出域，即 Score 域，它不会发送负值。如果出现一系列错误答案而导致产生了负分数，那么该域将发送零。

4.2.11　脚本（Script）节点

脚本（Script）节点是所有 EON 节点中功能最强大的节点。编写脚本程序的语言是 JavaScript、VBScript 和 JScript，脚本程序编辑器的默认语言是 JScript，但是建议使用 JavaScript，因为 JavaScript 可以跨平台使用，保证了平台的通用性。

有关使用脚本节点的使用，请参见本书高级进阶篇。

脚本节点具有 TreeChildren、Children、SetRun、SetRun_、OnRunFalse、OnRunTure、OnRunChanged、Includes 和 Dependencies 默认域。这些默认域的域名、域类型和域数据类型不得更改，如图 4-9 所示。

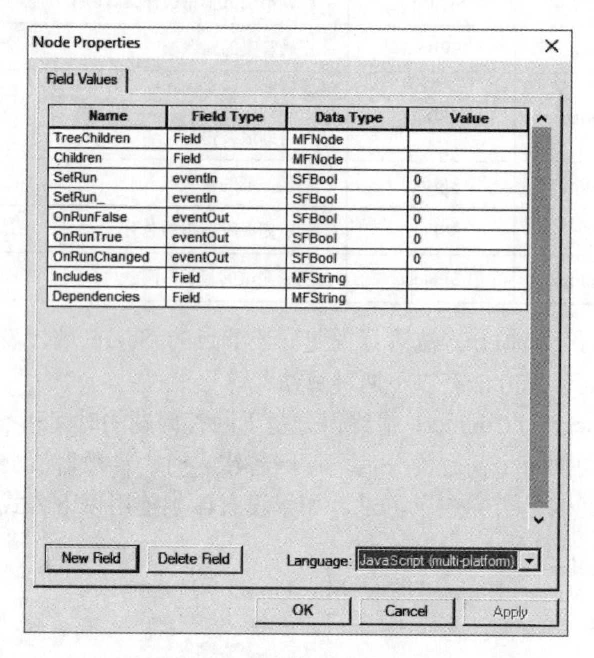

图 4-9　Script 节点的默认域

4.2.12　排序（Sequence）节点

排序（Sequence）节点用来在指定的时间间隔内，依次展示其子节点，只要排列好子节点出现的先后顺序，再设定好各个子节点的显示时间，就可以利用排序节点来依次显示各个子节点，利用这个特性可以产生灯光闪烁等特效。

Sequence 节点还可以进行多重循环，也就是说，Sequence 节点可以进行嵌套使用。

表 4-27 描述了 Sequence 节点域的功能。

表 4-27　Sequence 节点域的功能

域　名	域 类 型	域数据类型	功　能
IntervalBegin	exposedField	SFInt32	参加排序的第一个子节点编号，从 0 开始
IntervalEnd	exposedField	SFInt32	参加排序的最后一个子节点编号
Speed	exposedField	SFFloat	设定启动子节点的速度
Repetitions	exposedField	SFInt32	设定重复执行的次数，当达到特定的数值时停止，如果设定为 0 则不限制重复次数
Mode	exposedField	SFInt32	0 代表循环模式，如 1-2-3-1-2-3-1-2-3；1 代表往复模式，如 1-2-3-2-1-2-3-1

续表

域　名	域 类 型	域数据类型	功　能
Times	exposedField	MFTIME	每个子节点的显示时间
Enabled	exposedField	SFBool	节点是否生效
OnRepeat	eventOut	SFBool	当排序节点执行完一遍并即将重新启动时发送 TRUE。在循环模式下，它在最后一个子节点之后发送 TRUE；在往复模式下，在排序节点开始或结束时，它会在序列翻转后发送 TRUE
OnSwitch	eventOut	SFBool	当在子节点之间切换时发送 TRUE

4.2.13 系统信息（SystemInformation）节点

系统信息（SystemInformation）节点用于获取用户系统的有关信息，并将信息作为输出事件发送，这些信息包括 Windows 版本、处理器数量和内存大小等。

表 4-29 描述了 SystemInformation 节点域的功能。

表 4-28 SystemInformation 节点域的功能

域　名	域 类 型	域数据类型	功　能
Platform	EventOut	SFInt32	UNIDENTIFIED= -1，Windows = 0，Android = 1，iOS = 2
OSMajorVersion	EventOut	SFInt32	操作系统的主版本号
OSMinorVersion	EventOut	SFInt32	操作系统的次版本号
ServicePackMajorVersion	EventOut	SFInt32	操作系统服务包的主版本号
ServicePackMinorVersion	EventOut	SFInt32	操作系统服务包的次版本号
NumberOfProcessors	EventOut	SFInt32	可用的处理器个数
VirtualScreenWidth	EventOut	SFInt32	屏幕宽度，屏幕可以跨越几个显示器，然后使用总宽度
VirtualScreenHeight	EventOut	SFInt32	屏幕高度，屏幕可以跨越几个显示器，然后使用总高度
NumberOfMonitors	EventOut	SFInt32	连接的显示器个数
NumberOFMouseButtons	EventOut	SFInt32	鼠标的按键个数
SystemPowerAClineStatus	EventOut	SFInt32	Offline 表示电池供电；Online 表示交流电源供电
TotalPhysicalMemory	EventOut	SFInt32	可供 EON 使用的物理内存大小（单位为 MB）
AvailablePhysicalMemory	EventOut	SFInt32	EON 还未使用的物理内存大小（单位为 MB）
PixelDensity	EventOut	MFInt32	PPI 值表示设备上每英寸的像素数量
DeviceRotation	EventOut	SFInt32	屏幕的旋转状态

在仿真树中添加一个 SystemInformation 节点后，运行仿真程序，会在属性栏视窗中显示系统信息，如图 4-10 所示。

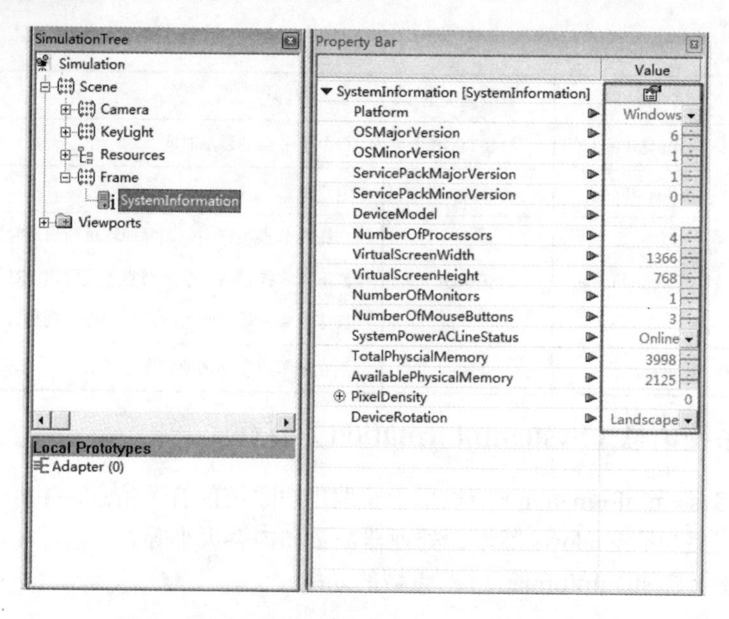

图 4-10　SystemInformation 节点显示的系统信息

4.2.14　视口（Viewport3）节点

视口（Viewport3）节点用于在仿真视窗中同时呈现几个矩形显示窗口。此节点主要用来定义所要呈现的视角，以及仿真场景是如何在仿真视窗中显示的。视口节点必须引用一个摄像机节点，这关系着视角呈现的位置。而视口节点的属性栏视窗可以设定视角在仿真视窗中的位置与大小、最远和最近的可视距离，以及视角范围等。

视口节点的 Target 和 TargetCubeMapSide 域可以用于实时立方体贴图，该实时立方体贴图可以应用于基于着色器的材质（如 HDRMaterial 或 MultiLayerMaterial），从而创建实时立方体贴图。

由于立方体贴图由六个面组成，因此必须设置六个视角才能覆盖所有面。对于每个视角，分别对摄像机向右、向左、向前、向后、向上和向下进行定向，可按表 4-29 内容设置 TargetCubeMapSide 的域值。

表 4-29　视角方向和 TargetCubeMapSide 的域值的关系

视 口 方 向	TargetCubeMapSide 的域值
Right（向右）	0
Left（向左）	1
Top（向上）	2
Bottom（向下）	3
Front（向前）	4
Back（向后）	5

Target 域指向所有 Viewport3 节点中的同一个 RenderTexture 节点，因为只生成一个立方体贴图。

注意：可以使用 Viewport3 节点中的 RenderTree 域来限制立方体贴图的最终结果，如加快渲染速度。

表 4-30 描述了 Viewport3 节点域的功能。

表 4-30　Viewport3 节点域的功能

域　　名	域 类 型	域数据类型	功　　能
Enabled	exposedField	SFBool	节点是否有效
X	exposedField	SFFloat	视角的左上角的 X 轴坐标
Y	exposedField	SFFloat	视角的左上角的 Y 轴坐标
Width	exposedField	SFFloat	视角的宽度
Height	exposedField	SFFloat	视角的高度
Camera	Field	SFNode	关联摄像机节点的引用
RenderTree	Field	SFNode	如果这个域包含对另一个节点的引用，那么该视角中只显示被引用的节点
Target	Field	SFNode	如果该域引用了一个 RenderTexture 节点，则此视角将显示一个纹理图像，这可以与自定义着色器一起用于实现多路渲染效果。 节点中的纹理图像可以是任意大小的 2D 或立方体贴图纹理
TargetCubeMapSide	Field	SFInt32	如果渲染到立方体贴图纹理，通过将 Target 域设置为立方体贴图类型的 RenderTexture 节点，那么就需要通过该域将此视角渲染到立方体贴图纹理的指定面
ClearMode	exposedField	SFInt32	该域有 3 个选项：ColorAndDepth 表示颜色缓冲区和 Z 缓冲区（包含屏幕上每个像素的深度值）都被清除；Color 表示只清除颜色缓冲区；Depth 表示只清除 Z 缓冲区
ClearColor	exposedField	SFVec3f	视角的背景颜色
BackgroundTexture	Field	SFNode	如果该域指定了对某个纹理节点（如 Texture、RenderTexture、MovieTexture）的引用，则将纹理渲染为视角的背景
BackgroundStretchMode	exposedField	SFInt32	当 BackgroundTexture 使用的纹理和视角的尺寸不匹配时，该域将控制背景图像的外观。有三种方式：Fill（填充）、Fit（适应）、Stretch（拉伸）
RenderPaused	exposedField	SFBool	通过将该域的值设置为 TRUE，可以暂停此视角的渲染
Pickable	exposedField	SFBool	该域决定视角是否对鼠标的拾取做出反应。例如，假设在另一个视角的顶部有一个透明视角，如果将顶部视口中的 Pickable 设置为 FALSE，那么单击鼠标就不会被顶部视角阻挡，因此用户可以单击并拾取底层视角中的对象
DisableNotification	exposedField	SFBool	如果设置为 FALSE，则不会向 Simulation 节点发送通知，这主要是为了在视角上设置多个域时避免重复更新

4.3 图形用户界面控制节点

图形用户界面控制（GUIControl）节点提供了一些用于人机交互的控制和显示节点，如显示文本、图像、菜单等。由于它们不是仿真场景的一部分，所以在仿真程序运行时不会被渲染。

4.3.1 2D 文本（2DText2）节点

2DText2 节点用于显示文本框。与 2DEdit2 节点相比，它在仿真视窗中不可编辑。该节点的文本被限制在一个二维矩形区域的文本框内。文本颜色、背景颜色、文本框位置（X、Y 轴的坐标值以像素为单位，坐标值是相对于视窗的左上角位置计算的）、字体、字体大小、字体样式和对齐方式等可以通过属性设置并实时更改。当在矩形框中单击鼠标时，2DText2 节点便会产生 outEvents 事件，可以设置针对鼠标的哪个按键有效。若一开始就要隐藏 2DText2 节点，请将 Enabled 设置为 FALSE。2DText2 节点必须由其他节点的事件触发，或者使用脚本程序进行设置。

注意：无法使用属性栏为 2DText2 节点输入多行文本，唯一的方法是创建一个向文本字段发送值的脚本程序：

```
function On_keyA(){text.value = “This is line one.\nThis is line two.” }
```

表 4-31 描述了 2DText2 节点域的功能。

表 4-31 2DText2 节点域的功能

域 名	域 类 型	域数据类型	功 能
Enabled	exposedField	SFBool	节点是否可见
Opacity	exposedField	SFFloat	节点的透明度
Rotation	exposedField	SFFloat	文本的旋转角度
Text	exposedField	SFString	要显示的文本
TextAlignment	exposedField	SFInt32	文本对齐方式
WordWrap	exposedField	SFBool	是否自动换行
TextColor	exposedField	SFVec3f	文本颜色
TextOpacity	exposedField	SFFloat	文本透明度
FontSize	exposedField	SFInt32	文本字体大小
BoxColor	exposedField	SFVec3f	文本框颜色
BoxOpacity	exposedField	SFFloat	文本框透明度
BoxPosition	exposedField	SFVec2f	文本框位置坐标值
BoxPositionOffset	exposedField	SFVec2f	文本框位置偏移坐标值
BoxSize	exposedField	SFVec2f	文本框大小
BoxSizeOffset	exposedField	SFVec2f	文本框大小偏移值

续表

域　名	域 类 型	域数据类型	功　　能
AutoSize	exposedField	SFBool	文本框自适应调整大小
Border	exposedField	SFBool	是否显示文本框
BorderColor	exposedField	SFVec3f	文本框颜色
BorderOpacity	exposedField	SFFloat	文本框透明度
BorderShading	exposedField	SFBool	是否显示文本框阴影
Bumpiness	exposedField	SFFloat	如果定义了法线贴图，则该属性用于控制曲面的凹凸度。请注意，这里可以使用负数来反转凹凸
Shininess	exposedField	SFFloat	环境光在对象表面的反射强度
OnClick	eventOut	SFBool	鼠标按键单击事件
Button	eventOut	SFBool	产生 OnButtonDown 事件时，发送 TRUE；产生 OnButtonUp 事件时，发送 FALSE
OnButtonDown	eventOut	SFBool	按下鼠标按键时发送 TRUE
OnButtonUp	eventOut	SFBool	松开鼠标按键时发送 TRUE
MouseOver	eventOut	SFBool	鼠标滑过文本时发送 TRUE

4.3.2　2D 编辑（2DEdit2）节点

2D 编辑节点（2DEdit2）也用于显示文本框。与 2DText2 节点不同的是，它可以编辑。2DEdit2 节点中的域与 2DText2 节点中的域含义基本相同，在此不再赘述。

4.3.3　2D 图像（2DImage2）节点

2DImage2 节点用于显示一幅图像。要想显示一幅图像，应首先将 2DImage2 节点放置在一个框架节点下，然后单击 2DImage2 节点下关联的 2DImage_Image 节点，在属性栏视窗中的 Filename 中设置图像的路径即可。2DImage2 节点的使用方法如图 4-11 所示。

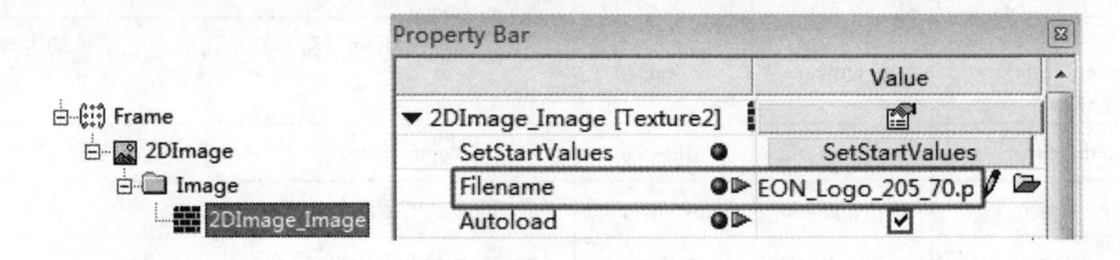

图 4-11　2DImage2 节点的使用方法

2DImage2 节点中的其他域与 2DText2 节点中的域含义基本相同，在此不再赘述。

4.3.4　菜单（MenuItem2 和 PopupMenu2）节点

菜单节点一般用于实现命令控制，如旋转对象、启动动画、提供信息、隐藏对象、显示价格、改变对象颜色等。

在 EON 中，MenuItem2 节点与 PopupMenu2 节点可实现鼠标右键菜单功能，通过配置可以添加任意数量的子菜单，也可以实现多级菜单。将任意数量的 MenuItem2 节点放在 PopupMenu2 节点下，每个 MenuItem2 节点将作为 PopupMenu2 节点的一个子菜单。

要使菜单能弹出来，需要设置一条逻辑连线连接到 PopupMenu2 节点的 ShowPopupMenu 域。当 ShowPopupMenu 域接收到 TRUE 信号时，弹出菜单将出现在鼠标光标所在的位置。因为不希望该弹出菜单在仿真视窗的其他位置，所以在大多数情况下，一般通过鼠标右键命令激活 PopupMenu2 节点的 ShowPopupMenu 域，以使菜单弹出来。为此，插入了一个 MouseSensor 节点，并将其 OnRightUp 域连接到 PopupMenu2 节点的 ShowPopupMenu 域。当单击鼠标右键时，便会在鼠标的光标位置显示出一个右键菜单。

表 4-32 描述了 MenuItem2 节点域的功能。

表 4-32　MenuItem2 节点域的功能

域　名	域 类 型	域数据类型	功　能
Enabled	exposedField	SFBool	启用或禁用菜单
Name	exposedField	SFString	菜单名称，默认与其节点名称相同
MenuItems	exposedField	MFNode	包含的子菜单路径
Checkable	exposedField	SFBool	是否在菜单前显示选择框
Checked	exposedField	SFBool	如果 Checkable 域允许，那么该域指示选择框是否被选中

表 4-33 描述了 PopupMenu2 节点域的功能。

表 4-33　PopupMenu2 节点域的功能

域　名	域 类 型	域数据类型	功　能
Enabled	exposedField	SFBool	启用或禁用菜单。需要注意的是，该值设置为启用，并且 ShowPopuMenu 域也被激活时，菜单才会显示
ShowPopupMenu	exposedField	SFBool	控制菜单显示的输入域
SelectedMenu	eventOut	SFString	当某个 MenuItem2 菜单被单击时，该菜单的 Name 被送出
SelectedMenuID	eventOut	SFInt32	当某个 MenuItem2 菜单被单击时，该菜单的内部序号被送出
MenuItems	exposedField	MFNode	列出了 PopupMenu2 节点下所有的子菜单路径
BackgroundColor	exposedField	SFVec3f	右键菜单的背景颜色
BackgroundOpacity	exposedField	SFFloat	右键菜单的背景透明度
ForegroundColor	exposedField	SFVec3f	右键菜单使用鼠标的前景颜色
ForegroundOpacity	exposedField	SFFloat	右键菜单使用鼠标的前景透明度
TextColor	exposedField	SFVec3f	右键菜单的文本颜色
TextOpacity	exposedField	SFFloat	右键菜单的文本透明度

续表

域　　名	域 类 型	域数据类型	功　　能
DisabledTextColor	exposedField	SFVec3f	右键菜单禁止时的文本颜色
DisabledTextOpacity	exposedField	SFFloat	右键菜单禁止时的文本透明度
Bumpiness	exposedField	SFFloat	如果定义了法线贴图，则该域用于控制曲面的凹凸度，也可以使用负数来反转凹凸
Shininess	exposedField	SFFloat	右键菜单使用鼠标前景颜色的反射效果

4.3.5　打开/另存为文件对话框（OpenSaveDialog）节点

OpenSaveDialog 节点用于显示打开文件对话框或另存为文件对话框，但是该节点并不会打开或保存任何内容，只会获取一个用于打开或另存为的文件名。该文件名是如何传递给其他节点的呢？这就要用到 OpenSaveDialog 节点的两个域：SendToNode 域和 SendToField 域。其传递方式是 OpenSaveDialog 节点中的 SendToField 域接收从打开文件或另存为文件对话框获取到的文件名，比如用一个 2Dtext2 节点接收使用 OpenSaveDialog 节点打开文件对话框时获取的文件名。OpenSaveDialog 节点的使用方如图 4-12 所示，需要注意的是，OpenSaveDialog 节点中的 SendToField 域的值一定要设置为 2Dtext2 节点中的 Text 域的名称。

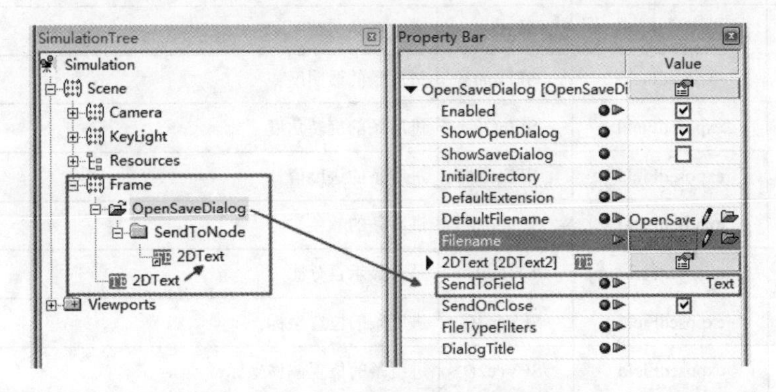

图 4-12　OpenSaveDialog 节点的使用方法

表 4-34 描述了 OpenSaveDialog 节点域的功能。

表 4-34　OpenSaveDialog 节点域的功能

域　　名	域 类 型	域数据类型	功　　能
Enabled	exposedField	SFBool	是否允许使用 OpenSaveDialog 节点
ShowOpenDialog	eventIn	SFBool	显示打开文件对话框
ShowSaveDialog	eventIn	SFBool	显示另存为文件对话框
IntitialDirectory	exposedField	SFString	显示打开文件对话框或另存为文件对话框时的初始目录
DefaultExtension	exposedField	SFString	保留
DefaultFilename	exposedField	SFString	打开文件对话框或另存为文件对话框中显示的默认文件名
Filename	eventOut	SFString	打开文件对话框或另存为文件对话框的文件名

续表

域　名	域 类 型	域数据类型	功　能
SendToNode	exposedField	SFNode	关联的节点
SendToField	exposedField	SFString	关联的域
SendOnClose	exposedField	SFBool	是否在关闭打开文件对话框或另存为文件对话框时向SendToField域发送数据
FileTypeFilters	exposedField	SFString	显示打开文件对话框或另存为文件对话框时过滤文件的类型。例如，Text（*.txt）|*.txt|Pictures （*.bmp;*.ico）|*.bmp;*.ico
DialogTitle	exposedField	SFString	显示打开文件对话框或另存为文件对话框的标题名称

4.3.6　进度条（ProgressBar2）节点

进度条（ProgressBar2）节点可通过一个带有百分比符号的图形来显示操作进度。表 4-35 描述了 ProgressBar2 节点域的功能。

表 4-35　ProgressBar2 节点域的功能

域　名	域 类 型	域数据类型	功　能
Enabled	exposedField	SFBool	进度条是否可见
Opacity	exposedField	SFFloat	进度条的透明度
Orientation	exposedField	SFInt32	进度条的旋转角度
Progress	exposedField	SFFloat	进度条的进度值
ProgressColor	exposedField	SFVec3f	进度条的颜色
ShowPercentage	exposedField	SFBool	是否显示百分比
Position	exposedField	SFVec2f	进度条的位置坐标
PositionOffset	exposedField	SFVec2f	进度条的位置偏移坐标
Size	exposedField	SFFloat	进度条的长度
SizeOffset	exposedField	SFFloat	进度条的偏移长度

4.3.7　滑块（Slider2）节点

滑块（Slider2）节点可以在仿真场景中提供一个水平或垂直的滑块，可以用鼠标直接拖动滑块，从而与其他节点一起产生不同的效果。表 4-36 描述了 Slider2 节点域的功能。

表 4-36　Slider2 节点域的功能

域　名	域 类 型	域数据类型	功　能
Enabled	exposedField	SFBool	滑块是否可见
Opacity	exposedField	SFFloat	滑块的透明度
Label	exposedField	SFString	滑块显示的文本

续表

域　　名	域　类　型	域数据类型	功　　能
ShowLabel	exposedField	SFBool	是否在滑块上显示文本
ShowValue	exposedField	SFBool	是否显示滑块的数值
Precision	exposedField	SFInt32	数值显示精度，小数点后位数
Orientation	exposedField	SFInt32	滑块的旋转角度
CurrentValue	exposedField	SFFloat	滑块的当前值
Range	exposedField	SFVec2f	滑块的数值范围
StepSize	exposedField	SFFloat	滑块的数值步进大小
SnapToStepSize	exposedField	SFBool	拖动滑块时按步进值显示

4.4　运动模型节点

运动模型（MotionModel）节点主要用于通过鼠标或键盘在仿真场景中进行导航控制。

交互式漫游方式比较灵活，可以通过鼠标或键盘等设备按照用户的意图来控制漫游的位置和方向。漫游的视角与现实世界的摄像机类似，EON 提供了一个虚拟摄像机，用于自动进行路径选择和计算，不需要进行任何预处理过程。场景分析和路径计算都是在漫游交互过程中进行的，用户可以通过移动鼠标来不断改变视角的位置，以实现前进、后退、各方向的旋转、俯视、仰视等漫游效果。EON 在获得鼠标位置数据之后，可改变对应的参数，并重新绘制场景。

在进行交互式漫游时，首先要获取当前位置的视点坐标，再利用几何坐标平移变换和旋转变化进行视点的移动，每一个漫游动作（如前进、后退）的本质都是坐标矩阵与平移或旋转矩阵相乘后的结果。在漫游系统中，一般有前进、后退、向左、向右、向上、向下六种漫游动作，采用的是右手坐标系（*Z* 轴向上，代表仿真场景的高度）。EON 中的漫游动作如下：

（1）前进、后退：使用键盘上的 W 键和 S 键进行操作，W 键表示前进，S 键表示后退，当用户按下 W 键之后，虚拟环境中的视角将会沿着 *Y* 轴的正方向移动一段距离；当用户按下 S 键之后，虚拟环境中的视角将会沿着 *Y* 轴的负方向移动一段距离。

（2）向左、向右：使用键盘上的 A 键和 D 键进行操作，同前进、后退类似，当用户按下 A 键或 D 键时，虚拟环境中的视角将会向左或者向右移动。

（3）仰视、俯视：使用键盘上的向上键（↑）和向下键（↓）进行操作，当用户按下向上键或向下键时，将会增大或减小虚拟环境中视角与 *X*、*Y* 平面的夹角（仰角），从而实现向上和向下的操作。

用户在虚拟环境中不同的视角效果如图 4-13 所示。

（a）平视效果图

（b）仰视效果图

（c）俯视效果图

图 4-13　用户在虚拟环境中不同的视角效果图

4.4.1　键盘移动（KeyMove）节点

键盘移动（KeyMove）节点提供了一种通过键盘控制导航的方式，该节点将直接影响其父节点，所以其父节点必须支持平移和旋转功能。

KeyMove 节点控制移动的方式是：首先将 KeyMove 节点放置在被移动对象（如 3D 模型）的框架节点下，如图 4-14 所示。操作时按住 X、Y、Z、H、P 或 R 键的同时，按向上键增加坐标值，按向下键减小坐标值，这样可以沿不同的坐标轴、按不同的方向移动对象。

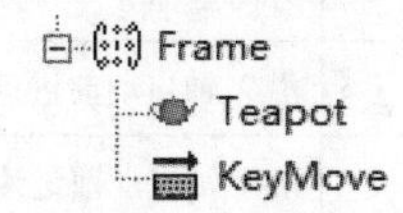

图 4-14　KeyMove 节点的使用方法

表 4-37 描述了 KeyMove 节点域的功能。

表 4-37　KeyMove 节点域的功能

域　名	域 类 型	域数据类型	功　能
Angular Velocity	exposedField	SFFloat	沿 *X*、*Y*、*Z* 轴的旋转角速度
Velocity	exposedField	SFFloat	沿 *X*、*Y*、*Z* 轴的移动速度

4.4.2　步行（Walk）节点

步行（Walk）节点可以在仿真场景中实现行走的效果，只需按住鼠标的各个按键移动鼠标即可。该节点的行走效果原理实际上是通过改变摄像机（Camera）节点的各个坐标来实现的，所以应该将 Walk 节点放置在摄像机节点（Camera）之下，作为其子节点。

EON 默认的鼠标各个按键作用如下。

（1）鼠标左键：左/右旋转摄像机。

（2）鼠标左键：升高或降低摄像机（*Z* 轴坐标）。

（3）鼠标中键：可以在移动鼠标的同时按住鼠标中键来查看仿真场景，这会使观察者站在同一点绕着摄像机旋转。松开鼠标后，方向将停留在最后一个位置，可以继续用鼠标左键控制行走，如果想让视角快速回到开始旋转导航之前的位置，可在松开鼠标之前按住 Alt 按键。

鼠标按键的分配可以通过 Walk 节点的属性对话框进行快速设置，如图 4-15 所示。

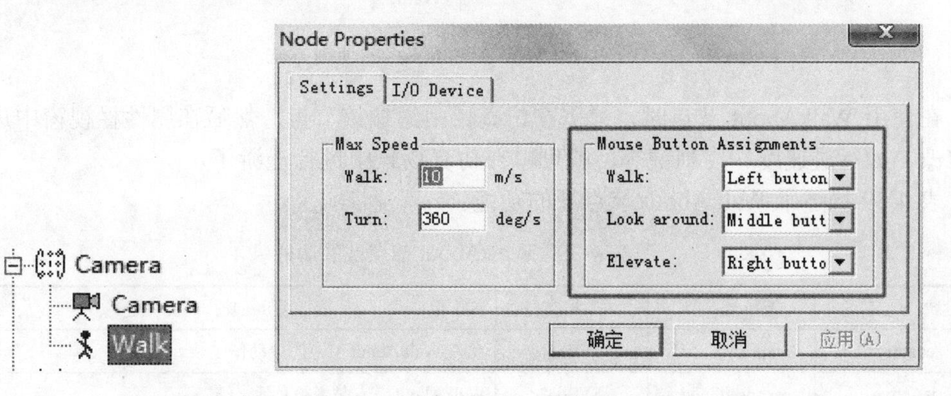

图 4-15　Walk 节点的使用方法和鼠标按键的设置方法

表 4-38 描述了 Walk 节点域的功能。

表 4-38 Walk 节点域的功能

域　名	域 类 型	域数据类型	功　能
Position	eventOut	SFVec3f	位置坐标
Orientation	eventOut	SFVec3f	方向坐标
dX	eventIn	SFFloat	沿 *X* 轴自动前进速度
dY	eventIn	SFFloat	沿 *Y* 轴自动前进速度
dZ	eventIn	SFFloat	沿 *Z* 轴自动前进速度
dH	eventIn	SFFloat	绕 *Z* 轴自动旋转角速度
dP	eventIn	SFFloat	绕 *X* 轴自动旋转角速度
dR	eventIn	SFFloat	绕 *Y* 轴自动旋转角速度
maxTurn	exposedField	SFFloat	鼠标控制时的最大旋转角速度
maxSpeed	exposedField	SFFloat	鼠标控制时的最大移动速度

4.4.3 漫游（WalkAbout）节点

WalkAbout 节点与 Walk 节点类似，也是用来在仿真场景中实现漫游的，都可以改变摄像机的各个坐标。两者不同之处的是，WalkAbout 节点是用键盘进行控制的，而 Walk 节点是用鼠标进行控制的。

如果 WalkAbout 节点下的 toMove 文件夹中存在对某个节点的引用，则该节点也会一起跟随移动。WalkAbout 节点的使用方法如图 4-16 所示。如果 toMove 文件夹下为空，那么 WalkAbout 节点将直接影响其父节点，也就是说，与 WalkAbout 节点处于同级的节点都会受到影响。

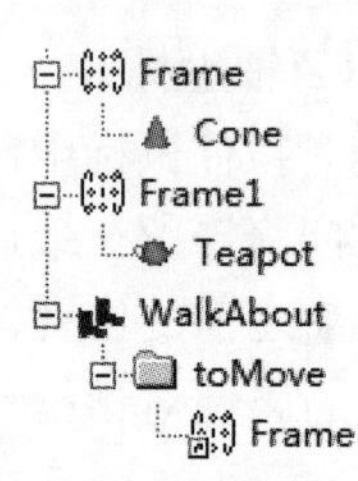

图 4-16 WalkAbout 节点的使用方法

在使用 WalkAbout 节点时，只需在仿真树中添加该节点，然后在属性栏视窗中进行必要的修改，如行进速度、控制键等，就可以在仿真场景中进行漫游了。

表 4-39 描述了 WalkAbout 节点域的功能。

表 4-39 WalkAbout 节点域的功能

域　名	域 类 型	域数据类型	功　能
enabled	exposedField	SFBool	允许 WalkAbout 节点产生动作
isActive	exposedField	SFBool	WalkAbout 节点是否被激活
Delta_r	exposedField	SFFloat	设定在仿真场景中移动的速度，默认速度为 2 m/s

续表

域　　名	域 类 型	域数据类型	功　　能
Delta_fi	exposedField	SFFloat	设定在仿真场景中转动的角速度，默认角速度为 45°/s
Run_factor	exposedField	SFFloat	跑步前进的倍乘系数，默认为 2 倍
Elevation	exposedField	SFBool	勾选后，仿真场景可以沿着 Z 轴提升
toMove	Field	SFNode	该节点下放置某个摄像机的引用

WalkAbout 节点还有一些关于按键键值的设定，也就是说，通过键盘的哪些按键实现什么样的导航。WalkAbout 节点有一个节点属性对话框，该对话框的 Keyboard 选项卡用来设置用于导航的按键，如图 4-17 所示。为什么不直接在域的属性栏视窗中设置而要在这里设置呢？这是因为域的属性栏视窗是通过按键的键值来设置，一般很难记住，而 Keyboard 选项卡非常方便，可以通过每个虚拟按键的名称来快速识别出按键。

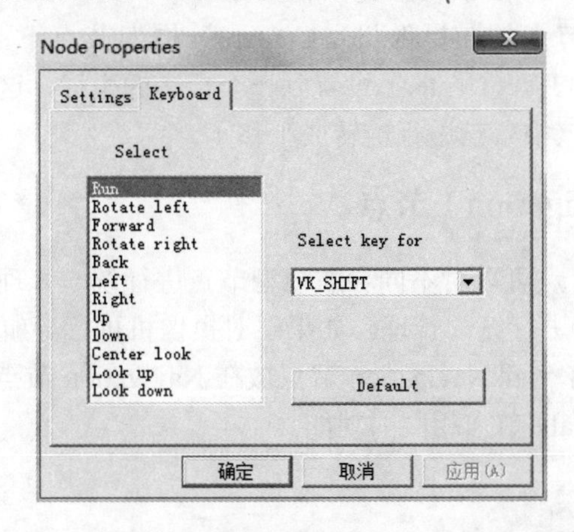

图 4-17　WalkAbout 节点属性对话框 Keyboard 选项卡

表 4-40 列出了 WalkAbout 节点默认的导航按键。

表 4-40　WalkAbout 节点默认的导航按键

导 航 功 能	描　述	按　键
Run	跑步	Shift 键与其他导航键组合
Rotate left	向左旋转	向左键
Forward	步行前进	向上键
Rotate right	向右旋转	向右键
Back	步行后退	向下键
Left	向左移动	A 键
Right	向右移动	S 键
Up	抬高观察角度	小键盘中的+键
Down	降低观察角度	小键盘中的-键

续表

导航功能	描　述	按　键
Center look	平视	End
Look up	抬头	PageDown
Look down	低头	Delete

4.4.4 轨道导航（OrbitNavigation）节点

轨道导航（OrbitNavigation）节点可以围绕中心点实现平滑轨道导航，既可在观察中心点的同时围绕中心点旋转，还可以进行靠近或远离中心点的操作。

鼠标控制方式如下：

鼠标左键：围绕中心点旋转。

鼠标右键：靠近或远离中心点（改变 *Y* 轴坐标）。

将 OrbitNavigation 节点放在摄像机（Camera）框架节点下，并移除 Walk 节点，将 OrbitNavigation 节点的中心点（Center）设置到一个合适的坐标，这样就可以通过鼠标来控制对象（如 3D 模型）围绕该中心点进行旋转或平移了。

4.4.5 导航（Navigation）节点

导航（Navigation）节点可以对不同导航模型节点进行统一管理，如对 WalkNavigation 节点和 OrbitNavigation 节点进行统一管理。如果要对摄像机进行导航，请将 Navigation 节点放在 Camera 框架节点下，将 WalkNavigation 节点放在 Navigation 节点下，然后删除 Walk 节点。通过该设置可以实现与 Walk 节点相同的功能。

4.5 传感器节点

传感器（Sensor）节点的作用是产生开关响应，这些开关响应用于在仿真进行期间实时监测外部传感器（如鼠标和键盘），从而产生一个触发事件。

4.5.1 盒子感应器（BoxSensor）节点

盒子传感器（BoxSensor）节点用于监测盒子空间边界与摄像机的距离，当摄像机进入或离开盒子传感器节点定义的三维坐标空间（盒子）时，就会向外发送一个事件。

表 4-41 描述了 BoxSensor 节点域的功能。

表 4-41　BoxSensor 节点域的功能

域　名	域类型	域数据类型	功　能
Position	exposedField	SFVec3f	盒子的左上角坐标
Size	exposedField	SFVec3f	盒子的大小
Active	exposedField	SFBool	是否在仿真程序启动时激活 BoxSensor 节点

续表

域　名	域 类 型	域数据类型	功　能
OnInsideTRUE	eventOut	SFBool	当摄像机进入盒子边界时发送该事件
OnInsideFALSE	eventOut	SFBool	当摄像机离开盒子边界时发送该事件
OnInsideChanged	eventOut	SFBool	当摄像机进入和离开盒子边界时都发送该事件

4.5.2 单击传感器（ClickSensor）节点

单击传感器（ClickSensor）节点主要用于监测在仿真树视窗中哪些对象（如 3D 模型）被鼠标单击。单击传感器节点一般放置在与之交互的框架（Frame）节点下，如图 4-18 所示，在同一个框架节点下可以放置多个 ClickSensor 节点。

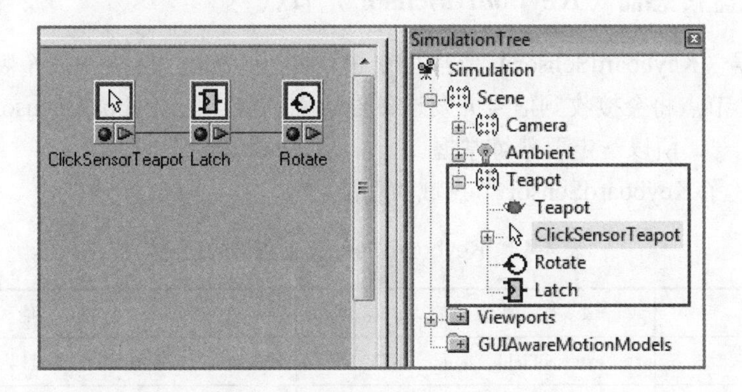

图 4-18　ClickSensor 节点使用方法

表 4-42 描述了 ClickSensor 节点域的功能。

表 4-42　ClickSensor 节点域的功能

域　名	域 类 型	域数据类型	功　能
OnButtonDownFALSE	eventOut	SFBool	松开鼠标按键时发送事件
OnButtonDownTRUE	eventOut	SFBool	按下鼠标按键时发送事件
OnButtonDownChanged	eventOut	SFBool	按下或松开鼠标按键时发送事件
OnClicked	eventOut	SFBool	当在指定对象上单击鼠标时发送事件
CursorOnObject	eventOut	SFBool	当鼠标悬停在指定的对象上时发送事件
ChangeCursor	exposed Field	SFBool	当鼠标悬停在指定的对象上时是否改变鼠标形状
Button	exposed Field	SFInt32	设定鼠标的哪个按键起作用。0 表示左键，1 表示中键，2 表示右键，3 表示无定义
Target	eventOut	SFNode	引用需要鼠标单击的形状节点
TargetPoint	eventOut	SFVec3f	鼠标单击对象的实际坐标
TargetPointWorld	eventOut	SFVec3f	鼠标单击对象的世界坐标（相对于 Scene 节点）
Click	eventIn	SFBool	选中后，可以使用按钮触发 Click 事件

续表

域　　名	域 类 型	域数据类型	功　　能
Continuous	exposedField	SFBool	只要鼠标在对象上移动，就会连续发送 TargetPoint 和 TargetPointWorld 的位置
Roots	exposedField	MFNode	连接到此文件夹的框架受 ClickSensor 节点的单击控制
Excludes	exposedField	MFNode	连接到此文件夹的框架不受 ClickSensor 节点的单击控制
ExcludePreference	exposedField	SFInt32	对隐藏在某个对象后面的对象的处理方式：Ignore 表示忽略，就像对象被隐藏一样；Obstruct 表示传感器被挡住，不会被触发

4.5.3　键盘传感器（KeyboardSensor）节点

键盘传感器（KeyboardSensor）节点用于监测键盘按键，当按下某个特定的按键时，KeyboardSensor 节点将会接收到信号并发送事件给别的节点。KeyboardSensor 节点是应用最为广泛的节点之一，所以一定要熟练掌握。

表 4-43 描述了 KeyboardSensor 节点域的功能。

表 4-43　KeyboardSensor 节点域的功能

域　　名	域 类 型	域数据类型	功　　能
Keycode	exposedField	SFInt32	键盘的每个按键对应的虚拟键码
Repeat	eventOut	SFInt32	按键后的重复按下次数
Down	eventOut	SFBool	按下按键时，发送 TRUE；按键松开时，发送 FALSE
onKeyDown	eventOut	SFBool	按下按键时，发送 TRUE
onKeyUp	eventOut	SFBool	松开按键时，发送 TRUE

注意：上述 Down 和 onKeyDown 域的区别在于：Down 域监测的是按键被按下后的持续状态，而 onKeyDown 域监测的是按键按下的瞬间。一般情况下，使用较多的是 onKeyDown，当然也有持续监测按键是否按下的应用场合。

4.5.4　鼠标传感器节点

鼠标传感器节点有两个，即 MouseSensor 和 MouseControl，主要用于检测鼠标光标的位置和按下的按键。这两个节点是应用最为广泛的节点，两者功能类似，这里仅给出 MouseSensor 节点域的功能，如表 4-44 所示。

表 4-44　MouseSensor 节点域的功能

域　　名	域 类 型	域数据类型	功　　能
nCursorPosition	eventOut	SFVec2f	该属性代表了鼠标光标的归一化位置，其中（-1，-1）是仿真视窗的左上角，（1，1）是右下角，因此（0，0）是仿真视窗的中心

续表

域　　名	域　类　型	域数据类型	功　　能
cursorPosition	eventOut	SFVec2f	该属性代表了鼠标光标的 *X*、*Y* 轴坐标位置，以像素为单位，其中（0，0）点是仿真视窗的中心，其他位置取决于屏幕的分辨率
lb	eventOut	SFBool	鼠标左键状态，按下时，发送 TRUE
mb	eventOut	SFBool	鼠标中键状态，按下时，发送 TRUE
rb	eventOut	SFBool	鼠标右键状态，按下时，发送 TRUE
lbClicks	eventOut	SFInt32	仿真程序启动后，鼠标左键按下的总次数
mbClicks	eventOut	SFInt32	仿真程序启动后，鼠标中键按下的总次数
rbClicks	eventOut	SFInt32	仿真程序启动后，鼠标右键按下的总次数
position	eventOut	SFVec3f	该属性给出了鼠标光标的 *X*、*Y* 轴的屏幕位置，以像素为单位，其中（0，0）点是屏幕左上角（而不是仿真视窗）
OnLeftDown	eventOut	SFBool	按下鼠标左键时，发送 TRUE
OnLeftUp	eventOut	SFBool	松开鼠标左键时，发送 TRUE
OnMiddleDown	eventOut	SFBool	按下鼠标中键时，发送 TRUE
OnMiddleUp	eventOut	SFBool	松开鼠标中键时，发送 TRUE
OnRightDown	eventOut	SFBool	按下鼠标右键时，发送 TRUE
OnRightUp	eventOut	SFBool	松开鼠标右键时，发送 TRUE

4.5.5　时间传感器（TimeSensor）节点

时间传感器（TimeSensor）节点可在固定的时间间隔内产生脉冲信号，这些脉冲信号可以用来控制其他节点，从而产生互动的效果。可以设定 StartTime 域来让 TimeSensor 节点开始产生脉冲信号，并通过 CycleInterval 域来设定脉冲信号产生的间隔时间。如果没有勾选 LoopMode，将会在设定好的 StopTime 时刻停止产生脉冲信号。StartTime 和 StopTime 是 TimeSensor 节点的有效时间，它们的值都以秒为单位。

表 4-45 描述了 TimeSensor 节点域的功能。

表 4-45　TimeSensor 节点域的功能

域　　名	域　类　型	域数据类型	功　　能
CycleInterval	exposedField	SFFloat	脉冲信号产生的间隔时间
StartStopMode	exposedField	SFBool	如果勾选了 StartStopMode，则在开始和停止时刻也会产生脉冲信号
LoopMode	exposedField	SFBool	是否为循环模式
StartTime	exposedField	SFFloat	开始产生脉冲信号的时间

续表

域　名	域 类 型	域数据类型	功　能
StopTime	exposedField	SFFloat	停止产生脉冲信号的时间
Active	exposedField	SFBool	是否在仿真程序启动时开始产生脉冲信号
CurrentTime	eventOut	SFFloat	当前计时时间
CurrentSimTime	eventOut	SFFloat	仿真程序启动后的总时间
FractionTime	eventOut	SFFloat	该属性代表的是一个百分比值，表示等于自上次产生脉冲信号以来的间隔时间
OnPulse	eventOut	SFBool	到达 CycleInterval 或开始和停止产生脉冲信号的时间输出事件
OnStartPulse	eventOut	SFBool	每隔 1 s 输出一次 TRUE。当 StartStopMode 为 TRUE 时，第一次输出 TRUE 是在 StartTime 时刻
OnStopPulse	eventOut	SFBool	每隔 1 s 输出一次 TRUE。当 StartStopMode 为 TRUE 时，第一次输出 TRUE 是在 StopTime 时刻

4.6 运算（Operations）节点

运算（Operations）节点主要用于逻辑运算和算术运算。

所有运算节点都有 2 个 SFFloat 类型的输入域、1 个输出域和 2 个 SFBool 类型的输入域（一个是 Trigger，另一个是 Autotrigger）。当 Trigger 被激活时，会产生一个输出事件。如果 Autotrigger 为 TRUE，则当 2 个 SFFloat 类型的输入域中任意一个数值变化时，都会产生一个输出事件。对于这两个 SFFloat 类型的输入域，加法和减法的初始值为 0，乘法和除法的初始值为 1。

4.6.1 算术（Arithmetic）节点

算术节点用于对 2 个浮点数进行算术运算，并将结果放在 OutValue 中。可以通过设置 Autotrigger 来选择是自动执行操作，还是由事件触发操作，默认的设置是由事件触发操作。

加法（Addition）节点：用于 2 个浮点数相加，并将结果放在 OutValue 中。

减法（Subtraction）节点：用于 2 个浮点数相减，并将结果放在 OutValue 中。

乘法（Multiplication）节点：用于 2 个浮点数相乘，并将结果放在 OutValue 中。

除法（Division）节点：用于 2 个浮点数相除，并将结果放在 OutValue 中。

注意：如果分母为 0，则不会执行除法操作，也不会发送事件，但会在日志视窗中显示错误消息。

4.6.2 逻辑节点

AND、OR、XOR 和 NOT 节点可以在 EON 的应用中进行逻辑运算。

逻辑与（AND）节点：用于比较两个布尔型输入值并发送一个布尔型输出事件，如果两个输入值都为真，则输出事件的值为真，否则为假。

逻辑或（OR）节点：用于比较两个布尔型输入值并发送一个布尔型输出事件，如果其中任意一个输入值为真，则输出事件的值为真，否则为假。

逻辑异或（XOR）节点：用于比较两个布尔型输入值并发送一个布尔型输出事件，如果两个输入值不同，则输出事件的值为真，否则为假。

逻辑非（NOT）节点：表示如果布尔型输入值为真，则输出事件的值为假，反之亦然。

4.6.3　常数（Constant）节点

常数（Constant）节点可以为其他节点提供一个 SFFloat 类型的常数值。

4.6.4　转换（Converter）节点

转换（Converter）节点用于域数据类型的转换。例如，可以将 SFBool 数据类型转换为 SFInt32 数据类型，或将 SFString 数据类型转换为 SFFloat 数据类型。

所有以 SF 开头的数据类型都可以转换为 SFString 数据类型，如果有多个值，则用空格隔开；也可以转换成相应的以 MF 开头的数据类型。所有以 MF 开头的数据类型的域的第一个值将被转换成相应的以 SF 开头的数据类型。连接到 Converter 节点的数据类型不同，产生的输出事件也不同。

4.6.5　路径开关（RouteSwitch）节点

路径开关（RouteSwitch）节点的输入域和输出域包含了 EON 中所有的单值域（SF）和多值域（MF），主要用于转发所有类型的输入事件，然后将它们映射到相同类型的输出事件，并且可以通过 Connected 域来控制是否允许转发。

4.7　可视（Visual）节点

4.7.1　Mesh3 节点

Mesh3 节点是一个用于存储多边形几何图形的网格资源节点，Mesh3 节点可以通过 Mesh3Properties 节点实现异步加载。

网格资源节点包含 3D 模型的实际定义，但不包含外观。外观由材质节点处理，如 ShaderMaterial。在导入 3D 模型时，将为每个 3D 模型创建 Mesh3 节点，并将每个网格数据分别保存在扩展名为.eog 的文件中，该网格数据文件只能在 EON 中读取和使用。

通常，节点及其关联的网格数据文件被视为一个实体，因为该文件会嵌入仿真程序中。然而，有时也需要提取网格数据文件并将其存储在其他地方，比如存储在后台服务器上。这样，当从后台服务器下载网格数据文件时，仿真程序可以快速启动并运行，然后按需加载网格数据并进行初始化。

4.7.2　Mesh3Properties 节点

Mesh3Properties 节点主要用于设置 Mesh3 节点的属性。设置 Mesh3 节点属性的方式有两种：一种是将 Mesh3Properties 节点添加到 Mesh3 节点的 Properties 域中；另一种是将一个或多个 Mesh3 节点放置在 Mesh3Properties 节点下方。

如果将 Mesh3Properties 节点作为 Mesh3 节点的父节点，同时在 Mesh3 节点的 Properties 域中使用另一个 Mesh3Properties 节点时，那么起作用的将会是后者。

4.7.3　ShaderMaterial 节点

ShaderMaterial 节点是 EON 中的基本材质，可以应用于几何图形，赋予几何图形颜色和样式，并允许自定义 3D 模型的表面属性。通过该节点可以设定 3D 模型对光线的响应方式以及表面反射能力。例如，通过设定漫反射颜色（DiffuseColor）、镜面反射颜色（SpecularColor）、光泽（Shininess）和反射率（Reflectivity）等属性，可以实现更加真实的效果。

ShaderMaterial 节点可以引用不同类型的映射，在这些映射中，可以使用着色器的初始配置连接或添加贴图。通常将 ShaderMaterial 节点放置在仿真树中名为 Materials 的 Group 节点下，或者直接放置在形状节点下的 Material 文件夹下。

ShaderMaterial 节点可以实现三种着色方式：基本的着色方法是利用 AmbientColor，使用该方法着色的 3D 模型区域没有灯光；DiffuseColor 实现的是 3D 模型表面的漫反射；SpecularColor 实现的是 3D 模型表面的镜面反射，如图 4-19 所示。

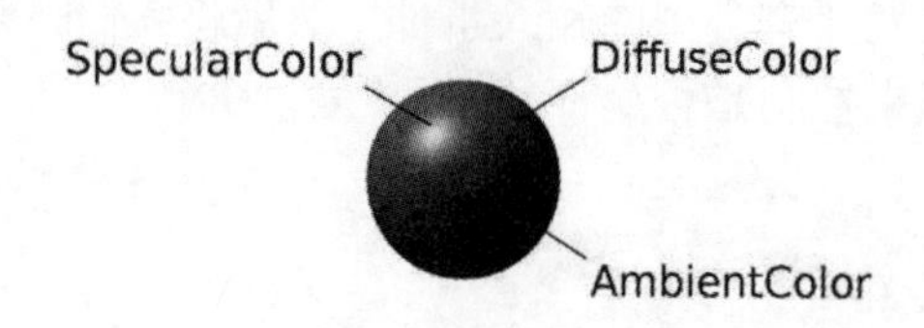

图 4-19　ShaderMaterial 节点的三种着色方式

通过改变 Shininess 域的值可以调整镜面反射的区域。Shininess 域的值越小，镜面反射的区域就越大；Shininess 域的值越大，镜面反射的区域就越小，如图 4-20 所示。

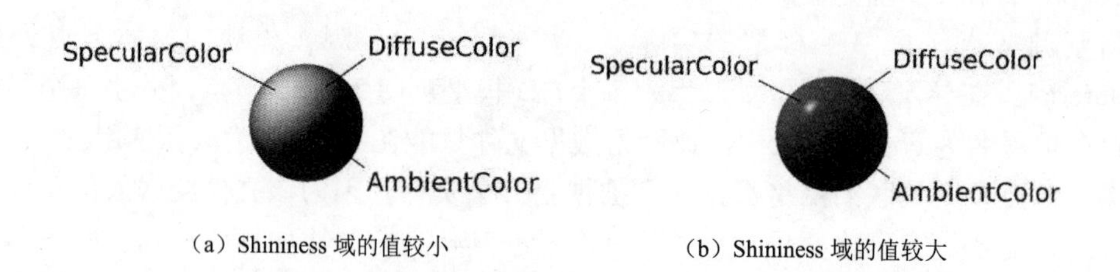

（a）Shininess 域的值较小　　（b）Shininess 域的值较大

图 4-20　ShaderMaterial 节点的镜面反射效果

Opacity 域代表 3D 模型的不透明度，0 代表完全透明，也就是 3D 模型看不见了，1 代表完全不透明，通过将该域的值设置为 0～1 可以实现不同程度的透明效果，如图 4-21 所示。

（a）Opacity 域的值为 0

（b）Opacity 域的值为 0.3

（c）Opacity 域的值为 1

图 4-21　ShaderMaterial 节点的透明度效果

图 4-22 所示为三幅显示带有反射贴图的球体的图像。图 4-22（a）和图 4-22（b）显示了不同类型的反射，而图 4-22（b）显示了更真实的环境，箭头指向菲涅耳效果，这是当光线照射到 3D 模型表面并从天使角度观察（鸟瞰）时看到的反射。

如果希望 3D 模型表面的反射产生特殊效果，则使用淡色反射。添加色调时 3D 模型获得的颜色是漫反射颜色和反射颜色的混合。如果漫反射颜色为黄色，结果将类似于图 4-22（c）所示的球体。

（a）

（b）

（c）

图 4-22　ShaderMaterial 节点的淡色反射效果

4.7.4　MultiMaterial 节点

很多 3D 建模软件支持多材质，这意味着可以为单个网格分配许多不同的子材质，分别对应于网格的每个面。在导入 3D 模型的过程中，如果遇到多材质，那么 EON 就会自动创建 MultiMaterial 节点，多材质中的每个子材质也将被导入和创建，MultiMaterial 节点将包含对这些子材质的引用。

4.7.5　Shape 节点

Shape 节点的主要任务是将材质和网格结合起来，并在仿真场景中形成可见的 3D 模型。网格在被形状节点引用之前是不可见的。

4.7.6　Texture2 和 MovieTexture 节点

贴图是一种向 3D 模型表面添加细节图像的有效方式。在贴图方面，EON 主要有两种节点：Texture2 和 MovieTexture。它们之间的区别在于，后者使用视频文件作为贴图源，而前者使用简单的静态图像文件。DirectShow 系统支持的任何视频格式都可以在 MovieTexture 节点中使用，除了图像，MovieTexture 节点还可以为仿真程序提供音轨。比如，可以禁用视频通道，只使用声音通道，如播放 MP3 格式的背景音乐等。

Texture2 仅支持 4 种图像格式：JPEG、JPEG2000、PNG 和 PPM，因此在导入过程开始之前，其他图像格式都应该转换为这 4 种格式之一。

MovieTexture 节点必须被 GLSLMaterial 或 ShaderMaterial 节点引用才能在仿真场景中可见，形状（Shape）节点中也必须使用材质节点。

4.7.7 TextureResourceGroup 节点

在许多应用中，有时候贴图是作为一个整体来进行控制的。通过 TextureResouceGroup 节点可对 3D 模型中的所有贴图进行分组，该节点包含了 Texture2 节点的所有常见属性，包括嵌入（Embedded）、质量级别（QualityLevel）、最大宽度（MaxWidth）、最大高度（MaxHeight）、原始大小（OriginalSize）和发布后的大小（DistributionSize）。

除非 Texture2 节点的 UseGroupSettings 域设置为 FALSE，否则它将始终使用 TextureResourceGroup 节点上这些域的值，而不是使用其自身的相应域的值。这意味着可以通过更改 TextureResourceGroup 节点上的某个域达到统一更改其下所有 Texture2 节点的相关域的目的。如果要对某些 Texture2 节点进行单独调整，可以取消选中这些 Texture2 节点的 UseGroupSettings，只在这些 Texture2 节点的域中进行单独更改即可。

第三篇

高级进阶篇

第5章 EON 动态加载和流

5.1 EON 动态加载简介

1. 什么是动态加载

通过使用动态加载，可以在 EON 仿真程序运行时通过 Internet 加载、卸载和交换 EON 资源（如元件、几何图形、纹理贴图、影片）。通常情况下，EON 仿真程序的内容是固定的，一旦运行就无法更改。但 EON 动态加载功能允许更改 EON 仿真程序的内容，这就是为什么称为动态加载的原因。

2. 为什么要使用动态加载

与标准系统相比，动态加载具有以下优势：

（1）可在运行 EON 仿真程序时对其进行配置和更改。

（2）大型 EON 仿真程序可根据需要进行分段下载，使用动态加载可节省程序的加载时间。

通过使用动态加载，不仅可以下载预定义的资源（如元件、几何图形、纹理贴图、影片）并将其嵌入仿真场景中，还可以让用户决定下载哪些资源，以及卸载哪些资源。由于资源可以在不同的 EON 仿真程序中使用，因此实现了资源的重用。

由于元件是独立的单元，因此可以在 EON 仿真程序中方便地重用，从而缩短开发时间并增强应用程序开发的一致性。另外，只要带宽和存储容量满足要求，则动态加载可以使用的资源数量是无限的。

由于 Internet 带宽限制，下载某些 EON 仿真程序需要很长的时间，通过使用动态加载功能，就可以将 EON 仿真程序拆分为较小的单元并逐个下载。

每个元件可以是整个 EON 仿真程序的部分功能，一旦下载后，则嵌入到元件中的所有交互功能都将发挥作用。通过优化每个独立元件的下载顺序，可使得 EON 仿真程序运行得更加合理和顺畅。

动态加载可以应用到很多方面，比如在加载大型建筑物模型时，没有必要一次性加载完毕，可以随着摄像机的移动逐渐下载并加载建筑物每一部分，让用户看到的仿真场景在逐渐增多。

3. 进行动态加载的注意事项

在进行动态加载时，需要注意以下几个方面：

（1）EON 仿真程序（EOZ 或者 EDZ 文件）可使用 DynamicPrototype 节点或类似的节点进行动态加载。

（2）可以将 EON 元件、纹理贴图、几何图形和影片等大量文件动态加载到 EON 仿真程序中。

（3）必须将需要动态加载的文件放置在本地硬盘或者 Web 服务器的指定位置，这个位置可通过 PrototypebaseURL 属性进行设置。

4. 基于 Web 动态加载 EON 仿真程序

通常，动态加载 EON 仿真程序是基于 Web 进行的，为了了解它们的工作方式，需要分两种情况讨论：设计阶段（正在创建仿真程序）和运行阶段（正在使用仿真程序）。

在设计阶段，仿真程序的所有组件都将被创建并放置在服务器上。组件必须是动态对象，即 EON 元件文件、纹理文件、产品信息文本或嵌入在 HTML 页面中的 EON 仿真程序。这个 EON 仿真程序中最重要的节点是 DynamicPrototype 节点，它可动态加载和查看任何 EON 元件。

在运行阶段，当用户进行动态加载时，将打开包括 EonX 控件在内的 HTML 页面。首先下载 EonX 控件和其他对象，例如 GUI 的文本和按钮，以及与 EonX 控件的通信脚本程序。EonX 控件将下载预先创建的 EON 仿真程序，该仿真程序通常包含用于显示 3D 模型的仿真场景，还应定义导航行为。

当用户选择好要加载的 3D 模型时，网页上的脚本程序将会找出要加载的元件，并以 SFString 事件发送到 EON 仿真程序中。该事件被逻辑关联到 DynamicPrototype 节点，从而通过该事件下载指定的.eop 文件。下载完成后，DynamicPrototype 节点将首先删除其下的节点，然后使用.eop 文件动态地创建新的子节点，包括在设计阶段定义的网格、纹理贴图、灯光和路径。

5.2 创建动态加载的 EON 仿真程序

创建动态加载的 EON 仿真程序时需要了解哪些节点是可以实现动态加载的节点，如何制作资源文件（元件），以及如何将事件从仿真程序发送到正确的节点。

5.2.1 动态元件节点

动态元件（DynamicPrototype）节点用于在仿真程序运行时下载、加载、上传和交换 EON 元件。通常，EON 仿真程序的内容是固定的，但是这个节点将使得内容变成动态、可变的。EON 仿真程序的内容可以从 Web 服务器或本地下载。

表 5-1 描述了 DynamicPrototype 节点域的功能。

表 5-1　DynamicPrototype 节点域的功能

域　名	域 类 型	域数据类型	功　能
PrototypeName	exposedField	SFString	元件文件的名称，也可以包含服务器子目录的搜索路径
Downloaded	eventOut	SFFloat	元件下载的进度
HideWhileLoading	exposedField	SFBool	当该域为 TRUE 时，当前活动的元件将在下载新元件期间隐藏
DownloadFailed	eventOut	SFInt32	如果下载失败，该域将生成一个代表错误的代码（整数）
DownLoadStart	eventOut	SFBool	当开始下载时，该域发送 TRUE
DownloadEnd	eventOut	SFBool	当下载结束时，该域发送 TRUE
InitializeStart	eventOut	SFBool	当开始初始化时，该域发送 TRUE
InitializeEnd	eventOut	SFBool	当初始化结束时，该域发送 TRUE
DownloadAutomatic	exposedField	SFBool	如果该域设置为 TRUE，则当 PrototypeName 域的名称更改时，将自动开始下载元件。如果该域设置为 FALSE，则必须向 StartDownload 域发送 TRUE 事件才能开始下载
InitializeAutomatic	exposedField	SFBool	如果该域设置为 TRUE，则在下载后会自动进行初始化；如果该域设置为 FALSE，则不会自动进行初始化
CurrentStatus	eventOut	SFInt32	当动态元件的状态改变时，该域会发送事件
UnInitialize	eventIn	SFBool	当该域接收到 TRUE 事件时，动态元件将取消初始化
DownloadProgress	eventOut	SFInt32	该域按百分比描述元件下载的进度。除了该域发送的是整数值而不是浮点值，其他功能与 Downloaded 域都相同
StartDownload	eventIn	SFBool	当该域接收到 TRUE 事件时，将开始下载元件
DownloadPriority	exposedField	SFInt32	元件下载的优先级，具有较低优先级值的节点将在具有较高优先级值的节点之前下载
PrototypeNameExists	exposedField	SFBool	当 PrototypeName 为空时，该域的值为 FALSE；否则为 TRUE
IsRunning	exposedField	SFBool	当运行元件时，该域的值为 TRUE；否则为 FALSE
IsDownloading	exposedField	SFBool	当正在下载元件时，该域的值为 TRUE；否则为 FALSE
IsInitializing	exposedField	SFBool	当元件正在初始化时，该域的值为 TRUE；否则为 FALSE
PrototypeOnDisk	exposedField	SFBool	当本地磁盘上存在相同名称的元件时，该域的值为 TRUE；否则为 FALSE
IsFilenameRunning	exposedField	SFBool	当 PrototypeName 指定的元件正在运行时，该域的值为 TRUE；否则为 FALSE

在动态加载的过程中，DynamicPrototype 节点中的状态将会随着动态加载各个过程而变化，如表 5-2 所示。

表 5-2　DynamicPrototype 节点的状态

域　名	域　值	状　态								
		1	2	3	4	5	6	7	8	9
PrototypeNameExists	TRUE		√	√	√	√	√	√	√	√
PrototypeNameExists	FALSE	√								
IsRunning	TRUE						√	√	√	√
IsRunning	FALSE	√	√	√	√	√				
IsDownloading	TRUE			√					√	
IsInitializing	TRUE					√				
PrototypeOnDisk	TRUE				√	√	√			√
PrototypeOnDisk	FALSE	√	√	√				√	√	
IsFilenameRunning	TRUE						√			
IsFilenameRunning	FALSE	√	√	√	√	√		√	√	√

表 5-2 中节点状态描述如下：

状态 1：元件名称尚未设置。

状态 2：元件名称已设置，但下载尚未开始。

状态 3：元件正在下载。

状态 4：元件下载完成，并保存在本地磁盘上，但初始化尚未开始。

状态 5：元件正在初始化。

状态 6：元件正在运行。

状态 7：元件的名称已经更改，旧元件仍在运行，新元件尚未下载。

状态 8：旧元件正在运行，同时新元件正在下载。

状态 9：新元件被下载并保存在本地磁盘上，旧元件仍在运行。在该状态之后，过程返回到状态 6。

DynamicPrototype 节点可以在 EON 仿真程序运行时动态地下载、加载、上传和交换 EON 元件。此节点有一个 PrototypeName 域，用于保存要下载和加载的元件文件的名称。该域可以在设计时设置，也可以保留为空，并在运行时动态地设置元件文件名。只要 DownloadAutomatic 和 InitializeAutomatic 这两个域的值设置为 TRUE，那么在动态加载时只需要更改 PrototypeName 域的值就可以完成加载新元件所需要的全部工作。

PrototypeName 域应包括 EON 元件相对于 PrototypebaseURL 的路径。例如，如果资源位于“http://www.mycompany.com/prototypes/furniture/armchair1.eop”，并且 PrototypebaseURL 为“http://www.mycompany.com/prototypes/”，则 PrototypeName 域的文本应为“furniture/armchair1.eop”。注意，此处的网址并非真实的网址，只是用于说明相对路径和绝对路径。

如果 DownloadAutomatic 域设置为 TRUE，一旦更改 PrototypeName 域，那么元件将会被下载到 IE 浏览器的缓存中。在下载过程中，DynamicPrototype 节点可以通过 Downloaded、DownloadProgress（0～100 的一个数字）和 IsDownloading 输出下载进度。下载后要进行的是初始化，也称为加载。如果 InitializeAutomatic 域的值为 TRUE，则将立即加载元件。在加载过程中，将卸载 DynamicPrototype 中的任何现有元件，然后将下载的元件添加在 DynamicPrototype 节点下。在此过程中，EON 仿真程序将暂停，进度条将显示一条消息，表示正在加载元件，暂停的长度取决于所要加载元件的文件大小。

注意：

（1）如果 DownloadAutomatic 和 InitializeAutomatic 域的值为 FALSE，则需要通过启动下载事件和启动初始化事件来触发 StartDownload 和 StartInitialize。

（2）通过脚本程序可以获取 DynamicPrototype 内部节点的引用。

（3）如果下载的元件中包含脚本程序，则不会触发其中的 initialize()函数。

（4）DynamicPrototype 节点在隐藏框架节点下将被禁用（不会下载或初始化）。

（5）元件下载后，该元件会被保存在网络缓存中，在下次运行仿真程序时可以很快被加载。

5.2.2 具有下载域的节点

还有三个节点支持动态加载，它们分别是 Texture2 节点、Mesh3 节点和 MovieTexture 节点。这三个节点都有 Download（类型为 SFString）、DownloadProgress（类型为 SFInt32）和 Filename（类型为 SFString）域，在设计 EON 仿真程序阶段仅设置 Filename 域即可。在运行 EON 仿真程序阶段，可以向 Download 域发送新的元件文件名称，从而下载元件并初始化。与 DynamicPrototype 节点一样，Download 域必须具有相对于 PrototypebaseURL 的路径。对于这些节点，下载和初始化始终是自动的。下载完成后，初始化开始，EON 仿真程序暂停，并显示一个进度条。暂停的长度取决于元件文件的大小。初始化完成后，新元件将取代旧元件并变为可见状态。

注意：

（1）DownloadProgress 向外发送一个 0～100 的整数，如果需要，可以将该整数用于下载进度栏，以显示下载进度。

（2）动态加载与流传输式不同。如果使用流，那么 Filename 域是在设计阶段设置的，并且 Embedded 域设置为 FALSE，从而开始加载元件，而这些元件都是从本地 EON 仿真程序文件而不是 PrototypebaseURL 指定的位置被加载的。

5.2.3 制作动态元件

EON Studio 可以创建动态元件，并通过 Internet 或本地磁盘动态加载这些元件。EON 元件实际上是 EON Studio 仿真树中的一个子树，可以包含多种节点。

尽管在一个元件文件（.eop 文件）中可以包含多个元件，但是如果这样做的话，想要动态加载元件文件中某一个单独的元件时便无法操作了，所以在设计需要动态加载的元件时，务必将每个元件封装为一个.eop 文件。

创建.eop 文件的步骤如下：

（1）在仿真树中选择一个框架节点并作为元件的开始节点。

（2）在上述框架节点上右键单击鼠标并在右键菜单中选择“Create Prototype”菜单或者直接将该框架节点拖曳到本地元件视窗来创建元件。

（3）在组件视窗中选择“Prototypes”选项卡。如果组件视窗未打开，则在主菜单栏中选择“Window→New Component Window”可打开组件视窗。

（4）在组件视窗中新建一个元件组。

（5）选择文件名，然后单击“保存”按钮。

（6）将元件从本地元件视窗拖到组件视窗，以便将元件存储在.eop 文件中。

由于.eop 文件可以被再次编辑，为了保护设计后的元件文件，建议将.eop 文件发布为.edp 格式。该格式是允许资源优化和压缩的编译文件格式，而且构建起来更快。下面是构建.edp 格式的元件文件的方法：

（1）在仿真树中选择一个框架节点作为元件的开始节点。

（2）在上述框架节点上右键单击鼠标并在右键菜单中选择“Create Prototype”，或者直接将该框架节点拖动到本地元件视窗来创建元件。

（3）右键单击本地元件视窗中的元件，在右键菜单中选择“Build Distribution File”。

（4）输入文件名，单击“OK”按钮。

5.3 设置 PrototypebaseURL 属性

PrototypebaseURL 属性代表的是动态资源（主要是元件）加载的位置，该位置可以位于本地硬盘、局域网或 Internet 上。如果资源位于 Internet 上，则必须允许通过 http 协议（而不是 FTP 或 https 等）来访问。

实际上，PrototypebaseURL 就是一个目录，所有需要动态加载的资源必须位于此目录或者此目录下的子目录中。为了确保 EON 仿真程序能够顺利地找到元件和其他资源，DyamicPrototype 节点的 PrototypeName 域指定的路径，以及 Texture2 或 MovieTexture 节点的 Download 域指定的路径必须与 ProtypebaseURL 指定的路径构成相关路径，两个路径拼接后变成这些动态资源加载时的绝对路径。

下面是一些 PrototypebaseURL 的参考例子：

- http://www.mycompany.com/prototypes/。
- http://download.eonreality.com/dynamicloadtutorial/。
- C:\airnetplanner\prototypes\。
- \\Worker\media\。

不同的仿真程序由不同的方法来设置 PrototypebaseURL 属性。

（1）EON Studio。在开发和测试动态加载仿真程序时，需要在 EON Studio 中设置 PrototypebaseURL。在主菜单栏中选择“Options→Preferences”可打开 Preferences 对话框，设置其中的 PrototypebaseURL 即可，如图 5-1 所示。

（2）EON Viewer。在 EON Viewer 中，首先需要关闭仿真程序，然后在主菜单栏中选择“Tools→Options”，打开 Options 对话框，在其中设置 PrototypebaseURL 属性，如图 5-2 所示。

（3）Webpages。在 Web 仿真程序中，PrototypebaseURL 属性是在 eonx_variables.js 文件中定义的，变量名为 eonxPrototypebaseUR，这是由 Web 发布向导自动创建的。在调用 EONInsert()函数之前，可以编辑 eonx_variables.js 文件或在网页中设置 eonxPrototypebaseUR。

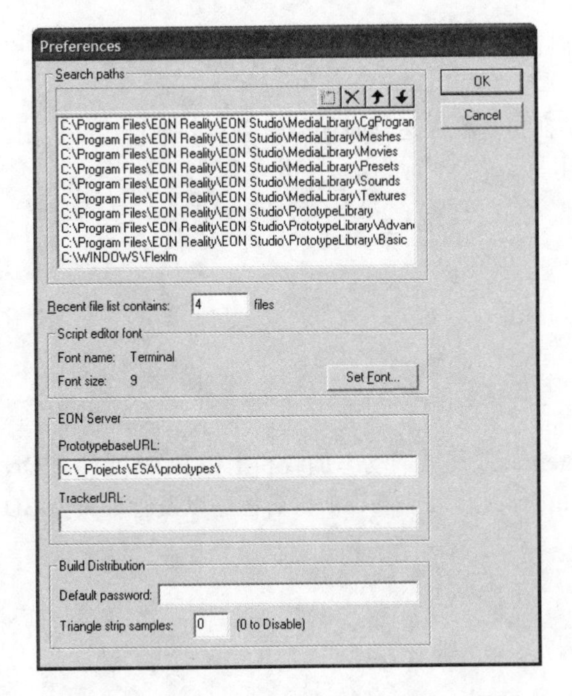

图 5-1　在 EON Studio 中设置 PrototypebaseURL

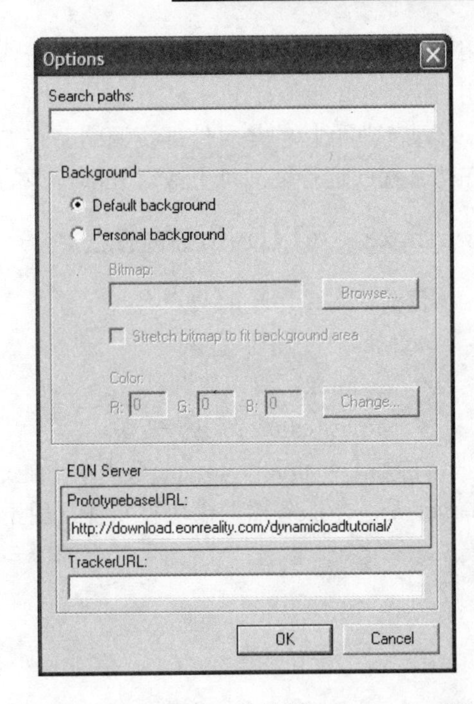

图 5-2　在 EON Viewer 中设置 PrototypebaseURL

以下是 eonx_variables.js 文件中有关 PrototypebaseURL 属性设置的代码片段。

```
//  Basic EonX properties
var eonxHeight              = 400;
var eonxWidth               = 600;
var eonxAutoPlay            = 1;
var eonxProgressbar         = 1;
var eonxBackground          = "";

// Note that this variable MUST be changed on the script on your local page!!!
var eonxSimulationFile    = "TestSim.edz";

//  Other settings
var eonxPrototypebaseURL = "http://download.eonreality.com/dynamicloadtutorial/";
var eonxConfigurationScheme = "";
var eonxSchemeValues = "";
```

5.4　关于流的概念

EON 中的流可以在不中断仿真运行的情况下加载外部资源，并且在加载结束后将资源添加到仿真程序中。一旦仿真程序或者元件使用了外部资源，就会启用和使用流。

5.4.1　流与动态加载的区别

两者的共同之处都是为了将整个 EON 仿真程序文件进行分割，并且都使用外部资源。不同之处在于：

流指的是对外部资源的静态加载，在设计仿真程序或元件时已经设置了对外部资源的引用，在仿真程序开始时直接加载外部资源，但在仿真程序运行期间无法更改对外部资源的引用。

动态加载指的是对外部资源的动态加载，在仿真程序运行时无须设置对外部资源的引用，在仿真程序运行期间可更改对外部资源的引用。

5.4.2 可以使用流的节点

目前，可使用流的节点有：

- Mesh3：几何资源。
- Texture2：纹理资源。
- MovieTexture：电影资源。

注意：DynamicPrototype 节点用于通过 Internet 或局域网动态加载和上传 EON 元件。EON Server 是基于服务器的模块化软件，用于在 Internet 上发布 EON 仿真程序以及管理大型 3D 模型。

第6章 EON 脚本编程

6.1 简介

脚本节点是 EON 节点中功能最强大的一个节点，它允许使用 VBScript 或 JavaScript 创建自定义节点，这两种语言都包含在 EON 安装包中。

本章将介绍如何使用脚本节点以及脚本节点是如何工作的，比如，如何创建域和子程序等，如何编写工作流，以及如何调试程序。

本章在介绍每一个功能时都给出了对应的使用方法和示例，最后还给出了脚本程序的应用。

要想熟练使用脚本节点，必须熟悉 VBScript 或 JavaScript，读者可自行查阅相关文献进行学习，本书不再介绍这方面的内容。

EON 同时支持 JavaScript 和 VBScript，考虑 JavaScript 的跨平台性，建议使用 JavaScript，本书的所有实例均使用 JavaScript。

6.2 脚本编程指导

本节主要介绍脚本程序是如何编写和运行的。

6.2.1 什么是脚本编程

简单地说，脚本编程就是向脚本（Script）节点发送数据、在脚本节点中处理数据、脚本节点向外发送数据。下面分别进行介绍。

（1）向脚本节点发送数据。为了能够向脚本节点发送数据，必须为脚本节点建立类型为 eventIn 和 exposedField 的域。这些类型的域都有一个关联的子程序或过程。比如，一个类型为 eventIn 的 Position 域通常会关联一个名为 On_Position()的子程序，当 Position 域接收到数据时，便会执行该子程序。节点域接收数据的方式有两种：一种是通过逻辑关系视窗连接到该域；另一种是通过脚本程序直接向该域发送数据。

（2）在脚本节点中处理数据。在脚本节点中，可以利用编程语言来处理数据，例如：

```
NrClicks=NrClicks+1;
if (NrClicks>10) mystring ="Please stop clicking here";
```

（3）脚本节点向外发送数据。要想从脚本节点向其他域发送数据，首先要在脚本节点中创建一个类型为 eventOut 或 exposedField 的域，然后在脚本程序的某个地方对这个域进行赋值。假设在脚本节点中建立了一个类型为 eventOut、名称为 Myfield 的域，那么便可以按如下方式进行赋值：

```
Myfield.value = mystring;
```

紧接着在逻辑关系视窗中将 Myfield 域与另外一个节点的某个类型为 eventIn 的域进行连接，当执行上面脚本程序时，另外一个节点便会收到由 Myfield 域发送过来的数据。

另外，还可以通过利用节点的方法函数和域名来直接获取发送的数据，例如：

```
MyNode.GetFieldByName ("MyField").value=60;
```

6.2.2 一个简单的脚本编程示例

下面通过一个简单的示例来学习脚本编程，对应的 EON 工程文件为 Script_Sample.eoz，当按下键盘的数字键 1 时，屏幕上的物体消失；当按下数字键 2 时，该物体再次出现。具体实现步骤如下：

（1）在场景（Scene）节点下插入一个框架（Frame）节点，并将其命名为 Cone_Fram。

（2）导入或者从 3D Shape 元件库中插入一个圆锥体 Cone 到上述框架节点 Cone_Fram 下。

（3）在上述框架节点 Cone_Fram 下添加两个键盘传感器（KeyboardSensor）节点，并将它们重命名为 Key1 和 Key2，然后为它们分配好合适的键码，分别对应键盘的数字键 1 和 2。

（4）在框架节点 Cone_Fram 下添加一个脚本节点 Script 并创建以下域：

- input_key1：域类型为 eventIn，域数据类型为 SFBool，初始域值为 0。
- input_key2：域类型为 eventIn，域数据类型为 SFBool，初始域值为 0。
- visible：域类型为 eventOut，域数据类型为 SFBool，初始域值为 1。

经过上述操作后的仿真树结构如图 6-1 所示。

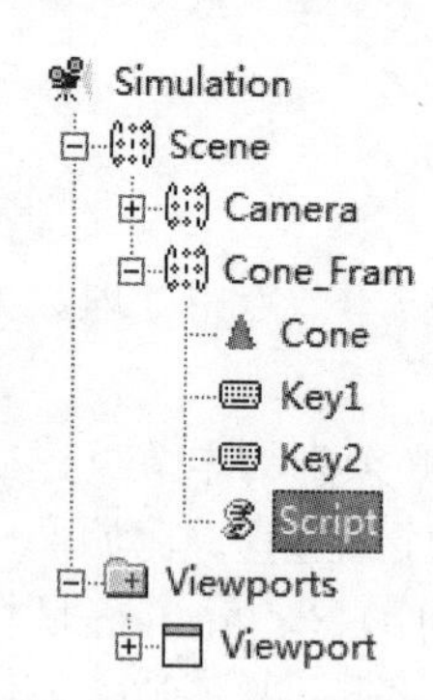

Name	Field Type	Data Type	Value
TreeChildren	Field	MFNode	
Children	Field	MFNode	
SetRun	eventIn	SFBool	0
SetRun_	eventIn	SFBool	0
OnRunFalse	eventOut	SFBool	0
OnRunTrue	eventOut	SFBool	0
OnRunChanged	eventOut	SFBool	0
Includes	Field	MFString	
Dependencies	Field	MFString	
visible	exposedField	SFBool	1
input_key1	eventIn	SFBool	0
input_key2	eventIn	SFBool	0

图 6-1　仿真树结构

（5）将上述框架节点 Cone_Fram、两个键盘传感器节点 Key1 和 Key2，以及脚本节点 Script 拖到逻辑关系视窗中，如图 6-2 所示，并按以下关系连线。

- Key1.OnKeyDown 连接到 Script. input_key1。
- Key2.OnKeyDown 连接到 Script. input_key2。
- Script.visible 连接到 Cone_Fram.SetRun。

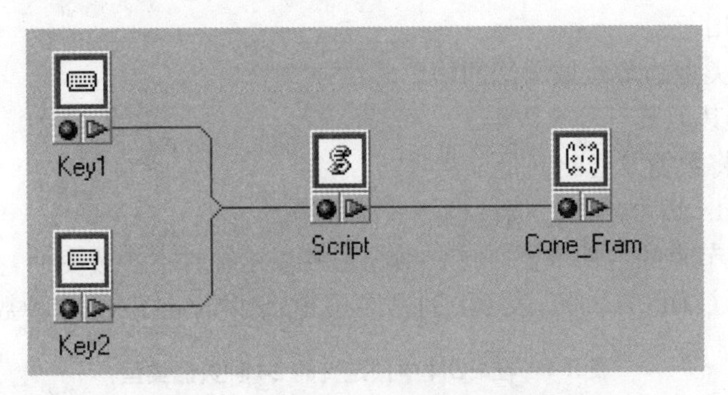

图 6-2　脚本编程示例逻辑关系视窗连接

（6）打开脚本程序编辑器（可使用 Ctrl + E 组合键），插入下面的代码：

```
function On_input_key1()
{
    visible.value    = FALSE;
}
function On_input_key2()
{
    visible.value    = TRUE;
}
```

（7）运行仿真程序，按下数字键 1 和 2 来测试结果。

至此已经完成了第一个关于脚本编程的示例。

6.2.3　在脚本节点中创建域

使用脚本节点的第一个步骤是创建一系列需要的域。当然，没有必要一次性创建全部的域，可以根据仿真程序的实际需要来不断增加或者修改脚本节点中用到的域。本节先对域的属性进行讲解，如域的名称（Name）、域的类型（Field Type）、数据类型（Data Type）、域值（Value），然后进一步说明如何在脚本节点属性对话框（Node Properties）中创建域。

1. 域的属性

（1）域的名称（Name）。域的名称（即域名）必须以字母开头，而不能以数字或其他符号开头。为了编程的规范以及程序的可读性，建议在定义域时一定要起一个合适并且有意义的名称，从而在后续编程中起到事半功倍的作用。

（2）域的类型（Field Type）。合法的域的类型包括 exposedField、eventIn、eventOut 和 Field 四种。

不同的域的类型关系到域在逻辑关系视窗中的连接方法，当在逻辑关系视窗中单击某个节点图标的圆点或者箭头时，就会出现一个域的列表。对于 eventIn 类型的域，可以被其他节点的域连接，而 eventOut 类型的域可以连接到其他节点的域。exposedField 类型的域则具有上述两种域的功能，也就是说，这种域可以被其他节点的域连接，也可以将其连接到其他节点的域。Field 类型的域则不具备上述两个功能，因此这种域不能在逻辑关系视窗中连接，而只能在节点内部使用。

下述是对四种类型的节点域用法的简单总结：

- eventIn：从其他节点接收数据。
- eventOut：将数据发送给其他节点。
- exposedField：既能接收数据，也能发送数据。
- Field：存储节点的内部数据，这些数据通常在运行时不会改变。

（3）数据类型（Data Type）。表 6-1 列出了在 EON 中预定义的 24 种数据类型。

表 6-1　在 EON 中预定义的 24 种数据类型

域的数据类型	EON 内部的预定义常量
SFBool	0
SFColor	1
SFFloat	2
SFImage	3
SFInt32	4
SFNode	5
SFRotation	6
SFString	7
SFTime	8
SFVec2f	9
SFVec3f	10
MFBool	11
MFColor	12
MFFloat	13
MFImage	14
MFInt32	15
MFNode	16
MFRotation	17
MFString	18
MFTime	19
MFVec2f	20
MFVec3f	21
SFVec4f	22
MFVec4f	23

前缀 SF 代表单重域数据类型，以下也称为 SF 数据类型。所有的 SF 数据类型都对应地有一个前缀为 MF 的多重域数据类型。例如，SFBool 表示布尔数据类型，只有一个域，可以存储一个 TRUE 或 FALSE 的值；而 MFBool 也是布尔数据类型，但是有多个域，可以同时存储多个 TRUE 和 FALSE 的值。

选择数据类型非常重要，在脚本节点中域的数据类型必须与要连接的外部域的数据类型一致。

说明：当增加一个 SFNode 数据类型的域时，在仿真树的脚本节点下面会出现一个文件夹；当增加一个 MFNode 数据类型的域时，在仿真树的脚本节点下面会出现一个带“+”号的文件夹。

（4）域值（Value）。域值必须符合数据类型。对于脚本节点的输出域来说，无法通过脚本节点属性对话框来修改该域的值，因为输出域只允许从脚本节点的内部输出，而不允许直接修改，也不接收输入。当然，可以为输入域设置初始域值，但是一般不这么做。

在向脚本节点属性对话框或者属性栏视窗中输入值时有一些技巧可以利用。比如，输入一个类似于 SFVec3f 或者 SFColor 这样的复合值时，输入三个数的写法为 3 10 1.5，每两个数之间用一个空格隔开。对于 MF 数据类型也一样，例如，对于 MFVec3f 域来说，包含三个单重域，每个单重域的值又是由三个值组成的复合值，其值的写法为 3 10 1.5 2 0 2 1 10 0.5。

为 SFString 字符串值赋值写法为 abc，为 MFString 字符串值赋值写法为 123 abc happy。

为 SFBool 数据类型的域赋值写法为 TRUE 或者 FALSE。

对于数据类型为 SFNode 域来说，可以直接将路径（如 Scene/Camera/Walk）写在节点上，但更安全的方法是先关闭脚本节点的属性对话框，然后将节点的引用复制到脚本节点的文件夹下。

注意：在运行仿真程序时，通过属性栏视窗或脚本程序对域值做的修改都将被实时保存下来，但是框架（Frame）节点除外，在仿真结束时，它的域值总是回到启动仿真之前的值。

2. 创建域

（1）节点默认域。当打开一个刚刚创建的脚本节点的属性对话框时，将会看到一些默认的域，如 TreeChildren、Children、SetRun、SetRun_、OnRunFalse、OnRunTrue 和 OnRunChanged，如图 6-3 所示。这些域的名称、域的类型和数据类型是不允许修改的。

Name	Field Type	Data Type	Value
TreeChildren	Field	MFNode	
Children	Field	MFNode	
SetRun	eventIn	SFBool	0
SetRun_	eventIn	SFBool	0
OnRunFalse	eventOut	SFBool	0
OnRunTrue	eventOut	SFBool	0
OnRunChanged	eventOut	SFBool	0
Includes	Field	MFString	
Dependencies	Field	MFString	
visible	exposedField	SFBool	1
input_key1	eventIn	SFBool	0
input_key2	eventIn	SFBool	0

图 6-3　EON 中节点默认域

表 6-2 给出了在 EON 中节点的默认域的描述。

表 6-2　EON 中节点的默认域的描述

域 的 名 称	域 的 类 型	数 据 类 型	描　　述
TreeChildren	Field	MFNode	子节点和引用的子节点列表
Children	Field	MFNode	引用的子节点列表
SetRun	eventIn	SFBool	启动节点
SetRun_	eventIn	SFBool	停止节点
OnRunFalse	eventOut	SFBool	当节点停止时发送 TRUE
OnRunTrue	eventOut	SFBool	当节点启动时发送 TRUE
OnRunChanged	eventOut	SFBool	当节点在启动和停止状态转换时发送 TRUE，其余时间发送 FALSE

（2）添加域。通过单击按钮“New Field”或者使用 Alt + N 组合键可新建一个域，这时会在图 6-3 的底部增加一个新域数据行，域的名称（Name）会被自动填写为“NewField”，如果觉得不合适，可以进行修改。

在填写域的名称之后，按下 Tab 键可移动到下一列，选择域的类型（Field Type）。在填写时，可以只输入前几个字母，例如 EX，然后按 Tab 键，系统就会自动将 exposedField 填入域的类型单元格中；对于数据类型（Data Type）也一样，只输入 SFB，然后按 Tab 键，系统就会自动将 SFBool 填入数据类型单元格中。当然，可以使用鼠标单击下拉列表进行选择。

技巧：可以通过外部软件（如 EXCEL 或者记事本）来快速地添加和管理域的列表，关键是必须要确保在 EXCEL 或者记事本中的行、列和域中的行、列是对应的。对于 EXCEL 来说比较好处理，而对于记事来说，每一列之间用空格间隔即可。复制在 EXCEL 或者记事本中编辑好的内容后，在域功能介绍视窗粘贴即可。这里要注意，要想粘贴成功，域功能介绍视窗中必须至少有一项是用户自定义添加的才可以，并且要用鼠标全选后再粘贴，如果全部都是系统默认的域，则无法粘贴。通过这种方法，用户可以快速地组织和管理某个节点的域。

（3）修改域。可以在域的列表中直接更改域的名称、域的类型或数据类型，而不需要删除后再添加一个新的域。如果新建或者修改的域的名称和现有名称冲突的话，那么系统将会删除该域。

注意：一旦修改了域的名称、域的类型或数据类型，那么在逻辑关系视窗中与该域的所有连接关系都会被删除。

（4）删除域。单击某个域所在的行，然后单击“Delete Field”按钮或者使用 Alt + D 组合键可删除该域。同样，删除该域后，与该域相连接的所有逻辑关系将被删除。最后要注意的一点就是，节点的默认域是无法删除的。

（5）脚本语言。脚本程序编辑器的默认语言是 JScript，在 EON 中可以使用 VBScript、JScript 和 Javascript，可以在下拉列表中选择，如图 6-4 所示。

注意：如果已经利用一种语言在脚本程序编辑器中编写了代码，则在更改语言后，必须手动更改脚本程序编辑器中的脚本程序，EON 并不会自动转换。

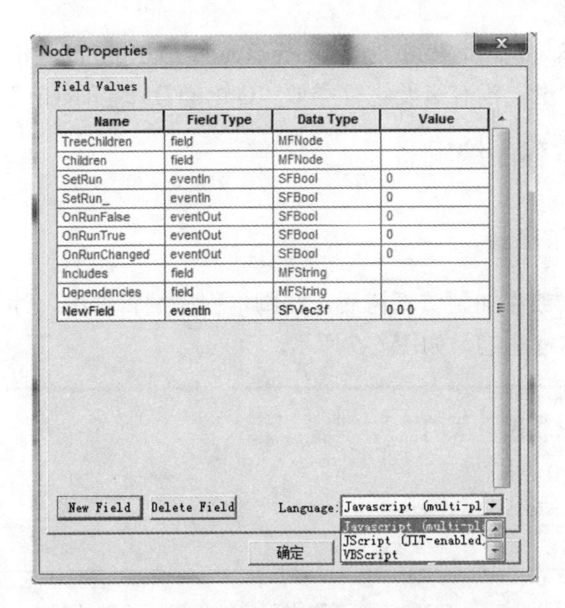

图 6-4　EON 中脚本程序编程语言选择

6.2.4　创建子程序

所谓子程序（Subroutines），就是一组脚本程序，有时也将其称为过程（Procedures）、函数（Functions）或处理程序（Handlers），在 JavaScript 中一般称为函数，关键字为 function。

```
function On_Myfield()
{
    // 这里编写程序
}
```

脚本节点为每一个 eventIn 和 exposedField 域都提供了一个名为 On_myfieldname()的子程序。该子程序只要一接收到数据便会被触发执行，可以是一个其他节点发送来的数据，也可以是从另一个脚本节点发送来的数据，即使接收到的数据与当前域的数值相同，该子程序也会被触发执行。

EON 可以创建子程序。如果为某个脚本节点创建了域，那么当打开脚本程序编辑器时，EON 将会为所有的 eventIn 或者 exposedField 域分别创建一个子程序；如果此时又增加了几个域，则脚本程序编辑器是不会自动为这些域创建子程序的，只需要保存一下当前的 EON 文件，然后退出程序，重新打开 EON 仿真程序后打开脚本程序编辑器即可，此时刚才新添加的那几个域的子程序便会被自动创建。

当然也可以自己编写子程序，只要按照正确写法即可，格式为 On_域名()，确保符合 JavaScript 的语法规范，并注意大小写。

节点中的默认域可以在脚本编程中使用，可以为脚本节点的 SetRun 和 SetRun_域创建处理程序，这两个域的作用是打开和关闭脚本节点，比如当执行 SetRun_之后，脚本节点的所有输出域不会再向外发送数据。当然，在实际设计仿真程序时还至少需要再创建一个域用来存储脚本节点的当前状态，推荐使用 IsActive 域，它的域类型是 exposedField，该域可以保存脚本节点的初始化状态。

注意：当使用 SetRun 和 SetRun_时，OnRunTrue、OnRunFalse 和 OnRunChanged 这三个输出事件会自动向外发送，没有必要进行类似“OnRunTrue = TRUE”的手动赋值了。

6.2.5 使用脚本程序编辑器

1. 打开脚本程序编辑器

当脚本节点第一次被添加到仿真树后，在脚本程序编辑器中，除了有一段初始化的空子程序，是没有其他脚本程序的，如图 6-5 所示。

```
// Edit Scriptnode here.
// Add subroutines for each in-event or exposed field
// that you define in the script node's property page.

function initialize()
{
    // Called when simulation starts
    // Add initialization code
}
```

图 6-5　EON 中打开脚本程序编辑器后的默认状态

所有的脚本程序都必须在脚本程序编辑器中编写，该编辑器看起来像普通的文本编辑器，如记事本和 Word 等。要想打开脚本程序编辑器，首先用鼠标在仿真树中单击脚本节点，让该脚本节点处于选中状态，然后通过以下几种方式打开脚本程序编辑器。

- 单击工具栏中的图标。
- 使用 Ctrl + E 组合键。
- 使用 Alt + 6 组合键。
- 在主菜单栏中选择“Window→Script→Open Editor”。
- 可以通过 Ctrl + F6 组合键迅速切换与当前脚本节点相关的并且已经打开的视窗。

当运行仿真程序时，可以打开脚本程序编辑器修改脚本程序，但是此时的更改不会对正在运行的仿真程序起作用，除非将仿真程序停止后重新启动。可以针对每一个脚本节点同时打开多个不同的脚本程序编辑器进行程序编写，打开的所有脚本程序编辑器都会在菜单“Window→Script”下显示。

2. 在脚本程序编辑器中编写程序

（1）程序缩进。为了使脚本程序更容易阅读，建议对代码进行适当缩进，可以通过使用键盘的空格键或 Tab 键进行缩进。

（2）快捷键。EON 中的很多快捷键与其他文本编辑器基本上都是一样的，如表 6-3 所示，脚本程序编辑器的重做（Redo）和撤销（Undo）是不限次数的，也具有查找和替换等功能。

表 6-3　脚本程序编辑器的快捷键

命　令	功　能	快 捷 键
Cut	剪切	Ctrl + X
Copy	复制	Ctrl + C
Paste	粘贴	Ctrl + V

续表

命 令	功 能	快 捷 键
Undo	撤销	Ctrl + Z
Redo	重做	Ctrl + Shift + Z
Select All	全选	Ctrl + A
Find	查找	Ctrl + F
Find Next	查找下一个	F3
Find and Replace	查找和替换	Ctrl + H
Column Selection	列选	Alt+鼠标选择
Select a row	行选	鼠标单击编辑器最左侧
Select a word	选择一个词	鼠标双击某个词
Select from cursor	从光标处开始选择	Shift + 鼠标单击

（3）光标定位。光标的当前位置（行号和列号）显示在脚本程序编辑器视窗的状态栏右下角。这对于定位错误代码所在的行是非常有用的。一般情况下，系统报错时会提示一个错误行号。

3．修改脚本程序编辑器的字体

有时需要修改脚本程序编辑器使用的字体，方法是在主菜单栏中选择“Options→Preferences”，然后在弹出的对话框中单击“Set Font”按钮，打开字体对话框进行修改，如图 6-6 所示。

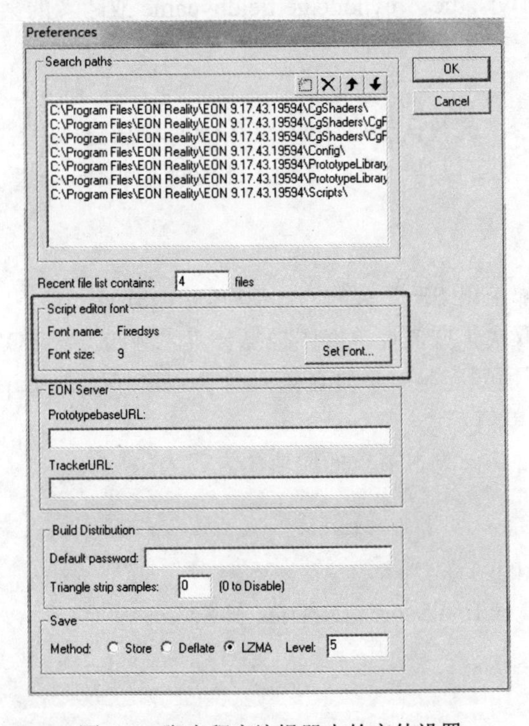

图 6-6 脚本程序编辑器中的字体设置

6.2.6 脚本编程的注意事项

1．关于命名

对脚本节点和域进行合理的命名将有助于编程，更有助于理解脚本程序。

例如，对于 KeyboardSensor 节点来说，可以命名为 Key1，表示当键盘上的数字键 1 被按下。

有时候，一些输入域的名字可能会产生冲突，为了避免这种情况，在对这些域命名时应加一个前缀，表示该域的信号是从哪里发送来的，这样会显得更加直观和清晰。例如，在脚本节点中有一个域用于接收来自 Camera 节点的 Position 域的数据，那么就可以将这个脚本节点中的域命名为 Camera_Position_In。

2．脚本程序的优化

- 避免脚本程序过长；
- 脚本语言属于解释型语言，不属于编译型语言，所以执行起来稍微有些慢；
- 尽量不要频繁地调用子程序，这样会影响程序的执行效率；
- 尽量使用 EventsProcessed 子程序。

3．大小写敏感

JavaScript 是区分大小写的，尤其是对于脚本节点域的名称。但是，对于 EON 对象的方法（EON 基础对象、EON 节点对象、EON 字段对象），是可以不用区分大小写的，例如，可以写成 mynode.GetFieldByName、mynode.getfieldbyname 或两者的大小写的混合都可以。

6.2.7 访问域值

如何访问域值取决于域的数据类型（如 SFBool）。域的数据类型可分为单重域（SF）和多重域（MF）两种，域值既可以是一个单值（如 SFBool），也可以是一个复合值（如 SFVec3f）。

1．单重域

单重域的数据类型都是以 SF 开头的，如 SFBool、SFVec3f、SFFloat 等。访问这些域的域值方法会略有不同，取决于域值是单值还是复合值。例如，在 EON 中，一个 3D 坐标是由 *x*、*y*、*z* 三个值组成的，所以它是一个复合值，而 Rotate 节点的 LapTime 域的域值（比如将其赋值为 5 s）就是一个单值。

（1）访问单值。通常访问脚本节点的域值的方式为：

```
Myfieldname.value
```

其中，Myfieldname 是域的名称。

下面声明了 3 个变量：TotalScore、NrTries 和 Score。

```
var TotalScore, NrTries, Score;
TotalScore = 15;
NrTries = 4;
```

```
Score = TotalScore / NrTries;
eon.MessageBox（"Your Score is:"+ Score, "title"）;
```

运行上述脚本程序后的结果如图 6-7 所示。现在将上述 3 个变量改为 3 个域：

- TotalScore 数据类型为 SFInt32，域的类型为 exposedField。
- NrTries 数据类型为 SFInt32，域的类型为 exposedField。
- Score 数据类型为 SFInt32，域的类型为 eventOut。

修改后的 Script 节点域如图 6-8 所示。

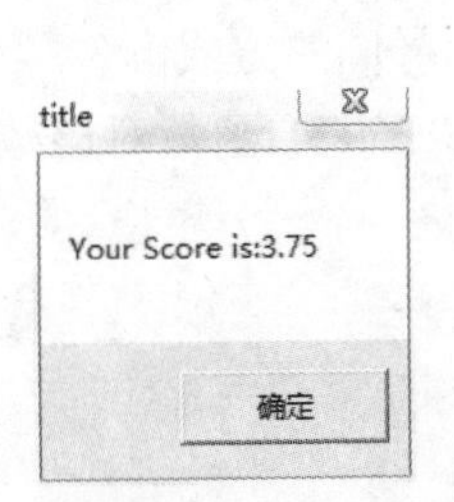

图 6-7　脚本程序运行结果

Name	Field Type	Data Type	Value
TreeChildren	Field	MFNode	
Children	Field	MFNode	
SetRun	eventIn	SFBool	0
SetRun_	eventIn	SFBool	0
OnRunFalse	eventOut	SFBool	0
OnRunTrue	eventOut	SFBool	0
OnRunChanged	eventOut	SFBool	0
Includes	Field	MFString	
Dependencies	Field	MFString	
TotalScore	exposedField	SFInt32	500
NrTries	exposedField	SFInt32	20
Score	eventOut	SFInt32	25

图 6-8　修改后的 Script 节点域

TotalScore 和 NrTries 这两个域都可以通过节点的属性对话框或者属性栏视窗直接设定初始域值，不用在程序中初始化这些域值，可以直接在脚本程序编辑器里编写。

```
Score.value = TotalScore.value / NrTries.value;
eon.MessageBox("Your Score is:"+Score.value, "title");
```

运行上述脚本程序后的结果如图 6-9 所示。

在上述两个例子中，我们分别通过定义变量和建立新域的方式进行了单独演示，并使用了相同的名称。有时候可能在程序中会声明一个与现有域名相同的变量，这种做法是相当危险的，因为在程序中变量具有较高的优先级，这个名称永远代表的是变量，而不是那个具有相同名称的域。

```
var NrClicks;
NrClicks = -5;
eon.MessageBox("the value of NrClicks field:"+ NrClicks.value , "title");
```

在上面的例子中，声明了一个变量 NrClicks，并赋值为-5，而该脚本节点中已经存在同名的域 NrClicks。由于变量 NrClicks 的优先级高于域 NrClicks，所以在 MessageBox 函数中调用的 NrClicks 实际上是变量 NrClicks，显然，NrClicks.value 的写法是错误的，所以在运行时会出现一个脚本程序错误，即 undefinded，如图 6-10 所示。

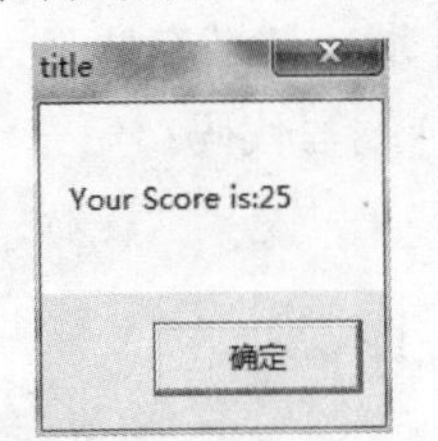

图 6-9　脚本程序运行结果

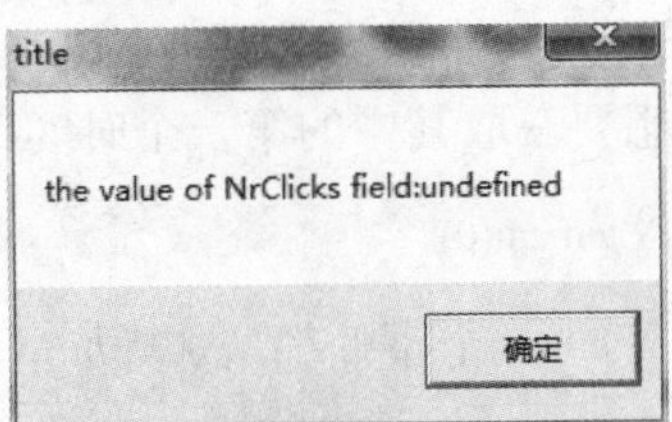

图 6-10　脚本程序错误提示

在 JavaScript 中，如果要访问域值，则必须在域名后面加上后缀.value，否则得到的是该域的对象而不是域值。

例如，有一个域 Distance，那么 a 代表的是 Distance 域本身，而 b 是 Distance 的域值。

```
var a,b;
a = Distance;
b = a.value;
```

（2）访问复合值。具有复合值的域包括 SFVec2f、SFVec3f、SFColor、SFRotation 等。

要想在 JavaScript 中访问复合值，必须首先利用 toArray()方法将域的值转换为一个数组（也称为安全数组），然后通过数组进行访问（实际上是利用方括号[ ]的方式）。

同理，在将这个数组的值赋给域时，也必须通过 eon.MakeSFVec3f 函数对该数组进行转换后再传递给域。

在 JavaScript 中，还可以使用数组的写法，如下所示：

```
p = Position.value.toArray()
NewPos = eon.MakeSFVec3f(p[0], p[1], p[2])
```

需要注意的是，JavaScript 对大小写是敏感的，所以必须正确拼写域名的大小写。例如，如果域名为 Position，那么使用 position 或者 POSITION 都是不对的。

当脚本节点的 Position 域接收到输入事件时，将会执行下面的子程序。该子程序首先将 Position 域的值转换为一个数组 p，然后将数组 p 的每一个元素值增加 1，最后利用 eon.MakeSFVec3f 函数将数组 p 的新值赋给脚本节点中名为 NewPosition 的域。

```
function On_Position ()
{
    var p = Position.value.toArray();
    p[0] = p[0] + 1;
    p[1] = p[1] + 1;
    p[2] = p[2] + 1;
    NewPosition.value = eon.MakeSFVec3f(p[0], p[1], p[2]);
}
```

2. 多重域

多重域是一种能够包含多个单重域实例的域，它们很像数组，但其操作又不像普通的数组。要想访问多重域中的每一个单重域的域值，需要使用专门用于访问 MF 域对象的方法。

在下面的例子中有一个数据类型为 MFFloat 的 Times 域，该域存储了一系列的时间（以秒为单位）。如果想要获取其中的第一个时间，则应该这样编写代码：

```
t = Times.GetMFElement(0);
```

将 Times 域中的每一个事件都增加 5 s，代码如下：

```
for(i = 0; i< Times.GetMFCount(); i++)
{
    t = Times.GetMFElement(i)+5;
```

```
        Times.SetMFElement(i, t);
}
```

接下来获取 Times 域的第 4 个时间并将其值转换为数组后赋给一个变量 p，需要注意的是数组的下标是以 0 开始的。

```
p = Times.GetMFElement(3).toArray();
x = p[0];
```

另外一个常见的用法是访问脚本节点的 TreeChildren 域，其实它是所有节点的第一个默认域。TreeChildren 域的数据类型是 MFNode，它包含了数据类型为 SFNode 的子节点。

获取第 1 个子节点的方法为：

```
TreeChildren.GetMFElement(0);
```

获取第 5 个子节点的方法为：

```
TreeChildren.GetMFElement(4);
```

如果有两个相同数据类型的多重域，那么可以直接进行赋值操作。

```
NewTimes.value = Times.value;
```

下面通过访问 TextBox 节点中的 Text 域（数据类型为 MFString）进行一个综合演示。

在仿真树中添加一个 TextBox 节点，如果要在脚本节点中修改 TextBox 节点的 Text 域的域值，那么必须在脚本节点中新建一个 Text 域，由于 TextBox 节点的 Text 域的数据类型是 MFString，所以在脚本节点中建立的 Text 域的数据类型也必须是 MFString，如图 6-11 所示。

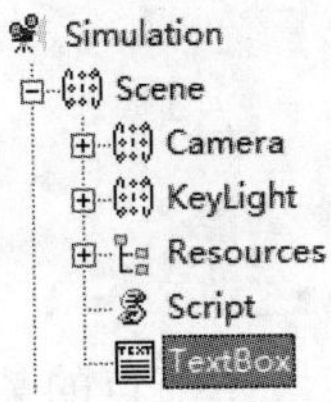

Simulation
Scene
Camera
KeyLight
Resources
Script
TextBox

Name	Field Type	Data Type	Value
TreeChildren	Field	MFNode	
Children	Field	MFNode	
SetRun	eventIn	SFBool	0
SetRun_	eventIn	SFBool	0
OnRunFalse	eventOut	SFBool	0
OnRunTrue	eventOut	SFBool	0
OnRunChanged	eventOut	SFBool	0
Includes	Field	MFString	
Dependencies	Field	MFString	
TotalScore	exposedField	SFInt32	500
NrTries	exposedField	SFInt32	20
Score	eventOut	SFInt32	25
Text	exposedField	MFString	"0" "0" "0"

图 6-11　多重域测试用例的仿真树和在 Script 节点中添加自定义域 Text

编写的脚本程序如下：

```
Text.SetMFCount(1);
Text.AddMFElement("string0");
Text.AddMFElement("string1");
Text.AddMFElement("string2");
```

接下来有两种方式可以将脚本节点的 Text 域的域值传递给 TextBox 节点的 Text 域。

第一种方式是在脚本节点的 Text 域与 TextBox 节点的 Text 域之间建立一条逻辑关系连线，如图 6-12 所示。

第二种方式是直接在脚本程序中通过编写代码来进行赋值：

```
eon.FindNode("TextBox").GetFieldByName("Text").value = Text.value;
```

紧接着查看 TextBox 节点的 Text 域的值：

```
eon.MessageBox(eon.FindNode("TextBox").GetFieldByName("Text").GetMFElement(2), "title");
```

执行上述脚本程序后的测试结果如图 6-13 所示。

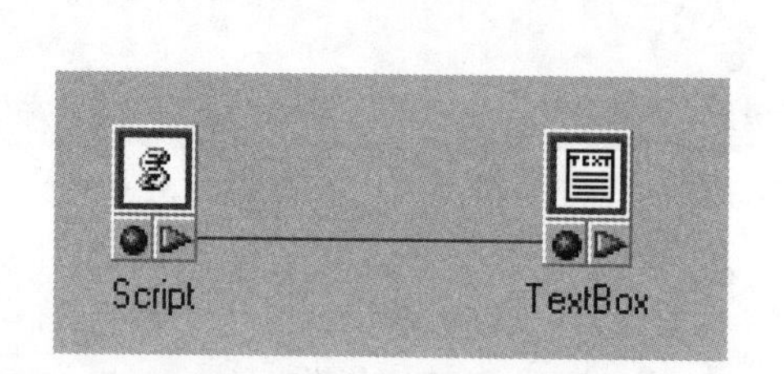

图 6-12　建立逻辑关系连接

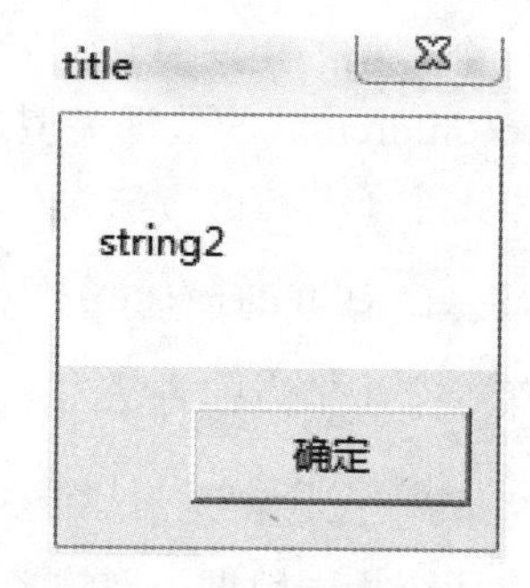

图 6-13　测试结果

6.2.8　脚本程序执行的内部工作机制

本节将简要介绍 EON 脚本程序执行时一些内部工作机制，这对于深入理解脚本编程是有好处的。

EON 内部实际上是在不断地做一个无限循环，该循环中包含了很多帧信息，如帧速率。

```
Do forever
{
    读取传感器输入信号 （如时钟、鼠标、键盘以及其他硬件输入设备）
    处理信号，更新节点数据
    处理事件，包括通过逻辑关系和脚本程序直接发送
    渲染
}
```

在到达事件处理阶段时，实际上脚本解释工作就完成了。脚本节点的某个输入事件会触发事件的处理子程序 On_myfieldname()。在这个子程序中还可以有新的事件产生，这意味着脚本节点可以将事件发送给其他节点（包含脚本节点）的其他域，事件就是这样一直传送的，直到没有更多的事件再次产生为止。

1．每帧传递一个事件

但是，这种工作机制对通过逻辑关系视窗传送的事件有限制，每帧只允许通过逻辑关系传送一个事件。例如，有两个脚本节点 A（ScriptA）和 B（ScriptB），A 中有一个 myoutfield 域，B 中有一个 myinfield 域，在 A 中编写代码如下：

```
function initialize()
{
```

```
        myoutfield.value = 3;
        myoutfield.value = 5;
        myoutfield.value = 10;
    }
```

在 B 中编写代码如下：

```
function On_myinfield()
{
    eon.trace("result value =" + myinfield.value);
}
```

在逻辑关系视窗中的两个脚本节点的逻辑关系连接如图 6-14 所示。

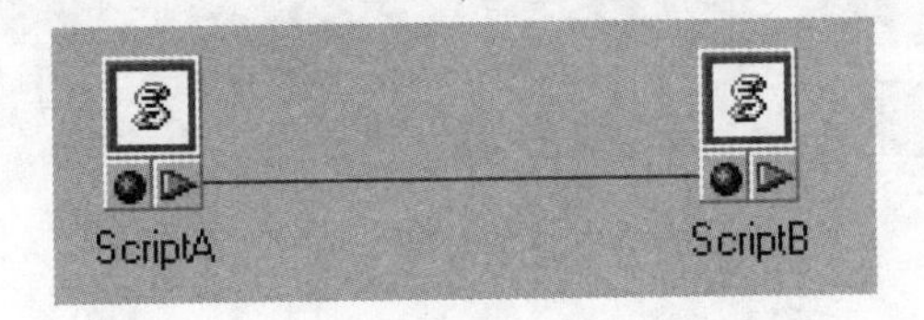

图 6-14　两个脚本节点的逻辑关系连接

如果脚本节点 A 的 myoutfield 域通过逻辑关系连接到脚本节点 B 的 myinfield 域，那么脚本节点 B 接收到的值将是由脚本节点 A 的 myoutfield 域发来的最后一个值，其结果输出到日志视窗中，如图 6-15 所示。

Time	Type	Description	Source	Message
10:38:10.141	Debug	Simulation initialized.	Simulation	
10:38:10.196	Event	SFINT32	Scene\ScriptA	Scene\ScriptA.myoutfield : Scene\ScriptB.myinfield (10)
10:38:10.196	ScriptTrace	Trace output	Script	result value = 10

图 6-15　日志视窗的结果输出

2．调用子程序和触发子程序的区别

假设在脚本节点中有一个名称为 myfield 的域，那么有两种方式来运行 On_myfield()这个子程序。第一种方式是直接调用子程序，即

```
On_myfield();
```

另一种方式是通过对这个域进行赋值来触发子程序，即

```
myfield.value = 10;
```

这两种方式有明显的区别：

对于直接调用子程序，程序流会立即跳转到该子程序，甚至可以在子程序中调用子程序本身。

对于第二种方式，当给域赋值时，它的相关处理程序会被触发并立即运行，但只会运行一次。如果该处理程序本身有一行代码再次为域赋值，则程序流不会再次移动到该处理程序

的开头。即使处理程序调用另一个为域赋值的子程序，该处理程序也不会再次运行。

为便于理解，进行如下演示，请按下述设置脚本节点，然后查看日志窗口。

在脚本节点中新建两个名称为 a 和 start 的域，a 的类型为 exposedField，数据类型为 SFInt32，start 的类型为 eventIn，数据类型为 SFBool。在仿真树中增加一个 KeyboardSensor 节点，虚拟键设置为空格键（VK_SPACE），然后在逻辑关系视窗中建立一条连接，KeyboardSensor 节点的 OnKeyDown 连接到脚本节点的 start 域，最后的节点逻辑关系的连接如图 6-16 所示。

图 6-16　节点逻辑关系的连接

编写的脚本程序如下：

```
function On_start()
{
    eon.trace(“进入子程序 On_start()”);
    //eon.trace(“调用处理程序 On_a()”);
    //On_a();
    eon.trace(“在子程序 On_start()中对 a 进行赋值操作之前 a 的值 =”+ a.value);
    eon.trace(“在子程序 On_start()中对 a 进行赋值操作”);
    a.value = a.value + 1;
    eon.trace(“在子程序 On_start()中对 a 进行赋值操作之后 a 的值 =”+ a.value);
    eon.trace(“离开子程序 On_start()”);
}

function On_a()
{
    eon.trace(“进入处理程序 On_a()”);
    eon.trace(“在处理程序 On_a()中对 a 进行赋值操作之前 a 的值 = ”+ a.value);
    eon.trace(“在处理程序 On_a()中对 a 进行赋值操作”);
    a.value = a.value + 1;
    eon.trace(“在处理程序 On_a()中对 a 进行赋值操作之后 a 的值 = ”+ a.value);
    eon.trace(“离开处理程序 On_a()”);
}
```

将脚本节点的 a 域的值设置为 0，运行仿真程序，然后按下键盘的空格键，从日志视窗中输出的程序跟踪结果如表 6-4 所示。

表 6-4 利用 eon.trace 进行数据跟踪后的日志视窗输出的程序跟踪结果

步骤序号	eon.trace 跟踪结果
1	进入子程序 On_start()
2	在子程序 On_start()中进行赋值操作之前 a 的域值为 0
3	在子程序 On_start()中进行赋值操作
4	进入处理程序 On_a()
5	在处理程序 On_a()中进行赋值操作之前 a 的域值为 1
6	在处理程序 On_a()中进行赋值操作
7	在处理程序 On_a()中进行赋值操作之后 a 的域值为 2
8	离开处理程序 On_a()
9	在子程序 On_start()中进行赋值操作之后 a 的域值为 2
10	离开子程序 On_start()

从上述过程不难发现，在步骤 3 触发了处理程序 On_a()，虽然在处理程序 On_a()中对 a 进行再次赋值操作，也就是步骤 6，但是没有再次触发处理程序 On_a()，a 的最后结果为 2。

注意：一般情况下，事件处理程序可以调用自身，却不能触发自身。但是有一个例外，如果事件处理程序最初是由其他子程序调用的，那它便会触发自身。

上面的例子演示了事件处理程序不能触发自身的情况，下面继续演示一个例外情况，即如果事件处理程序最初是由其他子程序调用的，那它便会触发自身。

细心的读者可能已经发现，在子程序 On_start()中屏蔽了两行代码，其中最重要的一行代码为 On_a()，如果将其注释去掉，如下面的程序所示，其他程序不变。

```
function On_start()
{
    eon.trace("进入子程序 On_start()");
    eon.trace("调用处理程序 On_a()");
    On_a();
    eon.trace("在子程序 On_start()中对 a 进行赋值操作之前 a 的值 ="+ a.value);
    eon.trace( "在子程序 On_start()中对 a 进行赋值操作" );
    a.value = a.value + 1;
    eon.trace( "在子程序 On_start()中对 a 进行赋值操作之后 a 的值 ="+ a.value);
    eon.trace( "离开子程序 On_start()" );
}
```

仍然先将脚本节点 a 域的值设置为 0，运行仿真程序，然后按下键盘的空格键，从日志视窗中输出的程序跟踪结果如表 6-5 所示。

表 6-5 利用 eon.trace 进行数据跟踪后的日志视窗输出的程序跟踪结果（去掉注释）

步骤序号	eon.trace 跟踪结果
1	进入子程序 On_start()
2	调用处理程序 On_a()

续表

步 骤 序 号	eon.trace 跟踪结果
3	进入处理程序 On_a()
4	在处理程序 On_a()中对 a 进行赋值操作之前 a 的域值为 0
5	在处理程序 On_a()中对 a 进行赋值操作
6	进入处理程序 On_a()
7	在处理程序 On_a()中对 a 进行赋值操作之前 a 的域值为 1
8	在处理程序 On_a()中对 a 进行赋值操作
9	在处理程序 On_a()中对 a 进行赋值操作之后 a 的域值为 2
10	离开处理程序 On_a()
11	在处理程序 On_a()中对 a 进行赋值操作之后 a 的域值为 2
12	离开处理程序 On_a()
13	在子程序 On_start()中对 a 进行赋值操作之前 a 的域值为 2
14	在子程序 On_start()中对 a 进行赋值操作
15	进入处理程序 On_a()
16	在处理程序 On_a()中对 a 进行赋值操作之前 a 的域值为 3
17	在处理程序 On_a()中对 a 进行赋值操作
18	在处理程序 On_a()中对 a 进行赋值操作之后 a 的域值为 4
19	离开处理程序 On_a()
20	在子程序 On_start()中对 a 进行赋值操作之后 a 的域值为 4
21	离开子程序 On_start()

从上述过程不难发现，在步骤 2 调用了处理程序 On_a()，然后在步骤 5 中的处理程序 On_a()中进行了赋值操作，而在步骤 5 中又再次触发了处理程序 On_a()，从而到达步骤 6，再次进入处理程序 On_a()，到达步骤 8 后在处理程序 On_a()中再次进行了赋值操作，但这次并没有再触发处理程序 On_a()，而是经过步骤 9～12 后离开了子程序 On_start()。

在步骤 14 中，子程序 On_start()对 a 进行了赋值操作，其结果是触发并进入处理程序 On_a()（步骤 15），而到达步骤 17 且在处理程序 On_a()中对 a 进行了赋值操作后，并没有再次触发处理程序 On_a()，而是经过步骤 19 后离开了处理程序 On_a()，返回到子程序 On_start()，紧接着步骤 21 离开了子程序 On_start()。

3．多个脚本节点的编写流程

假设在脚本节点 A 中对脚本节点 B 中的某个域（如 myinfield）进行了赋值，将会立即触发脚本节点 B 中与 myinfield 域相关联的处理程序，即 On_myinfield()，程序首先会执行完 On_myinfield()中的代码，然后才返回脚本节点 A 中继续处理后续工作。

这意味着脚本节点 A 实际上可以调用其他脚本节点中的脚本程序，这样可以很好地设计脚本程序，就不会在多个脚本节点中出现重复的代码，这有助于对代码进行分解。因此，实际上可以将域值发送到另一个脚本节点，让它基于此值生成一个新值，并存储在脚本节点可以访问的域中。

假设有两个脚本节点，一个称为 Main，另一个称为 Position。MoveBox()将从脚本节点 Position 中获取一个新位置，然后将其存储到脚本节点 Main 的 MainPosition 域中。

在脚本节点 Main 中新建一个域，域名为 MainPosition，域类型为 exposedField，并新建一个子程序 MoveBox ()，如下所示：

```
function MoveBox()
{
    eon.findnode("Position").GetFieldByName("GetPosition").value = TRUE;
    MainPosition.value = eon.findnode("Position").GetFieldByName("BoxPos").value;
}
```

在脚本节点 Position 中新建两个域：GetPosition（域类型为 eventIn，数据类型为 SFBool）和 BoxPos（域类型为 eventOut，数据类型为 SFVec3f），并为 GetPosition 域建立输入触发事件 On_GetPosition()，如下所示：

```
function On_GetPosition()
{
    BoxPos.value = eon.Findnode("CameraFrame").GetFieldByName("Position").value;
}
```

接下来在脚本节点 Main 中的 initialize()初始化程序中调用 MoveBox()子程序，即：

```
function initialize()
{
    MoveBox();
}
```

下面详细介绍上述三段程序运行的流程：initialize()由系统在仿真启动时自动调用，然后由其调用子程序 MoveBox()，进入子程序 MoveBox()后，首先按顺序执行第一条语句：

```
eon.findnode("Position").GetFieldByName("GetPosition").value = TRUE;
```

这条语句的意思是为脚本节点 Position 中的 GetPosition 域赋值 TRUE。显然，由于为 GetPosition 建立了输入触发事件 On_GetPosition()，那么此时程序流会自动转向脚本节点 Position 的 On_GetPosition()子程序来执行下面的语句：

```
BoxPos.value = eon.Findnode ("CameraFrame").GetFieldByName ("Position").value;
```

这条语句的意思是将摄像机框架节点的 Position 域的值赋给脚本节点 Position 中的 BoxPos 域，在子程序 On_GetPosition()执行完毕后，程序流再次返回脚本节点 Main 中的子程序 MoveBox()接着执行第二条语句：

```
MainPosition.value = eon.findnode ("Position").GetFieldByName ("BoxPos").value;
```

这条语句的意思是将脚本节点 Position 中的 BoxPos 域的值赋给脚本节点 Main 中的 MainPosition 域。

4．脚本节点与框架节点的编写流程

上面的示例是从一个脚本节点向第二个脚本节点发送一个值，然后从第二个脚本节点获

取另一个值。这也可以用于框架节点。脚本节点可以向框架节点发送 Position 或 Orientation 域的值，然后从框架中获取 WorldPosition 或 WorldOrientation 域的值。这可以在不等待下一帧的情况下立即完成，也可以以相反的方式工作，那就是发送 WorldPosition 域的值和获得 Position 域的值。例如：

```
function GetWP()
{
    eon.findnode("myframe").GetfieldByName("Position").value = myposition.value;
    wp.value = eon.findnode("myframe").GetFieldByName("WorldPosition").value;
    x = wp[0];
}
```

这种编程可能会对需要实时反馈的数据产生很大的影响，如在运动模型中产生的高频振动信息等。

在下面的例子中，WorldPosition 域的值需要两帧才能到达脚本节点，如果对实时性数据的采集有非常严格的要求，那么在编程时就要格外注意。

在脚本节点中新建三个域：myposition（域类型为 exposedField，数据类型为 SFVec3f）、PosOut（域类型为 eventOut，数据类型为 SFVec3f）和 WorldPos（域类型为 exposedField，数据类型为 SFVec3f）。

PosOut 域通过逻辑关系连接到框架的 Position 域，框架节点的 WorldPosition 域通过路径连接到 WorldPos 域，如图 6-17 所示。

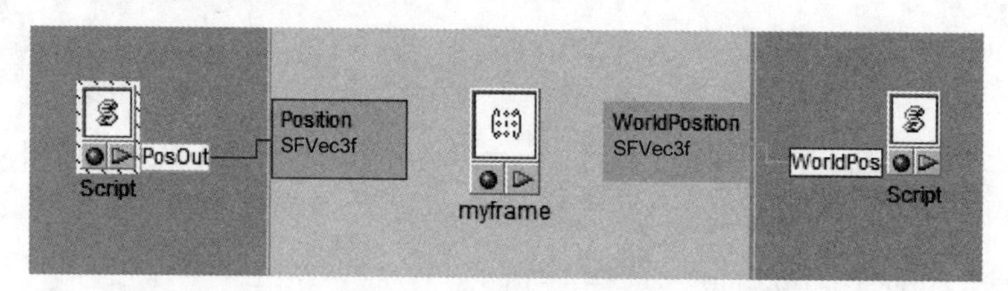

图 6-17　Script 节点与 Farme 节点的逻辑关系连接

脚本程序编写如下：

```
function GetWP()
{
    PosOut.value = myposition.value;
}

function On_WorldPos()
{
    wp = WorldPos.value.toArray();
    x=wp[0];
    eon.trace(wp[0]);
}
// 然后在 initialize()中调用 GetWP()子程序
function initialize()
{
```

```
    GetWP();
}
```

6.2.9 脚本程序的调试

第一次运行脚本程序时出现错误是很正常的，本节介绍的内容可帮助读者有效发现和修复错误。

1. 确定错误消息

（1）当出现错误时，错误消息将给出脚本节点的路径、错误在脚本程序中的行号和错误描述，可以使用这些消息来查找脚本程序中出现错误的行，从而更快地找到错误。

（2）脚本程序的错误一般可分为三种类型：

① 语法错误：当脚本程序没有按照脚本语言规则（语法）编写时发生的错误，如关键字拼写错误等。

② 运行时错误：试图做一些不允许事情时发生的错误。例如，试图获取一个名为BallFrame的节点的引用，但不存在这个节点。

③ 逻辑错误：没有错误消息，但是脚本程序没有按照设计要求执行，称这类错误为逻辑错误，这往往是最麻烦的，只能一步一步地查找，直到找出错误的原因为止。

2. 跟踪错误消息

（1）利用日志视窗跟踪错误消息。通过日志视窗可以显示文本信息。要查看日志视窗，请在主菜单栏中选择"Window→Log"。使用trace方法可以显示文本信息，以便进行程序调试和跟踪错误，trace方法的示例如下：

```
eon.trace("howdy")
eon.trace(v)
eon.trace(p[0])
eon.trace("Number of Hits was" & NrHits.value)
```

（2）利用MessageBox函数跟踪错误消息。当在EON Studio之外进行测试时，trace方法是没有用的，这时可以使用MessageBox函数，该函数会产生一个带有"OK"按钮的小对话框。

使用MessageBox函数时将会导致脚本程序停止运行，直到用户单击"OK"按钮为止。当等待单击"OK"按钮时，脚本程序可能会超时，这时会出现一条消息，表明脚本程序没有响应，可以终止脚本程序。为了防止这种情况的发生，可以使用SetScriptTimeout(0)函数。

在以下示例中，脚本节点的路径显示在消息框中。

```
tid = eon.SetScriptTimeout(0);
msg = eon.GetNodePath(eon.FindNode("Script"));
eon.MessageBox(msg ,"title");
eon.SetScriptTimeout(tid);
```

3. 接收事件时的错误

在脚本程序中可以通过使用MessageBox函数或trace方法来检查是否收到了消息，如果没有收到任何消息，可以通过以下几个步骤来查找错误。

（1）检查脚本程序中有无同名的子程序，如果有同名的子程序，那么前面的同名子程序将会被忽略，后面的同名子程序才有效。当 EON 自动创建新的子程序时，有时会发生这种错误。

（2）检查子程序在开始时是否有“On_”。

（3）检查创建的域和子程序的拼写，它们必须相同，JavaScript 要求拼写的大小写也必须相同。

（4）检查是否有与域同名的变量，这种变量会使这个域无效，就像该域不存在一样，这时就需要重命名该域或变量。

4．发送事件时的错误

（1）通过逻辑关系视窗发送事件。如果通过逻辑关系视窗发送一个事件，但是没有发送事件，那么就需要进行如下检查：

- 检查正在使用的输出域的域名拼写是否正确。
- 检查逻辑关系是否已连接。
- 确保要向其发送事件的节点处于活动状态，并且没有被其父框架隐藏。

（2）通过脚本程序直接发送事件。当将事件直接发送到其他节点或脚本节点时，需要有 3 条信息：节点、域和值，每个部分都容易出错。

```
eon.findnode(“Rotate”).GetfieldByName(“Laptime”).value = max;
```

上面这条语句可能出现以下错误：

- 没有 Rotate 节点或者没有找到想要的 Rotate 节点。
- 没有 Laptime 域。
- 要赋的值不是接收域要求的数据类型。例如，数据类型为 SFInt32 的域接收到了一个字符串，这时就会产生错误。

如果有一个数据类型为 SFNode 的 MainScript 域，忘记使用.value 会发生错误，例如下面的语句：

```
MainScript.value.GetfieldbyName(“StartSession”).value = TRUE;
```

又如下面的长语句：

```
this.GetParentNode().GetParentNode().GetField(0).GetMFElement(1).GetField(0). _GetMFElement(0).
GetFieldByName (“DiffuseTexture”).value = NewTexture.value;
```

上面的长语句，一方面不容易阅读，另一方面容易出错，一旦出错则很难找到哪里出错，所以通常要将上面的长语句分割成多条子语句，如下所示。

```
set Frm = this.GetParentNode().GetParentNode();
set Msh = Frm.GetField(0).GetMFElement(1);
set Mat = Msh.GetField(0).GetMFElemetn(0);
set DiffTex = Mat.GetFieldByName(“DiffuseTexture”);
DiffText.value = NewTexture.value;
```

5. 错误的捕获和处理

JavaScript 可以通过 try 和 catch 语句来捕获错误并进行处理。例如，为了避免找不到想要的节点而产生运行时错误，建议在编写代码时进行错误捕获并给出提示。捕获错误的代码如下：

```
function initialize()
{
    try {
        mynode = eon.findnode("ObjectNa");
    }
    Catch(e)
    {
        eon.trace("没有发现 ObjectNa 节点，请检查！");
    }
}
```

程序运行后，如果没有找到 ObjectNa 节点，则代码会捕获到错误，并在日志视窗中给出错误提示，如图 6-18 所示。

Time
Type
Description
Source
Message
11:05:39.839
ScriptTrace
没有发现ObjectNa节点，请检查！
Script
没有发现ObjectNa节点，请检查！

图 6-18　在日志视窗给出错误提示

6.3　脚本编程参考

6.3.1　EON 中可以进行脚本编程的对象

为了方便在 EON 中进行脚本编程，EON 提供了三类编程对象：

- EON 基本对象；
- EON 节点对象；
- EON 域对象。

之所以将它们都称为对象，是因为它们在编程过程中具有对象的特性。例如，JavaScript 具有一些对象，如 Array 对象、Math 对象及 FileSystemObject 对象，操纵 EON 中的上述三类对象与操纵这些对象的方法是一样的。

对于每一个对象来说，它们都有许多方法和属性，在 JavaScript 中，方法都是以括号()结尾的，即使没有输入参数也必须这样，属性则不使用括号()。

需要注意的是，EON 对象中的方法名没有强制规定大小写。通常在 JavaScript 中会强制使用一些精确的命名，比如 parseInt 不能写成 parseint 或者 ParseINT 等，但是对于 EON 对象中的方法来讲，却没有强制大小写要求，例如 getfieldbyname、getFieldByName 和 GETFieldByName 这三种写法都是正确的。

尽管如此，为了便于阅读，在编程过程中仍然建议采用国际上常用的驼峰式命名法来命名每一个方法名。

6.3.2 EON 基本对象

EON 基本对象提供了与 EON 环境相关的一系列方法（函数），需要注意的是，在使用这些方法进行脚本编程时，在每个方法名的前面一定要加上“eon.”。

下面就对 EON 基本对象提供的方法进行一一介绍。

1．Find 方法

（1）功能描述：返回一个与给定的节点名称或正则表达式相匹配的 EON 节点对象集合。

（2）语法：

```
eon.Find(node_exp[, root][, maxdepth]);
```

node _exp：待查找的节点名称或者一个正则表达式。

root（可选项）：表示 EON 节点对象的引用，表示从哪个节点开始查找，如果忽略该参数，那么将从仿真树中的最高节点开始查找，也就是从 Simulation 节点开始。

maxdepth（可选项）：表示从 root 节点开始查找的深度或者级别，0 表示只查找 root 本级的节点，1 表示 root 本级的节点及其子节点，小于 0 的话，将会返回一个空节点集合，如果忽略该参数，那么将查找从 root 开始的全部节点。

（3）说明：该方法将返回与输入参数相匹配的多个节点，而 FindNode 方法只返回第一个匹配的节点。通过上面的介绍可以看出，对于 Find 方法，可以为该方法提供不同的参数输入（1～3 个）：

```
eon.Find(name);
eon.Find(name, root);
eon.Find(name, root, maxdepth);
```

在查找后返回的节点集合中，所有节点均按照查找的深度进行排序。也就是说，在 root 本级中找到的节点排在最前面，其次是 root 的子节点，然后是 root 的孙节点，依次类推。

如果想要知道返回的节点集合中共有多少个节点，可以使用集合对象的 Count 属性，例如：

```
var mynodes = eon.find(“Frame”);
eon.trace(“共找到了”+ mynodes.Count + “个节点”);
```

如果要访问返回的节点集合中的每一个节点，则可以使用集合对象的 item(i)属性。需要注意的是，节点集合中的第一个节点要使用 item(0)访问，第二个使用 item(1)访问，依次类推。

```
var mynodes = eon.find(“Frame”);
if (mynodes.Count > 0)
{
    firstnode = mynodes.item(0);
    firstnode.getfieldbyname(“SetRun”).value = FALSE;
}
```

（4）正则表达式。下面通过举例说明 Find 方法中正则表达式的用法，关于正则表达式的相关知识不在这里展开介绍，读者可以自行查阅相关资料。

首先新建一个 EON 仿真程序，然后在仿真树的 Scene 节点下添加一个脚本节点和 3 个框架节点。测试正则表达式的仿真树如图 6-19 所示。

在脚本节点的脚本程序编辑器中输入以下代码：

```
function initialize()
{
      var rootnode_path = "Simulation!Scene!";
      var rootnode = eon.FindNode(rootnode_path);
      var rexp = new RegExp();
      rexp = /Fra*/;
      var maxdepth = 1;
      var nodes = eon.Find(rexp, rootnode, maxdepth);
      if (nodes.Count > 0) eon.trace("共找到了" + nodes.Count + "个节点");
      for (var i=0;i<nodes.Count; i++)
      {
            eon.trace("找到节点：" + eon.GetNodePath(nodes.item(i)));
            nodes.item(i).GetFieldByName（"SetRun"）.value = FALSE;
      }
}
```

上面这段代码使用了匹配模式“/Fra*/”，其中，“*”代表任意数量的字符串，也就是说，它会匹配以“Fra”开头的任意字符串，显然应该把上面添加到仿真树中的三个框架节点都找到。运行仿真程序，查看日志视窗，结果如图 6-20 所示。

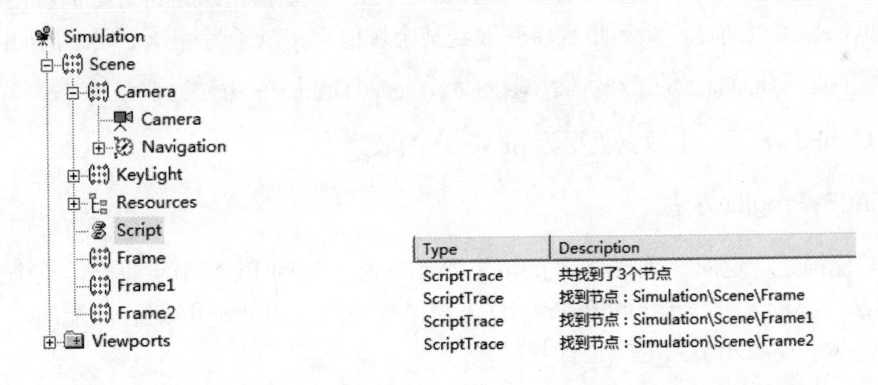

图 6-19　测试正则表达式的仿真树　　　图 6-20　从日志视窗输出的结果

注意：Find 方法为什么可以返回节点集合呢？这是因为在 EON 仿真树中，位于不同级别的节点可以重名。

2．FindNode 方法

（1）功能描述：返回一个与给定的节点名称相匹配的 EON 节点引用。

（2）语法：

```
eon.FindNode([parentnode1!][parentnodeN!]...nodename);
```

parentnode1～parentnodeN：待查找节点 nodename 的父节点，目的是减少搜索次数，加快搜索速度，每一个参数之间用“!”隔开。

nodename：要查找的节点名称（字符串）。

注意：nodename 参数与 parentnode1～parentnodeN 之间没有“,”间隔，它们之间仍然是用“!”隔开的，只不过要把待查找的节点 nodename 放到最后一个。

（3）说明：如果要查找的节点不存在，将产生一个运行时错误。如果有多个节点被匹配查找到，那么该方法将只返回第一个被找到的节点。

EON 首先在仿真树最高级别的 root 节点中进行查找，然后在其所有的子节点中查找，最后才在所有的孙节点中查找。为了防止出现错误并提高搜索成功的概率，建议给出正确的待查找的节点及其父节点名称。例如：

```
eon.findnode("Table2!Frame").GetFieldByName("SetRun").value = TRUE;
Mynode.value = eon.findnode("Simulation!Scene!MyScript");
```

可以首先定义一个变量，然后将找到的 UniqueScript 节点的引用赋予该变量。例如：

```
var aNode;
aNode = eon.FindNode("UniqueScript");
```

上面的语句将查找到的节点引用存储在定义的变量里，其实也可以将其存储在一个数据类型为 SFNode 的域中，例如：

```
FoundNode.value = eon.FindNode("UniqueScript");
```

上述 FoundNode 是一个数据类型为 SFNode 的节点，显然，这是将节点的引用保存在节点的域值里，也可以通过一系列步骤将获取到某个域值直接赋予另外一个域。例如：

```
CamPos.value = eon.FindNode("Camera").getFieldByName("Position").value;
```

上述 CamPos 表示一个数据类型为 SFVec3f 的域。

3．FindByProgID 方法

（1）功能描述：返回一个与给定节点的 ProgID 相匹配的 EON 节点集合，这个方法类似于 Find 方法，不同之处在于 FindByProgID 方法是按照节点的 ProgID 进行匹配的，并且是严格匹配的。ProgID 表示节点的类型代号。

（2）语法：

```
eon. FindByProgID (node_ProgID [, root][, maxdepth]);
```

progID：节点的 ProgID，该参数不可省略。

root（可选项）：EON 节点对象的引用，表示从哪个节点开始查找，如果忽略该参数，那么本次查找将从仿真树中的最高节点开始，也就是从 Simulation 节点开始查找。

maxdepth（可选项）：表示从上述 root 节点开始查找的深度或者级别，0 表示只查找 root 本级的节点，1 表示 root 本级的节点及其子节点，小于 0 则返回一个空节点集合。如果忽略该参数，那么将查找从 root 开始的全部节点。

通过上面的介绍可以看出，可以为 FindByProgID 方法提供不同的参数输入（1～3 个），例如：

```
eon.FindByProgID (progID);
eon.FindByProgID (progID, root);
eon.FindByProgID (progID, root, maxdepth);
```

（3）示例如下：

```
// 关闭仿真中的所有的 Light.2 节点
// 因为 Light.2 的 ProgID 是 EonD3D.Light2.1
allLights = eon.FindByProgID("EonD3D.Light2.1");
for (var i=0; i<allLights.Count; i++)
{
    allLights.item（i）.GetFieldByName("Active").Value = FALSE;
}
```

4．FindAncestorNodeByName 方法

（1）功能描述：按照节点名称返回指定节点的所有父节点。

（2）语法：

```
eon.FindAncestorNodeByName(node, name);
```

node：给定的节点引用，该参数不可省略。

name：要查找的节点名称，该参数不可省略。

例如：

```
eon.FindAncestorNodeByName(eon.FindNode("KeyLight"), "Scene");
```

5．FindAncestorNodeByProgID 方法

（1）功能描述：按照节点的 ProgID 返回指定节点的所有父节点。

（2）语法：

```
eon.FindAncestorNodeByProgID (node, progid);
```

node：给定的节点引用，该参数不可省略。

progid：节点的 ProgID，该参数不可省略。

例如：

```
eon. FindAncestorNodeByProgID (eon.FindNode("KeyLight"),"EonD3D.Light2.1")；
```

6．FindAncestorSiblingNodeByName 方法

（1）功能描述：按照节点名称返回指定节点的所有父节点的同级节点。

（2）语法：

```
eon.FindAncestorSiblingNodeByName (node, name);
```

node：给定的节点引用，该参数不可省略。

name：节点名称，该参数不可省略。

7．FindAncestorSiblingNodeByProgID 方法

（1）功能描述：按照节点 ProgID 返回指定节点的所有父节点的同级节点。
（2）语法：

```
eon.FindAncestorSiblingNodeByProgID(node, progid);
```

node：给定的节点引用，该参数不可省略。
progid：节点 ProgID，该参数不可省略。

8．GetNodePath 方法

（1）功能描述：以字符串的形式返回指定节点在仿真树中的路径。
（2）语法：

```
eon.GetNodePath(node);
```

node：指定节点的引用，该参数不可省略。
（3）说明：该方法返回的路径字符串是从 Simulation 节点开始的，包含了节点层级中的所有节点，并以反斜杠"\"隔开。

```
mynode = eon.FindNode("KeyLight");
eon.MessageBox(eon.GetNodePath(mynode),"提示");
```

上面语句输出的路径为"Simulation\Scene\Camera\KeyLight"。

9．GetNodeName 方法

（1）功能描述：以字符串的形式返回指定节点的名称。
（2）语法：

```
eon.GetNodeName(node);
```

node：指定节点的引用，该参数不可省略。
（3）说明：在脚本编程中访问节点时该方法非常有用，可显示所有活动节点的名称或者显示运行出错节点的名称。

10．GetNodeProgID 方法

（1）功能描述：返回节点的 ProgID。
（2）语法：

```
eon.GetNodeProgID(node);
```

node：节点的引用，该参数不可省略。
（3）示例如下：

```
var scene = eon.FindNode("Scene");
progID = eon.GetNodeProgID(scene);
```

```
eon.trace(progID);
```

上面语句的执行结果是在日志视窗的输出信息“EonD3D.Frame.1”，如图 6-21 所示。

Time	Type	Description
09:08:22.174	ScriptTrace	EonD3D.Frame.1

图 6-21　从日志视窗输出的执行结果

11．CopyNode 方法

（1）功能描述：在仿真树中复制一个节点。

（2）语法：

```
eon.CopyNode (node,newParent);
```

node：被复制节点的引用，该参数不可省略。

newParent：新的父节点，表示要将复制后的节点放置在该节点下，该参数不可省略。

12．DeleteNode 方法

（1）功能描述：从仿真树中删除一个节点。

（2）语法：

```
eon.DeleteNode (node);
```

node：被删除节点的引用，该参数不可省略。

（3）说明：如果要删除的节点存在子节点，那么所有的子节点都将被一起删除，并且是无法恢复的。尽管这个方法对于一次性删除某个框架下的所有节点非常有用，但并不推荐这么做，因为在某些情况下会导致许多内部错误和程序毁坏，所以在删除节点时要非常小心。如果某个节点暂时不用，建议先把这个节点隐藏或禁用，或者将其移动到另外一个已经隐藏的父节点下，这样在出现问题还可以恢复该节点。

在有些情况下，一些节点确实不再使用了，如果只是将其隐藏，仍然会占用大量的内存，这时便可以直接将其删除。这种情况一般指的是资源节点，如材质节点和贴图节点。

（4）示例：删除框架节点 Camera 下的所有子节点，代码如下。

```
var treech = eon.FindNode(“Camera”).GetFieldByName(“TreeChildren”);
while (treech.GetMFCount()>0) eon.DeleteNode(treech.GetMFElement(0));
```

13．CreateRoute 方法

（1）功能描述：在两个域之间创建一个逻辑关系，并返回一个 ID 值。

（2）语法：

```
eon.CreateRoute(from_node, from_fieldname, to_node, to_fieldname);
```

from_node：逻辑关系起点域所在节点的引用。

from_fieldname：逻辑关系起点域名称。

to_node：逻辑关系终点域所在节点的引用。

to_fieldname：逻辑关系终点域名称。

上述参数缺一不可。

（3）说明：该方法返回的 ID 值可用于 DeleteRoute 方法。如果试图创建一个已经存在的逻辑关系，那么返回的 ID 值将会与上次创建时返回的 ID 值相同。如果逻辑关系是在仿真运行过程中创建的，那么当关闭仿真视窗时，该逻辑关系也会被保存，但是元件内部建立的逻辑关系不会被保存。

在仿真运行过程中创建的逻辑关系，不会在 EON Studio 的逻辑关系视窗中立即更新，而是在仿真视窗关闭时被更新到逻辑关系视窗。

使用 CreateRoute 方法动态创建逻辑关系是非常容易的，通过脚本程序在节点之间创建逻辑关系要比使用直接连线的方法更加方便。

（4）示例如下：

```
var pos_route = eon.CreateRoute(eon.findnode("Camera"), "Position", eonthis, "PositionIn");
```

将上述语句放在脚本程序的 initialize()中，当运行仿真程序时便会创建一条从 Camera 节点的 Position 域到 Script 节点的 PositionIn 域（需要提前建立该域）的逻辑关系，但是在逻辑关系视窗中并不会看到如图 6-22 所示的逻辑关系，只有当关闭仿真视窗时，才会出现创建的逻辑关系。

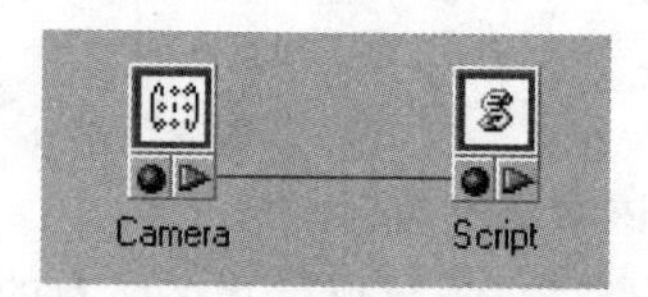

图 6-22　通过脚本程序创建节点域之间的逻辑关系

14. DeleteRoute 方法

（1）功能描述：删除连接两个域之间的逻辑关系。

（2）语法：

```
eon.DeleteRoute (route_id);
```

route_id：逻辑关系的 ID（整数值），该参数不可省略。

（3）说明：只有通过 CreateRoute 方法创建的逻辑关系才可以使用 DeleteRoute 方法来删除，因为 DeleteRoute 方法的唯一输入参数是由 CreateRoute 方法创建逻辑关系时返回的 ID。

通过使用 CreateRoute 和 DeleteRoute 这两个方法，可以允许和禁止某些脚本程序。另外，可以对利用 CreateRoute 方法创建逻辑关系时返回的一系列 ID 值进行区分并存储在一个全局变量中，这样可方便后续随时删除。

（4）示例：利用 CreateRoute 方法创建逻辑关系时，返回的 ID 为 pos_route，并在逻辑关系视窗中实际产生一条连线，如果关闭仿真程序，在脚本程序的 initialize()中单独运行下面的语句，看看会发生什么情况。

```
eon.DeleteRoute(pos_route);
```

此时，系统会弹出一个报错对话框，提示 pos_route 未定义。很显然，错误的原因是利用 CreateRoute 方法创建的逻辑关系是动态建立的，该逻辑关系是在仿真运行时建立的，关闭了仿真程序，pos_route 就不存在了。对于这种在仿真运行时创建的逻辑关系，必须在仿真运行时删除，否则就会报错。接着将上述两条语句连起来一起运行：

```
var pos_route = eon.CreateRoute(eon.findnode("Camera"), "Position", eonthis, "PositionIn");
eon.DeleteRoute(pos_route);
```

这时 EON 会在后台先创建逻辑关系，紧接着再将其删除，所以在关闭仿真视窗后，会发现逻辑关系视窗中没有变化。

但是这里还有一个有意思的现象，如果先单独运行第一条语句，然后一起运行这两条语句，那么逻辑关系视窗中就会出现如图 6-23 所示的情况，逻辑关系视窗中的节点还在，但是连接关系没了，感兴趣的读者可以自行研究。

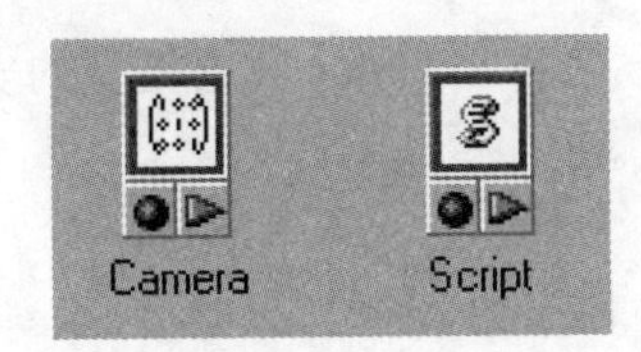

图 6-23　通过脚本程序删除节点域之间的逻辑关系

15．MakeSFVec2f 方法

（1）功能描述：返回一个用于存储 SFVec2f 数据类型的安全数组，SFVec2f 数据类型是一个二维数组。

（2）语法：

```
eon.MakeSFVec2f(exp1, exp2);
```

exp1 和 exp2：float 类型的变量，该参数不可省略。

（3）示例如下：

```
eon.FindNode("TextBox").GetFieldByName("BoxSize").value = eon.MakeSFVec2f(1.2, 1.5);
```

16．MakeSFVec3f 方法

（1）功能描述：返回一个用于存储 SFVec3f 数据类型的安全数组，SFVec3f 数据类型是一个三维数组。

（2）语法：

```
eon.MakeSFVec3f(exp1, exp2, exp3);
```

exp1、exp2 和 exp3：float 类型的变量，该参数不可省略。

（3）示例如下：

```
eon.FindNode("Camera").GetFieldByName("Position").value = eon.MakeSFVec3f(100.0, 200.0,100.0);
```

17. MakeSFVec4f 方法

（1）功能描述：返回一个用于存储 SFVec4f 数据类型的安全数组，SFVec4f 数据类型是一个四维数组。

（2）语法：

```
eon.MakeSFVec4f(exp1, exp2, exp3, exp4);
```

exp1、exp2、exp3 和 exp4：float 类型的变量，该参数不可省略。

（3）示例如下：

```
Position.value = eon.MakeSFVec4f(w, x, y, z);
```

18. MakeSFColor 方法

（1）功能描述：返回一个用于存储 SFColor 数据类型的安全数组，SFColor 数据类型是一个用 RGB 表示颜色值的三维数组。

（2）语法：

```
eon.MakeSFColor(red,green,blue);
```

Red、green 和 blue：三个参数的取值都是 0～1，它们的组合代表的是用 RGB 表示的颜色值。

（3）示例如下：

```
eon.FindNode("TextBox").GetFieldByName("TextColor").value = eon.MakeSFVec3f(0.5,0.5,0.5);
```

19. MakeSFRotation 方法

（1）功能描述：返回一个用于存储 SFRotation 数据类型的安全数组，SFRotation 数据类型是一个四维数组。

（2）语法：

```
eon.MakeSFRotation(exp1, exp2, exp3, exp4);
```

exp1、exp2、exp3 和 exp4：float 类型的变量，该参数不可省略。

（3）示例如下：

```
MyOri.value = eon.MakeSFRotation(x, y, z, a);
```

20. TransformPosition 方法

（1）功能描述：返回从一个坐标系转换到另外一个坐标系后生成的位置信息。

（2）语法：

```
eon.TransformPosition(fromnode, x, y, z, tonode);
```

fromnode 和 tonode：代表框架节点（坐标系），fromnode 是被转换坐标系的框架节点，tonode 是转换坐标系后的框架节点。

x、y、z：fromnode 框架的位置信息。

所有的参数都不可省略，但是 x、y、z 都可以为 0。

（3）说明：为了更好地理解这个方法，首先必须明白，世界坐标代表的是与 Scene 节点的相对位置，如果要计算某个节点的世界坐标，那么上述方法中的最后一个参数应该是 Scene 节点。

该方法返回的位置信息是一个包含 3 个元素的可变数组。

21．TransformOrientation 方法

（1）功能描述：返回从一个坐标系转换到另外一个坐标系后生成的方位信息。

（2）语法：

```
eon.TransformOrientation(fromnode, h, p, r, tonode);
```

fromnode 和 tonode：框架节点（坐标系），fromnode 是被转换坐标系的框架节点，tonode 是转换坐标系后的框架节点。

h、p、r：fromnode 框架的方位信息。

所有的参数都不可省略，但是 h、p、r 都可以为 0。

（3）说明：为了更好地理解这个方法，首先必须明白，世界方位代表的是与 Scene 节点的相对方位，如果要计算某个节点的世界方位，那么上述方法中的最后一个参数应该是 Scene 节点。

22．trace 方法

（1）功能描述：在日志视窗中显示信息。

（2）语法：

```
eon.trace(Logtext);
```

Logtext：字符串文字或者等同于某个字符串的变量。

（3）说明：trace 方法对脚本程序的调试而言是非常有用的，可以通过向日志视窗发送一段文本信息，以此来检查脚本程序中某些值的变化情况。

下面的语句通过向日志视窗中发送一段文本信息来查看变量 Value ball 的当前值。

```
eon.trace("Value ball =" + ball + "!");
```

需要注意的是，要想在日志视窗中显示关于脚本程序的变量信息，需要进行如图 6-24 所示设置，必须勾选"Script Trace"。

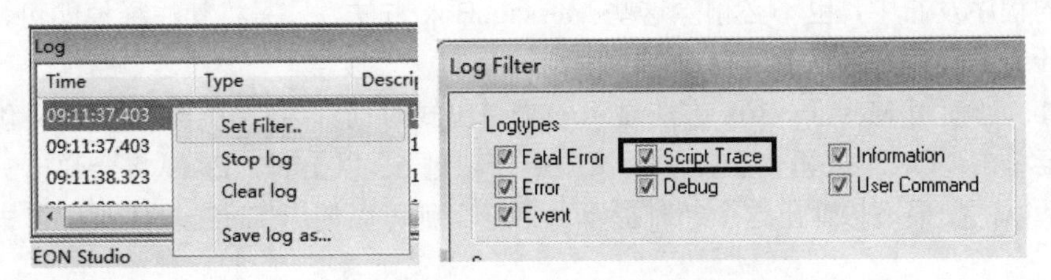

图 6-24　设置日志视窗过滤选项

23．trace2 方法

（1）功能描述：这个方法是 trace 方法的扩展。

（2）语法：

```
eon.trace2(source, description, message);
```

source：要在日志视窗的 Source 字段显示的信息，该参数不可省略。

description：要在日志视窗的 Description 字段显示的信息，该参数不可省略。

message：要在日志视窗的 Message 字段显示的信息，该参数不可省略。

Source、Description 和 Message 三个字段的位置如图 6-25 所示。

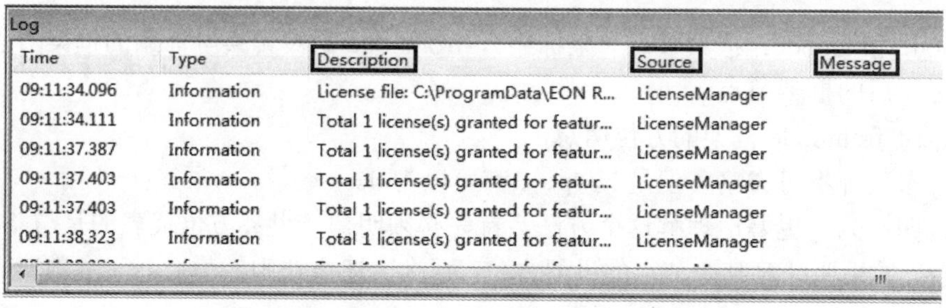

Log

Time	Type	Description	Source	Message
09:11:34.096	Information	License file: C:\ProgramData\EON R...	LicenseManager	
09:11:34.111	Information	Total 1 license(s) granted for featur...	LicenseManager	
09:11:37.387	Information	Total 1 license(s) granted for featur...	LicenseManager	
09:11:37.403	Information	Total 1 license(s) granted for featur...	LicenseManager	
09:11:37.403	Information	Total 1 license(s) granted for featur...	LicenseManager	
09:11:38.323	Information	Total 1 license(s) granted for featur...	LicenseManager	

图 6-25　使用 trace2 方法时的日志视窗列表字段

（3）示例如下：

```
eon.trace2(eon.GetNodePath(eonthis), eon.GetNodeName(eonthis), "这将显示在 Message 字段中");
```

24．MessageBox 方法

（1）功能描述：显示一个同时具有标题信息和内容的弹出式对话框。

（2）语法：

```
eon.MessageBox(message, title);
```

message：弹出式对话框的提示内容。

title：弹出式对话框的标题信息。

（3）说明：与 trace 方法一样，MessageBox 方法对脚本程序的调试而言也非常有用。通过在脚本程序中合理地增加 MessageBox 方法，可以有效地判断当前脚本程序的执行情况。即使在最后的程序发布中，也不必删除这些 MessageBox 方法，只需将其注释掉即可，这样可以为后续的开发者提供参考信息。

提示 1：当使用 MessageBox 方法显示一个弹出式对话框时，它会中断 EON 仿真程序的运行，直至单击“OK”按钮。当脚本程序被中断超过 6 s 以上时，EON 将会弹出一个时间超时提示对话框，如果不想弹出这个超时提示对话框，则可以使用 SetScriptTimeout 方法来延长超时时间。

提示 2：有时候为了让使用 MessageBox 方法显示的弹出式对话框中提示内容的格式显得比较整齐或者好看，需要进行一些回车换行调整，只需要在要回车的字符串尾部加入“\n”

即可，例如：

```
msg = "这是第一行信息\n 这是回车后的第二行信息";
eon.MessageBox(msg, "标题");
```

运行结果如图 6-26 所示。

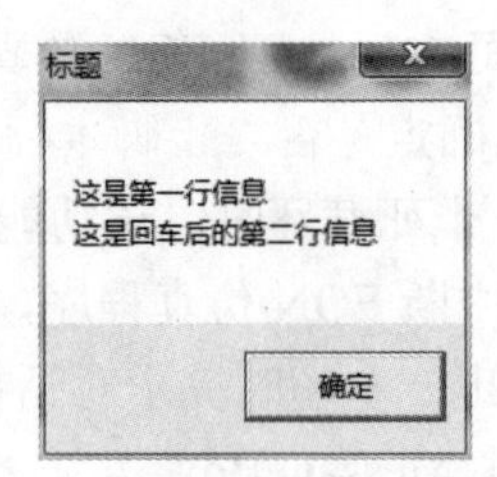

图 6-26　加入"\n"后的运行结果

25. SaveSnapShot 方法

（1）功能描述：将当前渲染的 EON 仿真视窗进行截图，并保存到文件中。

（2）语法：

```
eon.SaveSnapShot(filename, format, param);
```

filename：保存截图的文件名，包含全路径和扩展名。

format：用一个整数代表要保存的图片类型，0 表示 BMP，1 表示 PPM，2 表示 PNG，3 表示 JPEG。

param：保留参数，始终为 0。

（3）说明：调用此方法会大大影响 EON 仿真视窗的渲染性能。如果要保存的文件路径和文件夹不存在，则无法保存截图。关于路径中各个文件夹的分隔问题，在 JavaScript 中必须使用"//"进行分隔，这一点要格外注意。另外，PNG 格式要优于 PPM 格式，这是因为 PNG 格式图片的存储空间要小得多。

（4）示例如下：

```
eon.SaveSnapShot("C://myimage.png", 2, 0);
```

26. SetScriptTimeout 方法

（1）功能描述：设定 EON 脚本程序的超时时间（以秒为单位），如果超时时间到，那么 EON 便会弹出一个时间超时提示对话框以确认是否终止当前的脚本程序的运行，如图 6-27 所示。该方法返回的是当前的超时时间。

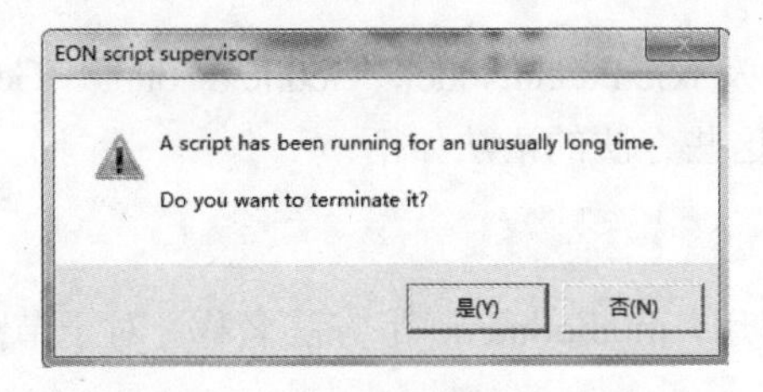

图 6-27　时间超时提示对话框

（2）语法：

```
eon.SetScriptTimeout(exp1);
```

exp1：设定的超时时间（秒），该值不可省略，并且不允许为负值。如果该值为 0，则关闭超时提示。

（3）说明：EON 的默认超时时间是 6 s，当 EON 仿真程序运行中断超过 6 s 时，EON 便会弹出一个时间超时提示对话框，以确定是否终止脚本程序的运行。这个功能是非常有用的，比如当脚本程序出现错误并且陷入一个死循环时，该功能可以提示是否将其终止。

当调用 MessageBox 方法时，会中断 EON 仿真程序，直至单击“OK”按钮，如果之前没有修改超时时间，那么在 6 s 后将弹出一个超时提示对话框，询问是否终止脚本程序的运行。为了有效避免这种情况，可以在调用 MessageBox 方法之前暂时关闭时间超时提示，在关闭 MessageBox 提示框之后，再次将时间超时提示恢复和开启，示例如下：

```
//首先关闭时间超时提示，并保存之前的超时时间
var tid = eon.SetScriptTimeout (0);
//调用 MessageBox 方法中断当前 EON 仿真程序，以测试是否有时间超时提示
eon.MessageBox(“当前设定的超时时间是：”+ tid +“秒”, “提示”);
//恢复时间超时提示
eon.SetScriptTimeout(tid);
```

在上面的程序中，首先利用 SetScriptTimeout(0)将时间超时提示关闭，并且将超时时间保存在变量 tid 中，最后通过 SetScriptTimeout(tid)将时间超时时间恢复。

但在有些情况下，不是直接关闭时间超时提示对话框，而是需要延长这个超时时间，比如读取外部文件、操作数据库或者执行一些需要消耗大量时间的复杂操作等。

27．GetScriptTimeout 方法

（1）功能描述：返回当前设定的超时时间（秒）。

（2）语法：

```
eon.GetScriptTimeout();
```

（3）说明：该方法与 SetScriptTimeout 是相对应的，一个用于设定超时时间，另一个用于读取当前设定的超时时间，只不过该方法不需要输入参数。在没有对超时时间做任何设定的情况下，该方法返回的数值为 6。

```
var t = eon.GetScriptTimeout();
```

6.3.3　EON 节点对象

EON 节点对象主要涉及 GetParentNode、GetFieldCount、GetField、GetFieldByName、GetIdOfName 等方法，使用这些方法的语法如下：

```
node.methodname();
```

node 表示节点对象的引用，methodname 是方法名称。对于节点对象的引用，一般可以采取以下几种方法获取：

● 利用 EON 基本对象提供的 Find 和 FindNode 方法；
● 利用 eonthis 关键字，代表当前脚本节点对象的引用；
● 利用 GetParentNode 方法通过子节点获取；
● 利用 SFNode 数据类型获取节点域的值；
● 利用 MFNode 数据类型获取节点域。

每一个节点对象实际上是一系列域的集合，都至少有 7 个默认域：TreeChildren、Children、SetRun、SetRun_、OnRunFalse、OnRunTrue、OnRunChanged，它们的索引号分别是 0 到 6。

TreeChildren 域是一个 MFNode 类型的域，保存了所有子节点的引用，Children 域与 TreeChildren 域非常相似，都是 MFNode 类型，唯一的不同是 Children 域比 TreeChildren 域保存的子节点更多。这是因为节点的引用包含在 Children 域中，TreeChildren 域中保存的是实际的节点。

节点对象可以存储在 SFNode 类型的域中，但是域对象无法存储在域中。目前还没有提供函数来获取某个节点的子节点引用，要想做到这一点，唯一的方法就是先获取 TreeChildren 域的引用，再得到该域的子节点。通过反复迭代这种方法，便可以得到某个子节点的引用，示例如下：

```
// 找到 Simulation 节点后，连续使用两次 GetField 和 GetMFElement 获取 Camera 节点的引用
cameranode=eon.findnode("Simulation").GetField(0).GetMFElement(0).GetField(0).GetMFElement(0);
// 获取 Camera 节点的名称并输出显示
eon.trace (eon.GetNodeName (cameranode));
```

假设 Scene 节点下同时存在一个 Camera 节点和一个 Script 节点，下面判断这两个节点的父节点是不是同一个，注意，下面使用了 JavaScript 中的“==”操作符进行判断。

```
var cam, parent;
cam = eon.findnode("Camera").GetParentNode();
parent = eonthis.GetParentNode();
if (cam == parent)
eon.trace("Camera 节点和 Script 节点都是 Scene 节点的子节点");
```

1. GetField 方法

（1）功能描述：返回一个域的引用。

（2）语法：

```
node.GetField(index);
```

index：域的 ID 或者索引号，该参数不可省略。

（3）说明：前面介绍了 7 个默认域及其对应的索引号，SetRun 域的索引号是 2，下面的示例中演示了如何获取 Rotate 节点的 SetRun 域的引用，以及如何对该域的值进行修改。

```
// 获取 Rotate 节点的 SetRun 域的引用
SR = eon.findnode("Rotate").GetField(9);
// 设置 SetRun 域的值为 FALSE
SR.value = FALSE;
```

如果在调用 GetField 方法时传递的参数 index 为负数，或者超过了该节点中所有域的最大索引号，那么 EON 将会提示运行时错误。

上面已经介绍过，节点中的每个域都有一个 ID 号或者索引号，但是该索引号没有出现在任何地方，尽管如此，还是可以得到每个域的索引号的，首先打开节点的域对话框，然后从上往下数，域的索引号依次是 0、1、2、3…

2．GetFieldByName 方法

（1）功能描述：返回一个域的引用。

（2）语法：

```
node.GetFieldByName(name);
```

name：域的名称，可以是大写、小写或者大小写混合，该参数不可省略。

（3）说明：如果传递的参数 name 为空（不填），那么 EON 将提示运行时错误。

通过该方法可以很方便地通过域的名称来获取域的引用。下面的示例中演示了同时通过节点名称和域的名称来为节点 Camera 的 Hidden 域赋值。

```
eon.findnode("Camera").GetFieldByName("Hidden").value = TRUE;
```

至此，我们已经学会了使用两种方法来获取一个域的引用，即 GetField 方法和 GetFieldByName 方法。在脚本编程中，这两种方法都比较常用，它们有各自的优点，GetField 方法传递参数简单，仅仅提供域的索引号即可；GetFieldByName 方法比较直观，通过传递域的名称即可。读者可根据情况选择使用。

3．GetFieldCount 方法

（1）功能描述：返回一个节点包含的域的数量。

（2）语法：

```
node.GetFieldCount();
```

注意：该方法没有输入参数。

（3）说明：该方法返回的数值总是不小于 7，因为每个节点至少有 7 个默认域。下面的示例用于检测 Scene 这个节点中包含的域的个数。

```
var num = eon.findnode("Scene").GetFieldCount();
eon.trace(num);
```

4．GetIdOfName 方法

（1）功能描述：返回域的索引号。

（2）语法：

```
node.GetIdOfName(name);
```

name：域的名称，可以是大写、小写或者大小写混合，该参数不可省略。

（3）说明：如果在调用该方法时没有为其传递参数 name，那么 EON 将会提示运行时错误。下面的示例中通过使用 GetIdOfName 方法获取 Scene 节点中名称为 Position 的域的索引

号，并赋值给变量 id，实际得到的结果是 7。

```
id = eon.findnode("Scene").GetIdOfName("Position");
```

5．GetParentNode 方法

（1）功能描述：返回当前节点的父节点的引用。

（2）语法：

```
node.GetParentNode();
```

注意：该方法没有输入参数。

（3）说明：通过脚本程序可以影响当前节点的父节点，例如可以移动、旋转、显示或隐藏父节点。

```
var parent = eonthis.GetParentNode();
parent.GetFieldByName("Orientation").value = eon.MakeSFVec3f(1, 2, 3);
```

既然该方法可以获取当前节点的父节点的引用，那么便可以通过迭代使用该方法来获取更上一级的节点引用，例如：

```
grandparent = eonthis.GetParentNode().GetParentNode().GetParentNode();
grandname = eon.GetNodeName(grandparent);
eon.messagebox(grandname,"提示");
```

6.3.4 EON 域对象

EON 域对象主要涉及以下几个属性和方法：

- Value；
- GetName；
- GetType。

以下方法仅适用于多重域（MF 类型）：

- GetMFCount；
- SetMFCount；
- GetMFElement；
- SetMFElement；
- AddMFElement；
- RemoveMFElement。

使用这些方法的语法为：

```
field.methodname()
```

其中，field 表示域对象的引用；methodname 是方法名称。关于域对象的引用，一般采取以下几种方法获取：

（1）如果域属于当前脚本节点，那么直接用域的名称即可。

（2）如果域属于其他节点下的脚本节点，则需要先通过 GetField 方法或者 GetFieldByName 方法获取这个域的引用。

域一般具有域的类型和数据类型两个特性。

（1）域的类型。域的类型主要有 eventIn、eventOut、exposedField 和 Field 四种类型，这四种类型的域在逻辑关系视窗中有着不同的特性和连接方法。eventIn 类型的域只能作为每一个逻辑连线的终点；eventOut 类型的域只能作为每一个逻辑连线的起点；exposedField 类型的域既可以作为起点，也可以作为终点；Field 类型的域则都不可以。在编写脚本程序时，要根据情况创建不同类型的域。

对于节点来说，eventIn 类型的域可以接收其他节点发送来的数据从而产生一个输入事件；eventOut 类型的域可以将节点自身的数据发送给其他节点从而产生一个输出事件；exposedFields 类型的域既可以产生输入事件，也可以产生输出事件；Field 类型的域一般常用来存储节点的内部数据，在仿真程序运行期间，外部节点是无法对其进行直接修改的，这对于脚本编程来讲是非常灵活的，可以在脚本程序中向域发送数据，也可以编写一个子程序，当发生输出事件时调用该子程序。

（2）数据类型。每一个域都有一个数据类型，这些数据类型被分成了两类，分别是 Single-field（SF）和 Multiple-field（MF）。MF 可以看成 SF 的集合，EON 提供了 GetMFCount、SetMFCount、GetMFElement、SetMFElement、AddMFElement 和 RemoveMFElement 等方法来访问 MF 类型的域。

在 EON 中，可能发现有些节点下面存在一个黄色的文件夹，这表示这些节点中的某个域的数据类型是 SFNode 或者 MFNode，这个黄色文件夹可以保存节点的引用。如果这个黄色文件夹前面有一个红色的“+”号，那么表示该节点的域的数据类型是 MFNode，而该黄色文件夹可以保存多个节点的引用。应如何实现呢？只需要在被引用的节点上右击鼠标并在右键菜单中选择“Copy as Link”，然后在黄色文件夹上右击鼠标并在右键菜单中选择“Paste”即可。

每一个节点中都有两个非常重要的默认域，分别是 TreeChildren 和 Children，它们的数据类型都是 MFNode，可以存储节点的引用，但是看不到对应的黄色文件夹，这是因为它们是两个特殊的 MFNode 数据类型的域，实际上存储的只是该节点的所有子节点的引用。TreeChildren 域保存的是实际的子节点，而 Children 域保存的是这些子节点的引用。

因为 EON 并没有提供在仿真程序运行时动态创建和删除节点的功能，而前面给出的一些操作 MF 类型的方法，如 SetMFCount、SetMFElement、AddMFElement 和 RemoveMFElement methods，并不适用于 TreeChildren。当强行使用这些方法对 TreeChildren 域进行操作时将会被系统忽略，甚至有可能使 EON 仿真程序崩溃。

1. value 属性

（1）功能描述：返回域值。

（2）语法：

```
field.value;
```

（3）说明：在 JavaScript 中必须始终在域对象的后面使用.value 来获取域值。

在下面的例子中，MyText 是脚本节点中的一个 MFString 类型的域，整条语句的作用就是将 MyText 域的值赋给 TextBox 节点中的 Text 域。

```
eon.findNode("TextBox").GetFieldByName("Text").value = MyText.value;
```

因此，通过.value属性就可以获取多重域中每个域的值，而要想访问每一个域的值，只需要使用GetMFElement()方法即可。

对于单值来讲，如SFBool、SFInt32、SFFloat、SFTime和SFString，在上述多重域中得到的每个域的值可以直接赋给一个普通的变量，例如：

```
var t = MyText.value;
```

而对于复合值来讲，如SFVec2f、SFVec3f、SFColor和SFRotation，在上述多重域中得到的每个域的值实际上都是一个数组，需要进行如下转换：

```
var p = eon.FindNode("TextBox").GetFieldByName("Text").value.toArray();
var xpos = p[0];
```

对于SFNode数据类型的域来说，必须使用.value得到一个节点的引用，如果去掉.value，EON将会报错。

```
ViewportNode.value.GetFieldByName("FieldOfView").value = 60;
```

2. GetName方法

（1）功能描述：返回域名。

（2）语法：

```
field.GetName();
```

注意：该方法没有输入参数。

（3）说明：使用该方法可获取一个域的名称。

3. GetType方法

（1）功能描述：返回一个表示域的数据类型的整数。

（2）语法：

```
field.GetType();
```

注意：该方法没有输入参数。

（3）说明：使用该方法可获取域的数据类型。

```
if f.GetType() = 0 then f.value = TRUE;
if f.GetType() = 7 then f.value = "TRUE" ;
```

上述代码通过GetType方法检测域f的数据类型，如果是0（代表SFBool型），那么就按布尔型进行赋值（TRUE）；如果是7（代表SFString型），那么就按字符串型进行赋值（“TRUE”）。

4. GetMFCount方法

（1）功能描述：返回一个表示多重域中域的个数。

（2）语法：

```
field.GetMFCount();
```

注意：该方法没有输入参数。

（3）说明：在下面的例子中，将 MFFloat 数据类型的域 Times 中的所有域值进行求和后取平均值，然后将其存储在一个 SFFloat 数据类型的域 Average 中。

```
if (Times.GetMFCount()== 0) return;
var total = 0
for (var i = 0; i < Times.GetMFCount(); i++)
{
    total = total + Times.GetMFElement(i);
}
Average.value = total/Times.GetMFCount();
eon.trace (Average.value());
```

5. SetMFCount 方法

（1）功能描述：设置多重域中域的个数，从而实现域的删除或者增加。

（2）语法：

```
field.SetMFCount(count);
```

count：一个不小于 0 的整数，表示调用该方法后多重域中域的个数。

（3）说明：如果在某个多重域中有 8 个域，则当调用 SetMFCount(3)后，便会删除该多重域的后面 5 个域。如果在某个多重域中有 6 个域，则当调用 SetMFCount(10)这条语句后，便会自动为该多重域增加 4 个域。在这种情况下增加的 4 个域，其域值全部为 0；如果是 MFString 数据类型，则域值为空字符串。如果想为增加的域分别赋予不同的域值，则建议使用 AddMFElement()方法。

需要注意的是，SetMFCount 方法不能应用于 TreeChildren 域，这是因为 TreeChildren 域存储的是实际的节点，并不仅仅像其他 MFNode 域那样存储的是节点的引用，如果强行在 TreeChildren 域上使用该方法，不仅不会产生任何效果，反而可能出问题。

注意：通过该方法可以动态删除或添加多重域中域的个数，但是却不能动态删除或添加节点。

通过为 SetMFCount 方法的输入参数 count 传递数值 0，可以一次性清除多重域中的所有域，然后利用 AddMFElement 方法逐个添加域，并可同时设置域值。例如：

```
var text_field = eon.FindNode("TextBox").GetFieldByName("Text");
text_field.SetMFCount(0);
var p = eon.FindNode("Camera").GetFieldByName("Position").value.toArray()
text_field.AddMFElement("X =" + p[0]);
text_field.AddMFElement("Y =" + p[1]);
text_field.AddMFElement("Z = " + p[2]);
text_field.value = text_field.value;
```

6. GetMFElement 方法

（1）功能描述：返回多重域中的某个域。

（2）语法：

```
field.GetMFElement(number);
```

number：一个不小于 0 的整数，表示将要获取多重域中的哪个域，0 表示第 1 个，1 表示第 2 个，依次类推。

（3）说明：请比较下列单重域和多重域的域值的获取方法有什么不同。

```
b = singlefield.value;
b = multiplefield.GetMFElement(0);
```

如果调用 GetMFElement 方法返回的是 SFNode 数据类型的域，那么就只能将其赋值给一个对象变量或者另外一个 SFNode 数据类型的域。

如果某个多重域中域的个数为 0，那么调用 GetMFElement 方法将会产生一个运行时错误。如果给 GetMFElement 方法传递的 number 参数值大于该多重域中域的个数，则会产生一个脚本程序错误，比如，如果 GetMFCount()返回的数值为 4，那么 GetMFElement(4)将会产生一个脚本程序错误，即明显地出现了越界现象，取数时从 0 开始，最大为 GetMFCount()−1。为了避免此类错误的发生，在调用 GetMFElement 方法获取多重域中的某一个域时，一定要先使用 GetMFCount()计算多重域中域的个数。

假设 Camera 节点是 Scene 节点下的第一个子节点，那么通过 GetMFElement()方法便可以获取 Camera 节点的引用，例如：

```
SceneNode = eon.findnode("Scene");
SceneTreeChildrenField = Scenenode.GetField(0);
CameraNode = SceneTreeChildrenField.GetMFElement(0);
```

下面的语句可得到 TextBox 节点中上边距的值。TextBox 节点中有一个名称为 Margins、数据类型为 MFInt32 的域，这个域有 4 个值，这 4 个值分别代表了左、右、上、下边距，如 Margins 的值为 5、10、15、20，即左边距为 5、右边距为 10、上边距为 15、下边距为 20，上边距是第 3 个值，所以为 GetMFElement()方法传递一个输入参数 2 即可，例如：

```
var Margins, topmargin;
Margins = eon.findnode("TextBox").GetFieldByName("Margins");
topmargin = Margins.GetMFElement(2);
```

7．SetMFElement 方法

（1）功能描述：为多重域中的某个域赋值。

（2）语法：

```
field.SetMFElement(number, value);
```

number：一个不小于 0 的整数，表示多重域中的哪一个域要被赋值，0 表示第 1 个，1 表示第 2 个，依次类推。

value：与域具有相同数据类型的表达式，如果表达式的数据类型不正确，那么就会产生一个运行时错误（类型不匹配）。

（3）说明：请比较下列单重域和多重域的赋值方法有什么不同。

```
singlefield.value = b;
```

```
multiplefield.SetMFElement(0, b);
```

如果某个多重域中域的个数为 0，那么调用 SetMFElement 方法将会产生一个运行时错误。如果给 SetMFElement 方法传递的 number 参数值大于该多重域中域的个数的话，将会产生一个脚本程序错误。例如，如果使用 GetMFCount()返回的数值为 4，那么 SetMFElement(4, value)将会产生一个脚本程序错误，即明显地出现了越界现象。

例如，设法将 TextBox 节点上边距的值修改为 30。

```
var Margins;
Margins = eon.findnode(“TextBox”).GetFieldByName(“Margins”);
Margins.SetMFElement(2, 30);
```

8. AddMFElement 方法

（1）功能描述：为多重域添加一个域。

（2）语法：

```
field.AddMFElement(value);
```

value：与域具有相同数据类型的表达式，如果表达式的数据类型不正确，那么就会产生一个运行时错误（类型不匹配）。

（3）说明：理论上讲，该方法可以为多重域无限制地添加域，能够添加多少域仅取决于的计算机硬件容量，每次添加的域都依次添加在该多重域的尾部。

9. RemoveMFElement 方法

（1）功能描述：删除多重域中的某个域。

（2）语法：

```
field.RemoveMFElement(number);
```

number：一个不小于 0 的整数，表示将要获取多重域中的哪一个域，0 表示第 1 个，1 表示第 2 个，依次类推。

（3）说明：当删除了多重域中的一个域后，该多重域中的域便会减少一个，那么在被删除域后面的域的索引号会自动减 1。例如，某多重域中共有 8 个域，通过 RemoveMFElement(4)删除掉第 5 个域后，则原来的第 6 个域的索引号便自动变为 5，原来的第 7 个变为现在的第 6 个，依次类推。

如果传入的参数 number 不正确，即越界，EON 将会忽略此次操作，也不会报错，所以要更加小心地调用该方法。

下面的语句试图通过计算最近 5 次的时间间隔来获取帧速率，数据类型为 MFFloat 的多重域 Times 保存了最近 5 次的时间间隔，如果超过了 5 次，那么就继续保存 1 次最新的时间间隔，然后删除最早的 1 次时间间隔，始终保持 Times 域中有 5 个时间间隔。

注意：下面的语句实现的是一个数据结构中的先进先出队列，把获取的最新结果始终放到队列的尾部，然后将队列中的第一个结果移出。

首先在 Scene 节点下添加一个 TimeSensor 节点，然后在脚本节点新建一个数据类型为 MFFloat 的 Times 域，并输入以下代码：

```
var currenttime=0.0,lasttime=0.0;
//获取当前时间
currenttime = eon.FindNode("TimeSensor").GetFieldByName("CurrentTime").value;
//计算两次的时间差
var t = currenttime-lasttime;
//为 Times 添加域
Times.AddMFElement(t);
//判断 Times 中域是否超过 5 个，如果是，则移出最早的一个数据
while (Times.GetMFCount()>5)
{
    //删除队列中的第 1 个域
    Times.RemoveMFElement(0);
}
//计算 Times 中所有域值的总和
for (var i=0; i<5; i++)
{
    t = t + Number(Times.GetMFElement(i));
}
//计算 Times 域中所有元素值的平均值
Average = t/Times.GetMFCount();
//时间取倒数后变为速率
FrameRate = 1/Average;
//将当前时间赋值给 LastTime 变量，继续下次计算
LastTime = currenttime;
eon.trace(FrameRate);
```

6.3.5　特殊事件

在脚本节点中存在三种特殊事件，即初始化（initialize）事件、事件执行完毕（eventsprocessed）事件、停止仿真（shutdown）事件。

注意：上述三个特殊事件的英文必须使用小写。

1．初始化（initialize）事件

初始化（initialize）事件是一个特殊的子程序，它会在仿真程序启动时自动执行，可以在该子程序中对一些变量进行初始化，以及验证一些数值等。在子程序之外定义的全局变量会在 initialize()之前运行，读者可以通过下面的程序进行验证。

由于在 JavaScript 中，关键字是区分大小写的，所以一定要注意，该子程序名称必须使用小写方式。

```
var count = 5;
function initialize()
{
    count = 0;
}
```

上述程序的功能是在仿真程序启动时定义变量 count 并将其初始化为 5，然后在初始化事

件 initialize()中将 count 变量设为 0。

2．事件执行完毕（eventsprocessed）事件

事件执行完毕（eventsprocessed）事件也是一个特殊的子程序，该子程序会在所有事件处理完毕后的每一帧（跟帧速率有关）内进行调用，直到脚本程序中至少有一个域改变了域值为止。事件处理完毕的意思就是数据逻辑关系被发送出去，并且被接收这些事件的节点或脚本程序全部处理完毕，或者连接事件的脚本程序已经运行。所以该子程序发生在所有事件全部处理完毕并且在仿真场景被渲染之前。

该子程序的作用是减少脚本程序的调用次数，以此来优化脚本程序，从而加快运行速度。有时候，脚本节点中产生输入事件的频率要远远大于输出事件，为了防止在每次输入事件到来时进行重复计算，eventsprocessed 便可以只计算一次。由于每一帧只需要渲染一次，所以在每一帧过程中，只需要将需要修改的数据在输出事件中更新一次即可。

在下面的例子中，有两个 SFVec3f 数据类型的域，即 position1 和 position2，它们保存了两个 3D 模型的三维坐标，可通过脚本程序计算这两个 3D 模型之间三维空间距离，但是数据的更新仅仅发生在计算新的一帧时。再次提醒，该子程序的名称必须使用 eventsprocessed，即小写形式。

```
function eventsprocessed()
{
    p1=position1.value.toArray();
    p2=position2.value.toArray();
    var dsqr = Math.pow(p1[0]-p2[0]),2)+Math.pow(p1[1]-p2[1], 2)+Math.pow(p1[2]-p2[2], 2);
    distance.value = Math.sqrt（dsqr）;
}
```

由于 eventsprocessed 子程序是在每一帧内进行调用的，所以可以利用该特性来计算帧速率。在脚本节点建立三个数据类型为 SFFloat 的域，分别是 currenttime、lasttime 和 framerate。将节点 TimeSensor 的 currenttime 域连接到 Script 节点的 currenttime 域，如图 6-28 所示。

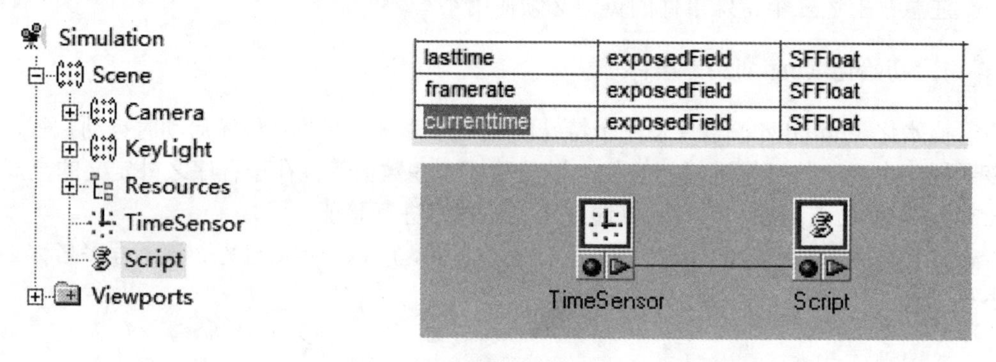

图 6-28　eventsprocessed 事件测试用例仿真树及节点逻辑关系

代码如下：

```
function eventsprocessed()
{
```

```
        ct = currenttime;
        lt = lasttime;
        t = ct-lt;
        if(t>0) framerate = Math.round(1/t);
        lasttime = ct;
        eon.trace(framerate);
}
```

3．仿真停止（shutdown）事件

仿真停止（shutdown）事件也是一个特殊的子程序，它发生在仿真程序停止运行时。该事件可以用在前一个仿真场景结束，并且需要为下一个仿真场景提供数据的场合。

注意：在仿真停止事件中，通过逻辑关系在节点之间发送数据是不行的，因为当仿真停止事件发生时，仿真实际上已经结束了，也就无法通过逻辑关系发送和接收数据了。

由于在 JavaScript 中，关键字是区分大小写的，所以一定要注意，该子程序的名称必须使用小写。

```
function shutdown()
{
        eon.findNode("nodename").GetFieldByName("fielname").value = somevalue;
        eon.trace("仿真结束了");
}
```

6.3.6　特殊对象

（1）功能描述：返回当前脚本程序所在的脚本节点的引用。

（2）语法：

```
eonthis;
```

（3）说明：eonthis 指向当前脚本程序所在的脚本节点引用。

6.4　脚本程序应用

6.4.1　脚本程序的一般用途

脚本程序一般用于以下四种用途：

- 转换数据类型；
- 创建触发函数；
- 在不使用逻辑关系视窗的情况下发送事件；
- 向一组相同的节点发送相同的事件。

1．转换数据类型

EON 有着不同的数据类型，在逻辑关系视窗中无法连接两个不同数据类型的域，但是可

以在一个脚本节点中读取某个节点的域值，然后将域值赋给其他域。例如，创建一个脚本节点，添加一个数据类型为 SFVec3f 的输入域 Position 和一个数据类型为 SFFloat 的输出域 FOV，然后将框架节点的 Position 域连接到脚本节点的输入域 Position，再将上述脚本节点的输出域 FOV 连接到 Viewport3 节点的 FieldOfView 域。

编写并运行以下代码：

```
function On_Position()
{
        p = Position.value.toArray();
        FOV = p[0];
}
```

可以将一个从输入域中传递过来的单一数值转换为一个数据类型为 SFVec3f 的数值，比如下面的例子中，当输入域 Size 收到新的数据时，可通过 MakeSFVec3f 方法将其转换为一个三维数组，然后将该数组保存在一个脚本节点中的数据类型为 SFVec3f 的域中。

```
function On_Size()
{
        s = Size.value;
        Scale = eon.MakeSFVec3f(s, s, s);
}
```

2. 创建触发函数

在 EON 中，可以利用 Latch 节点让程序产生一个触发效果，当第一次触发时可以开启某些 3D 模型，而再次触发时又可以关闭这些 3D 模型，这种功能在脚本编程中经常会用到，下面举例介绍。

假设有一个旋转的物体，当单击该物体时，想让其旋转速度由慢变快，而再次单击时则恢复为原来的慢速旋转，再次单击，又变快，依次类推。

首先在脚本节点中创建一个输入域（如 ToggleSpeed）和一个输出域（如 Laptime），然后将节点 ClickSensor 的输出域 OnButtonDownTRUE 连接到上述脚本节点的输入域 ToggleSpeed，再将脚本节点的输出域 Laptime 连接到 Rotate 节点的 LapTime 域。

创建一个全局布尔型变量 Fast，用来记录当前物体旋转速度的快慢状态，然后通过 if…else…表达式进行判断，程序如下：

```
var Fast = FALSE;
function On_ObjClicked()
{
        if (Fast)
        {
                Fast = FALSE;
                Laptime.value = 10;
        }
        else
        {
                Fast = TRUE;
```

```
            Laptime.value = 2;
        }
}
```

3. 在不使用逻辑关系视窗的情况下发送事件

在不使用逻辑关系视窗的情况下发送事件一般有两种方法，一种是利用 FindNode()函数，另一种是利用脚本节点数据类型为 SFNode 的域。

如果在脚本节点中创建了一个数据类型为 SFNode 的域，那么将会在脚本节点的下面出现一个黄色的文件夹，这个文件夹可以存储一个节点的引用。首先在需要引用的节点（如 Frame 节点）上单击鼠标右键，在右键菜单中选择“Copy as Link”；然后右击该黄色的文件夹，在右键菜单中选择“Paste”，之后便可以对 Frame 节点进行引用并为该节点的域赋值，比如：

```
RotateWheelNode.value.GetFieldByName(“Laptime”).value = 8;
```

其中 RotateWheelNode 表示脚本节点中的一个数据类型为 SFNode 的域。

如果要引用的节点在整个仿真树中名称是唯一的（没有名称重复的节点），那么就没有必要在的脚本节点中如此麻烦地创建这个数据类型为 SFNode 的域了，可以直接通过 FindNode 方法找到需要引用的节点，比如：

```
eon.findnode(“RotateWheel”).GetFieldByName(“Laptime”).value = 8;
```

还可以在脚本节点中通过 SendEvent 方法向另外一个节点中的域发送数据。

4. 向一组相同的节点发送相同的事件

通过一个循环语句可以向框架节点中的所有相同类型的子节点发送同一个事件，比如，假设一个名为 BallFrame 的框架节点下有多个子框架节点，分别是 Ball1、Ball、Ball3，通过下面的代码便可以将 BallFrame 框架节点下的所有子节点的相同域 Scale 的值一起修改。

```
TreeCh = eon.findnode(“BallFrame”).GetFieldByName(“TreeChildren”);
for (i=0; i<TreeCh.GetMFCount() ; i++)
{
    TreeCh.GetMFElement(i).GetFieldByName(“Scale”).value = eon.MakeSFVec3f(3, 3, 3);
}
```

6.4.2 发送事件功能

使用脚本程序的一个好处就是无须频繁地使用逻辑关系视窗，可以利用脚本程序直接向某个节点发送事件；另一个好处就是在脚本程序中可以对接收到的事件进行立即响应，无须在下一帧才响应。本节将会用到以下三个方法：SendEvent、StartEvent 和 StopEvent。

1. 发送事件（SendEvent）方法

一般情况下，通过下述方法来发送事件：

```
eon.findnode(“Viewport”).getfieldbyname(“FieldOfView”).value = 60;
```

利用 SendEvent 方法的代码为：

```
SendEvent("Viewport", "FieldOfView", 60);
```

2．启动事件（StartEvent）方法

一般情况下，要启动某个节点，首先要与该节点的 SetRun 域创建一个逻辑关系连接，或者在脚本程序中直接调用该节点的域，然后进行如下操作：

```
eon.findnode("Rotate").getfieldbyname("SetRun").value = TRUE;
```

使用 StartEvent 方法的代码为：

```
StartEvent("Rotate");
```

显然，第二种方法要比第一种方法简捷得多。

3．停止事件（StopEvent）方法

一般情况下，要停止某个节点，首先要与该节点的 SetRun_域创建一个逻辑关系连接，或者在脚本程序中直接调用该节点的域，然后进行如下操作：

```
eon.findnode("Ball").getfieldbyname("SetRun_").value = TRUE;
```

使用 StopEvent 方法的代码为：

```
StopEvent("Ball");
```

在 EON 中，可以向任意节点的任意域发送数据，但是有些节点域的域值是有范围要求的，并非所有发送给它们的数据都能被接收，有时也会产生一些不可预期的结果，甚至可能导致 EON 仿真程序崩溃。所以在操作某个节点时，首先要查看一下该节点都有哪些域，分别是什么类型。虽然可以修改域的类型，但是不要在 EON 仿真程序运行期间进行修改，这样很容易发生问题。

第 7 章 EON 流程控制

7.1 什么是流程控制

顾名思义，流程控制就是确保每一个任务都按照一定的流程或者顺序依次进行。在 EON 中，流程中的每个节点被称为一个任务，系统一次只能完成一个任务，当前任务完成后，才能开始下一个任务。

使用流程控制的最大优势是可以提高工作效率。

在具有大量交互性的大型 EON 项目中，会用到大量的节点，并且节点之间的连接关系也会变得非常复杂，仅通过节点域将很难了解仿真流程的整体情况，这给查找错误或修改程序带来了很大的不便。传统意义上，大型 EON 项目是借助脚本程序或外部仿真程序来开发的，以控制仿真中的事件流。流程节点提供了一种替代方案，可极大地简化 EON 仿真程序。

流程节点的主要优点之一是它可以为整个仿真程序提供一个全局仿真流程的总体描述。流程节点可以分层排列，可将较大的任务分解成许多较小的任务。对于流程节点而言，仿真树的深度可以是无限的。当启动流程节点时，流程将移至第一个子任务，完成所有的子任务后，表示完成了父任务。设计时应对流程节点进行重命名以便更好地反映需要完成的任务。

在流程节点的层次结构中，优先级高的流程节点下可以继续分解成优先级低的流程节点，其使用如图 7-1 所示。

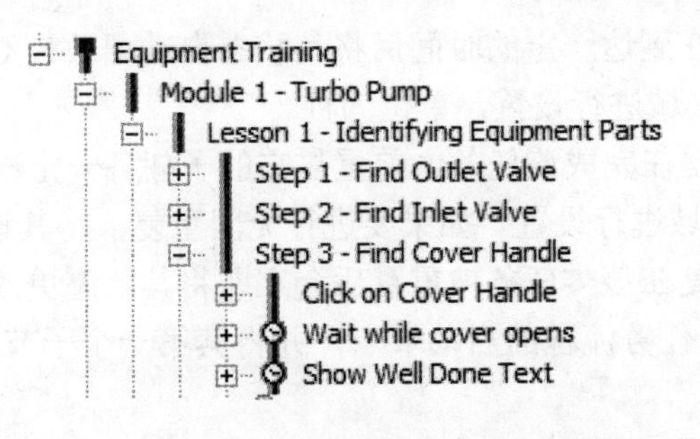

图 7-1　流程节点使用示意图

流程节点的另一个优点是可以减少节点之间的逻辑关系连接。对于仿真程序流程的自动运行而言，流程节点是非常重要的，上一个任务完成后，不需要流程节点之间的逻辑关系连接即可启动下一个任务，只需在仿真树中移动几个节点即可更改流程并重新设计仿真程序。

另外，还可以通过使用流程节点的 4 个域（在仿真树中表现为 4 个文件夹，如图 7-2 所示）来减少逻辑关系视窗的使用。

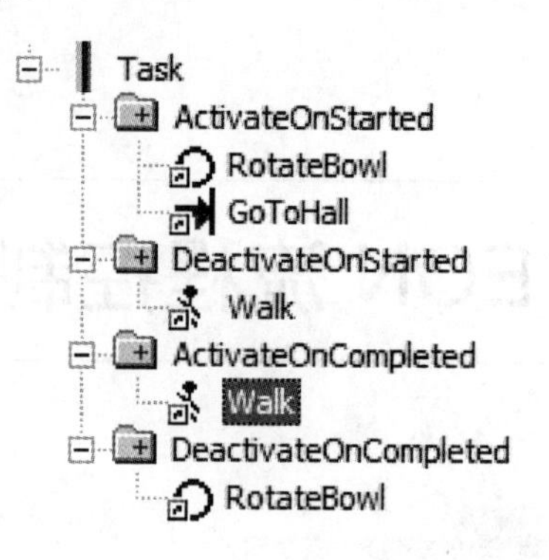

图 7-2　流程节点的 4 个域

当任务开始或完成时，所有的流程节点都可以激活或停用无限数量的节点，将待激活或停用的节点引用放入任务节点下对应黄色的文件夹中，想要激活时可将 TRUE 发送到 SetRun 域，想要停用时可将 TRUE 发送到 SetRun_域。这意味着在所有流程节点中的 Started 域和其他节点中的 SetRun 域、SetRun_域之间不需要逻辑关系连接。

7.2　用于流程控制的节点

7.2.1　流程节点介绍

在 EON 中，用于流程控制的节点有 5 个，分别是 Task、AfterParentTask、DelayTask、IterationTask、MemoryTask，其中 Task 节点是基本节点，其他 4 个节点都是 Task 节点的功能扩展，也就是说其他 4 个节点除了具备 Task 节点的功能，还具有自己独特的一些功能。

AfterParentTask 节点的功能是在其父任务启动时启动，即使它不是其父任务的第一个子任务。

DelayTask 节点的功能是在到达一定的时间后将其状态自动更改为 Completed，时间参数可通过 DelayTask 节点的 Time 域进行设置，单位为秒。

IterationTask 节点的功能是在完成该任务之前重复它的子任务一定次数，重复次数可通过 IterationTask 节点的 Iterations 域进行设置。如果要进行无限重复，将其设置为-1 即可。

MemoryTask 节点的功能是在该类任务被重置后会立即将其状态更改为 Started。鉴于该节点的这种特性，它可作为整个任务流程的启动节点，并将其第一个子节点作为下一个要执行的节点。

7.2.2　流程节点属性和域

图 7-3 是 Task 节点和 DelayTask 节点的属性设置对话框。

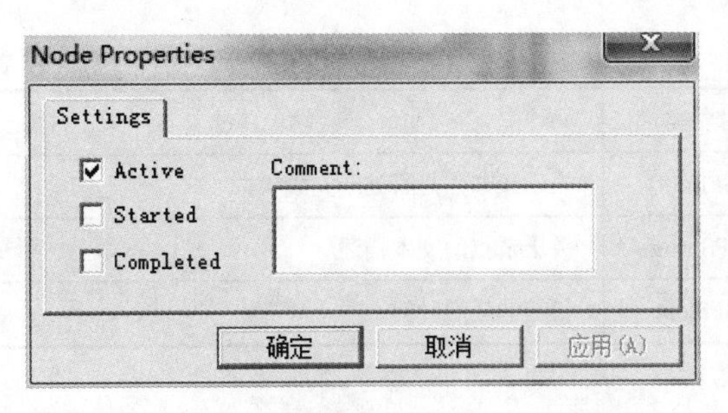

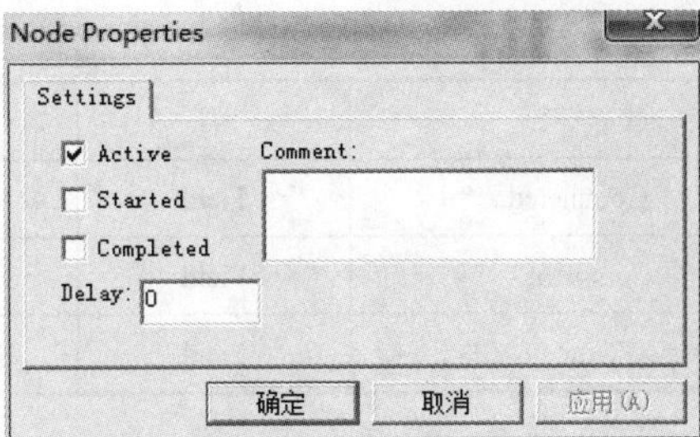

图 7-3　Task 节点和 DelayTask 节点的属性设置对话框

Active：选中后表示节点在仿真程序运行时处于激活状态。在启动仿真程序时，所有流程节点的“Active”都将设置为 TRUE。

Started：选中后表示任务已启动。可以在更改该属性后单击“确定”按钮来强制节点进入 Started 状态。

Completed：选中后表示任务已完成。可以通过选中该属性并单击“确定”按钮来强制节点进入 Completed 状态。

Delay：任务的延迟时间。该属性仅存在 DelayTask 节点上，在 IterationsTask 节点属性中也存在一个类似的 Iterations 属性。

Comment：用于记录关于该节点的相关说明。

表 7-1 描述了流程节点域的功能。

表 7-1　流程节点域的功能

域　名	域 类 型	数 据 类 型	功　能
RequestStart	eventIn	SFBool	向节点发送启动请求。注意：只有在 IsStarted 和 IsCompleted 两个域的值都为 FALSE 时，该请求才会有效
RequestCompleted	eventIn	SFBool	向节点发送完成请求。注意：只有在 IsStarted 域的值为 TRUE 且 IsCompleted 域的值为 FALSE 时，该请求才会有效
Started	eventOut	SFBool	当节点启动后，该域发送 TRUE 事件
Completed	eventOut	SFBool	当节点完成后，该域发送 TRUE 事件
ActivateOnStarted	exposedField	MFNode	当节点启动后，在 Started 域发送 TRUE 事件的同时，会向该节点下的所有引用节点的 SetRun 域发送 TRUE 事件
DeactivateOnStarted	exposedField	MFNode	当节点启动后，在 Started 域发送 TRUE 事件的同时，会向该节点下的所有引用节点的 SetRun 域发送 FALSE 事件
ActivateOnCompleted	exposedField	MFNode	当节点完成后，在 Started 域发送 TRUE 事件的同时，会向该节点下的所有引用节点的 SetRun 域发送 TRUE 事件
DeactivateOnCompleted	exposedField	MFNode	当节点完成后，在 Started 域发送 TRUE 事件的同时，会向该节点下的所有引用节点的 SetRun 域发送 FALSE 事件
Active	Field	SFBool	表示该节点处于激活状态。如果该域的值为 FALSE，那么该节点的所有输入事件都会被忽略。另外，所有流程节点在仿真程序启动时都默认为激活状态
IsStarted	Field	SFBool	表示该节点是否处于已启动状态

续表

域　　名	域 类 型	数 据 类 型	功　　能
IsCompleted	Field	SFBool	表示该节点是否处于完成状态
Comment	Field	SFString	关于节点的文本描述
Time	Field	SFFloat	任务的延迟时间

7.3 如何进行流程控制

所有流程节点都存在三种状态：重置（Reset）、启动（Started）和完成（Completed）。

每个流程点都有 RequestStart 和 RequestCompleted 域，用于更改节点的状态。域名中的 Request 一词意味着向流程节点发出某个请求，请求是否成功取决于任务的当前状态，也就是节点中 IsStarted 和 IsCompleted 两个域的值。

只有在 IsStarted 和 IsCompleted 两个域的值都为 FALSE 时，RequestStart 请求才会有效。只有在 IsStarted 域的值为 TRUE 且 IsCompleted 域的值为 FALSE 时，RequestCompleted 请求才会有效。

三种状态与 IsStarted 和 IsCompleted 两个域的关系如表 7-2 所示。

表 7-2　流程节点状态与域的关系

状　　态	说　　明
Reset	IsStarted = FALSE，IsCompleted=FALSE
Started	IsStarted = TRUE，IsCompleted=FALSE
Completed	IsStarted = TRUE，IsCompleted=TRUE

所有流程节点必须按从重置到启动再到完成的顺序进行状态变更，但随时可以将其重置。

在仿真运行期间，可以实时监视每个流程节点的当前状态，从而掌握仿真程序的进度，如已完成和剩余的任务等，这为调试仿真程序提供了一种有效的手段。查看的方法是，选择一个任务（即某个流程节点），然后查看 IsStarted 和 IsCompleted 这两个域的复选框状态。

流程节点的状态可以通过手动方式和自动方式进行修改。

1．手动方式

通过手动方式更改单个流程节点状态的方法（使用逻辑关系连接或脚本程序）如下。

（1）重置任务方式：在任何状态下，可通过向 RequestStart 域发送 FALSE 来重置任务。

（2）启动任务方式：在 Reset 状态下，可通过向 RequestStart 域发送 TRUE 来启动任务。

（3）完成任务方式：在 Started 状态下，可通过向 RequestCompleted 域发送 TRUE 或 FALSE 来完成任务。

注意：以下操作不会更改状态：在 Reset 状态下，向 RequestCompleted 域发送 TRUE 或 FALSE；在 Completed 状态下，向 RequestStart 域发送 TRUE。

2. 自动方式

（1）在仿真程序启动时，所有任务都将默认为重置状态（Reset）。

（2）当某个任务A启动后，其下的第一个子任务A1将自动启动。

（3）当子任务A1完成后，其同级后续的第二个子任务A2将自动启动。

（4）当任务A的所有子任务A1和A2都完成后（此时A1和A2处于完成状态），任务A也就完成了。

（5）重置任务A或其父任务时，任务A下的所有子任务都将被重置。

（6）MemoryTask节点会在任务重置后立即启动。

（7）AfterParentTask节点会在其父任务启动时启动，即使它不是其父任务的第一个子任务。

（8）DelayTask节点会在启动后将会在设置的时间内自动转换为完成状态。

（9）IterationsTask节点会在其所有子任务完成时重置，或者在其所有子任务完成一定次数后重置。

7.4　流程控制注意事项

创建具有流程控制的仿真程序主要由以下4个步骤组成：

（1）将流程节点插入仿真树的适当位置并将其重命名。

（2）在待启动或待完成时，需要为自动激活或停用的4个域添加节点引用。

（3）在逻辑关系视窗中，根据仿真程序设计的功能将其他控制节点连接至流程节点的RequestStart和RequestCompleted域，该步骤也可以通过脚本程序实现。

（4）运行、测试和调试仿真程序。

下面重点对流程控制的使用注意事项进行说明。

使用层次结构中较高的节点对任务进行分组和描述，并将层次结构中最低的节点通过手动方式设置为完成状态，这样有助于自动完成其父任务。通过这种方式使得某个子树可以被复制到别的地方使用，这对流程的重新修改来说是非常灵活的，体现了代码的可重用性。

MemoryTask节点具有两个主要功能，第一个功能用于启动流程。由于所有任务在仿真程序开始时都会被设置为重置状态，而MemoryTask节点将会自动设置为启动状态，所以在使用MemoryTask节点时，不需要手动启动该节点。常见的做法是将下一个任务作为子节点放置到MemoryTask节点下，因为只有存在已启动的父任务时，流程才能继续往下执行。

MemoryTask节点的第二个功能是对前面执行的操作进行存储。由于MemoryTask节点始终设置为启动状态，因此会对RequestCompleted域进行监听。如果将MemoryTask节点作为子任务放置到某个父任务下，则即使其父任务未设置为启动状态，该节点也会设置为启动，用户可以随时完成该子任务，但不会继续执行下一个任务。也就是说，由MemoryTask节点启动的后续流程将会暂停，直到其父任务设置为启动状态为止。当其父任务设置为启动状态时，它将搜索其下的子任务。如果搜索到某个子任务的状态为完成状态，那么将开始执行下一个子任务。也就是说，它将记住某个已经完成的子任务，不需要再次重复执行该子任务。当然，如果用户尚未完成该任务，则必须继续完成。

如果仿真程序从 MemoryTask 节点开始，则不要将下一个任务作为 MemoryTask 节点的同级任务。在这种情况下，流程无法自动从一个任务继续到下一个同级任务，因为它们上面没有父任务。因此，请将下一个流程节点作为 MemoryTask 节点的第一个子任务。

例如，用户的任务是从设备上拆卸面板，但在这之前必须首先拆卸掉面板上的 4 个螺钉。当用户单击螺钉时，可以显示螺钉旋转和提升的动画。因为按照一定的顺序卸下这 4 个螺钉并不重要，所以可以使用 AfterParentTask 将它们全部设置为已启动的任务。在图 7-4 中，父任务被命名为 Remove Panel，4 个子任务被命名为 Screw 1、Screw 2、Screw 3 和 Screw 4，第一个子任务 Screw 1 自动设置为启动状态，但其他三个子任务不会设置为启动状态，除非将这三个子任务节点设置为 AfterParentTasks。

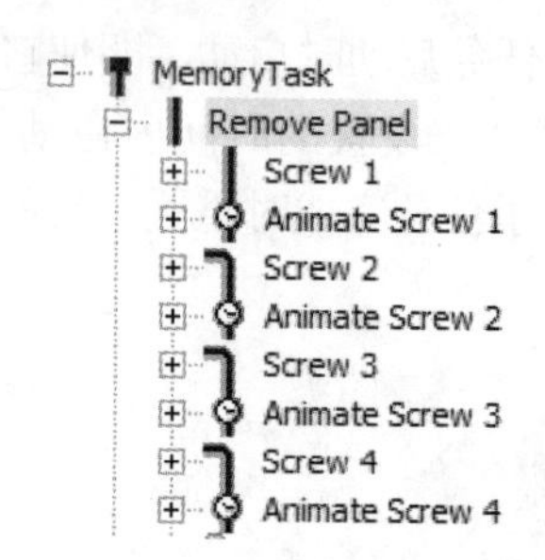

图 7-4　通过流程节点方式拆卸掉面板的 4 个螺钉

上一个示例表示与（AND）逻辑，因为用户必须单击所有螺钉才能继续执行下一个任务，也就是拆卸面板。另一种情况是或逻辑，其中 4 个已启动任务中的任何一个被设置为完成，便会将其父任务设置为完成。这就需要在其中一个子任务的 Completed 和其父任务的 RequestCompleted 之间创建逻辑关系连接。

DelayTask 节点在一定的秒数后会自动完成其自身任务。在 DelayTask 节点的 Time 域中可设置延迟的秒数。例如，可以使用 DelayTask 节点等待用户观看动画或阅读消息，或者使用 DelayTask 节点设置用户执行某个操作的时间限制。

通常，需要将或逻辑与 DelayTask 节点相结合。例如，可以要求用户在 5 s 内单击某个物体。如果单击了，则显示一条消息；如果没有单击，则显示另一条消息。DelayTask 节点的特殊使用方法如图 7-5 所示。

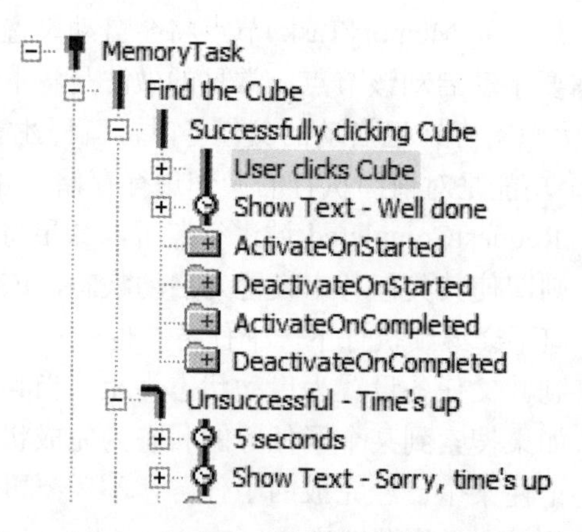

图 7-5　DelayTask 节点的特殊使用方法

本示例将流程分为两条路径：成功路径和不成功路径。使用 AfterParentTask 节点，以便在“Find the Cube”任务下启动两个任务。如果用户单击了立方体，则从 ClickSensor 节点到“User clicks Cube”任务的逻辑关系连接将设置该任务为完成状态，并激活下一个任务“Show Text - Well done”。但是，当显示“Well done”文本时，“5 seconds”这个任务可能会因为超时而设置为完成，并显示“Show Text-Sorry, time’s up”消息。

必须在“User clicks Cube”任务的 Completed 与“Unsuccessful-Time’s up”任务的 RequestCompleted 之间创建逻辑关系连接。完成“User clicks Cube”任务后，名为“Show Text-Sorry, time’s up”的子任务将不会启动，因为其父任务将不会处于启动状态。类似地，对于另外一个分支，即不成功路径，如果已经过了 5 s 的时间限制，并且显示“Show Text-Sorry, time’s up”文本，则不希望用户单击立方体并显示“Well done”文本。“5 seconds”任务的 Completed 到“Successfully clicking Cube”任务的 RequestCompleted 之间的逻辑关系将阻止流程继续显示“Well done”文本。

IterationsTask 节点以固定的次数重复其子任务，这与编程语言中的循环类似。通过使用 RequestCompleted 可以随时停止任务。如果需要无限次数的重复，则 Iterations 域应设置为-1。IterationsTask 节点会在其所有子任务都设置为完成时，将任务设置为完成状态。

接下来将探讨如何将节点组合起来设计一个系统，以此来创建仿真程序。通常，某个流程节点的完成主要是通过用户的输入响应（触发流程节点的 RequestCompleted）来实现的，而哪个流程节点被启动取决于各级流程节点的相互关系（包括父节点、子节点和同级节点），以及这些节点的当前状态（如重置、启动和完成）。

通常，子任务是不会在其父任务启动之前启动或完成的，但这可以通过手动方式请求启动和完成该子任务。当具有一些已完成子任务的父任务最终启动时，它将启动未完成的第一个子任务。当然，如果尚未完成的第一个子任务已经启动，则没有变化。但如果所有子任务都已完成，但父任务甚至尚未启动，则当父任务最终启动时，它将立即被设置为完成状态。

当用户执行某些操作时，通常是依靠流程节点来自动启动某个任务节点的，所以连接到流程节点的逻辑关系是 RequestCompleted。

用户在使用流节点时要注意，某个子任务必须在其父任务启动后，同时其前面的同级子任务完成之后，才会启动该子任务。

同级流程节点之间不会传递信息，除非这些节点有一个共同的父节点，因此，在利用流程节点设计仿真程序时，建议始终从 MemoryTask 节点开始，并将其作为整个流程的父节点，然后将其他所有任务流程节点都作为该节点的子节点。

第 8 章

EonX 控件编程

8.1 EonX 控件介绍

8.1.1 什么是 EonX 控件

EonX 是一个用于在其他程序内部显示和控制 EON 仿真程序的 ActiveX 控件。所有的 EON 仿真程序发布都会用到 EonX 控件，在 EON Studio 环境之外显示和运行 EON 仿真程序的唯一方法就是使用 EonX 控件。

所谓 ActiveX 控件，就是将一些相关的程序代码封装成一个特定的包，以便将其插入其他程序（称之为主机应用程序）中。如果没有 ActiveX 控件，那么主机应用程序要想显示 EON 仿真程序的话，就必须借助程序员进行底层开发。EON 支持微软的 ActiveX 标准，所以可以将 EON 仿真程序插入支持 EonX 的主机应用程序中。

8.1.2 什么是主机应用程序

主机应用程序可以在其内部显示和运行 EON 仿真程序。将一个程序插入另外一个程序的常见方式就是使用 ActiveX 控件，而 EON 继承了微软的 ActiveX 技术标准，创建一个名为 EonX 的 ActiveX 控件。如果某个主机应用程序希望运行 EON 仿真程序，那么就必须遵循这个标准，并支持 EonX 控件。

不同的主机应用程序在 ActiveX 控件的插入的方式、属性的设置以及方法的调用等方面仍有很大的差异，也有不同的程序编写方法和不同的图形用户界面。

通过在主机应用程序中插入 EonX 控件，EON 仿真程序便可以在主机应用程序的某个内部视窗中进行显示和运行，视窗的宽度和高度都可以进行设定。EonX 控件的属性必须在开始运行 EON 仿真程序之前进行设置，这些属性包括 EON 仿真程序的文件名、进度条和仿真视窗背景等。如果要在 EON 仿真程序运行时使用 EonX 控件或者改变 EonX 控件的属性，则需要编写脚本程序。

8.1.3 EonX 控件的属性、方法和事件

就像所有的 ActiveX 控件一样，EonX 控件也有其特定的属性、方法和事件。

EonX 控件的属性就是其作为控件时的属性。在主机应用程序中插入 EonX 控件时，一般

需要对 EonX 控件的属性进行调整，例如，显示视窗的大小，或者指定要运行的 EON 仿真文件等。

EonX 控件的方法实际是一组操作函数，可以用来启动、停止和暂停 EON 仿真程序，也可以用来从主机应用程序向 EON 仿真程序发送事件，还可以在全屏显示模式下运行，并且可以将 EON 显示的快照图像保存到本地硬盘。

EonX 控件的事件实际是一种消息机制，通过它主机应用程序可以知道发生了哪些行为。对于 EonX 控件，只有一种类型的事件，通过该事件可处理 EON 仿真程序与主机应用程序之间可能发生的多事件通信。

8.2 EonX 控件的属性

EonX 控件共有 12 个属性，下面对每个属性进行介绍。

1. AutoPlay

AutoPlay 属性用于指定在 EON 仿真程序运行时是否自动加载运行 EonX 控件，它的值可以是 0 或 1。当 AutoPlay=1 时，在启动 EON 仿真程序时会自动加载运行 EonX 控件；当 AutoPlay=0 时，在启动 EON 仿真程序时则不会自动加载运行 EonX 控件。

注意：EON 仿真程序是通过 Start()函数启动的，启动 EON 仿真程序后首先会加载所需的所有组件，然后开始运行 EON 仿真程序。

2. Background

Background 属性用于指定当未加载运行 EonX 控件时 EON 仿真程序使用的背景，背景可以是特定颜色或位图。当 Background 属性设置为 bitmap.bmp 时，表示使用当前路径下的 bitmap.bmp 位图文件作为背景。Background 属性还可以与 Codebase 属性结合起来定位文件，例如，当 Codebase 属性设置为“http://server/dir”时，EonX 控件将下载文件“http://server/dir/bitmap.bmp”。位图可以被定义为拉伸，这样它就会填充整个背景区域。如果未设置 Background 属性（或设置为空字符串），将默认显示白色背景。

（1）使用纯色作为背景：要使用纯色作为背景，请使用格式为“#RRGGBB”的字符串，其中 RR、GG 和 BB 表示相应的颜色分量（红色、绿色和蓝色）的强度，强度用十六进制的数字表示。默认背景颜色为白色（对应于字符串“#FFFFFF”)，红色使用字符串“#FF0000”，绿色使用字符串“#00FF 00”，蓝色使用字符串“#0000FF”。

（2）使用位图作为背景：要使用位图作为背景图像，则需要指定位图文件的绝对路径或相对路径，也可以结合 Codebase 属性来指定路径。如果要对位图进行拉伸显示，请在路径的末尾添加“,s”，如“http://server/dir/bitmap.bmp,s”。

（3）使用纯色和位图组合作为背景：要同时使用位图和纯色，则使用逗号来分隔位图文件名和路径中的颜色代码。注意，如果位图被拉伸，它将覆盖纯色背景颜色。例如“http://server/dir/bitmap.bmp,#FF0000”将下载并显示文件位图 bitmap.bmp 作为背景，位图不拉伸，并显示在红色背景（由字符串“#FF0000”指定）上。

3．Codebase

Codebase 属性用于指定下载文件的路径或 URL。如果 EonX 控件需要其他文件，它将尝试从 Codebase 属性中指定的位置下载这些文件。如果文件在指定位置不可用，或者未设置 Codebase 属性，则假定该文件已在本地计算机上。然后，EonX 控件将检查该文件以前是否已安装，并在必要时安装该文件。如果找不到所需的任何文件，则会在弹出的消息框中显示错误报告。

4．ConfigurationScheme

ConfigurationScheme 属性与 SchemeValues 属性一起对 EON 仿真程序进行配置，如果该属性为空，则 EON 仿真程序将使用 EON Studio 中 Configuration 对话框中的默认设置；如果不为空，则在运行 EON 仿真程序时覆盖用户的当前设置。当 EON 仿真程序停止时，将重新激活用户以前的设置。ConfigurationScheme 属性其实是 SchemeValues 属性值中的一个。

5．Progressbar

Progressbar 属性用于指定下载和加载时进度条是否可见。当该属性设置为 1 时显示进度条；当该属性设置为 0 时隐藏进度条。

6．PrototypebaseURL

PrototypebaseURL 属性是为 EON 动态加载而设计的，用于指定存储 EON 元件文件的路径。

7．SchemeValues

SchemeValues 属性是一个用逗号分隔的设置列表，用于控制 EON 仿真程序的展现方式。

8．SettingsButton

SettingsButton 属性已过时，建议将该属性设置为 0。

9．SimulationFile

SimulationFile 属性用于指定要运行的 EON 仿真程序文件。文件可以位于本地或远程服务器，可以指定相对路径或绝对路径。如果未设置此属性，则仅显示 Background 属性指定的背景。

有两种类型的 EON 仿真程序文件适用于 EonX 控件，它们是 EDZ 和 EOZ 格式。EDZ 格式是用于发布的文件格式，它不能在 EON Studio 中打开；而 EOZ 格式是源文件格式，包含处于未压缩状态的资源。

10．Toolbar

Toolbar 属性已过时，建议将该属性设置为 0。

11．TrackerURL

TrackerURL 属性已过时，建议将该属性设置为空。

12．Version

Version 属性是只读的，代表插入 EonX 控件的主机应用程序的版本。Version 属性是一个由 4 个整数组成的数组：第一个整数，即索引 0，代表主版本号；第二个整数，即索引 1，代表中间版本号；第三个整数，即索引 2，代表次要版本号；第四个整数，即索引 3，代表编译版本号。

8.3 EonX 控件的方法

EON 提供了一系列方法用于控制 EonX 控件，这些方法的调用方式取决于要插入 EonX 的主机应用程序。

8.3.1 Start 方法

调用 Start 方法将启动在 SimulationFile 属性中指定的 EON 仿真程序。如果 AutoPlay 属性设置为 1，则不需要使用 Start 方法。

8.3.2 Stop 方法

调用 Stop 方法将停止当前正在运行的 EON 仿真程序。如果没有运行 EON 仿真程序，则此方法无效，该方法没有参数。

需要注意的是，不要直接在响应外部事件时调用该方法，这很容易导致系统崩溃。建议在响应外部事件后，延迟一定的时间后再调用该方法，如下所示。

```
function EON_OnEvent(e, v)
{
    if (e==“AllFinished”)
    setTimeout('EONStop()', 100);
}
```

8.3.3 Pause 方法

调用 Pause 方法将暂停 EON 仿真程序，这将释放 CPU 以便用于其他用途。该方法的参数为 TRUE 或 FALSE，参数为 TRUE 时将暂停 EON 仿真程序，参数为 FALSE 时将取消暂停。当暂停 EON 仿真程序时，EON 仿真程序显示最后渲染的图片、视窗的绘制/刷新也被禁用，因此视窗可能会被破坏。取消暂停时，EON 仿真程序将从暂停的位置继续运行。

8.3.4 Fullsize 方法

该方法可以使正在运行的 EON 仿真程序以全屏模式显示，EON 仿真程序将覆盖整个屏幕，与所使用的屏幕分辨率无关。该方法的参数为 TRUE 或 FALSE。参数为 TRUE 时将进入全屏模式，参数为 FALSE 时将返回以前的大小。因为在全屏模式下，看不到任何主机应用程序控件，建议在 EON 仿真程序中设置一个返回按钮，当单击该按钮时，将发送一个输出事件，使主机应用程序退出全屏模式。

8.3.5　SaveSnapshot 方法

该方法使用户能够从 EON 仿真程序获取快照映像，并将映像保存为.ppm 或.png 格式的图像文件，文件只能保存在用户硬盘上。该方法的参数必须是有效的路径和文件名。例如：

```
eonx.SaveSnapshot("C:\snapshot.ppm");
```

该方法不会自动创建文件夹，如果路径无效，则不会保存图像，也不会显示错误消息。

8.3.6　ShowSettingsDialog 方法

该方法将显示一个设置对话框，用户可以更改仿真的渲染设置。

注意：此对话框中所做的更改不会影响当前正在运行的 EON 仿真程序，必须重新启动 EON 仿真程序才能应用这些更改。

8.3.7　SendEvent 方法

主机应用程序可通过 EonX 控件的 SendEvent 方法与正在运行的 EON 仿真程序进行通信。要使用此功能，必须首先在 EON 仿真程序中定义外部输入域，SendEvent 方法通过向这些外部输入域发送事件来触发正在运行的 EON 仿真程序中的特定事件。

SendEvent 有两个参数：第一个参数是指定事件名称的字符串，此名称必须与在 EON 仿真程序中定义的外部输入域名称相同；第二个参数是事件的值，该值的数据类型必须与在 EON 仿真程序中定义的外部输入域的数据类型相同。

如果未运行 EON 仿真程序，则此方法无效。同样，如果使用了错误的事件名称、数据类型或者外部输入域未连接到 EON 仿真程序中的其他节点域，则方法也无效。

8.4　EonX 控件的事件

EonX 控件只有一个称为 OnEvent 的事件，该事件用于从 EON 仿真程序向主机应用程序发送输出事件。

OnEvent 有两个参数：第一个参数是输出事件的名称（字符串格式）；第二个参数是输出事件的值，该值的类型取决于事件的数据类型（如 SFBool）。

在发送事件之前，必须使用 EON Studio 在 EON 仿真程序中定义的外部域，来自 EON 节点的输出事件必须连接到这些外部域。在 EON 仿真程序运行期间，输出事件被发送到主机应用程序，主机应用程序必须使用基于 OnEvent 事件的脚本程序来处理输出事件。如果没有为 OnEvent 创建脚本程序，那么来自 EON 节点的输出事件将被忽略。

8.5 与主机应用程序通信

8.5.1 设计 EON 仿真程序来进行外部通信

在主机应用程序中插入 EonX 控件时，主机应用程序可能需要与 EON 仿真程序进行通信。例如，通过按钮来启动和停止 EON 仿真程序，或者从主机应用程序触发特定事件。在某些情况下，可能还需要从 EON 仿真程序触发主机应用程序中的操作。可以通过向 EON Studio 中的 EON 仿真程序添加外部域（包括外部输入域和外部输出域）与主机应用程序通信，这些域用于接收和发送事件（包括输入事件和输出事件），这些事件可以包含不同类型的数据，例如文本、数字或布尔值。

8.5.2 添加外部域

EON 仿真程序通过发送和接收事件与主机应用程序通信，如果 EON 仿真程序打算与主机应用程序通信，则需要用于处理事件的外部逻辑关系。

1. 在 EON 仿真程序中添加外部输入域

当主机应用程序与 EON 仿真程序通信时，外部事件被发送到 EON 仿真程序。在发生这种情况之前，必须在逻辑关系视窗中定义用于接收主机应用程序事件的外部输入域。

如图 8-1 所示，单击逻辑关系视窗左下角的外部输入域图标，此时将显示外部输入域定义对话框，输入名称并选择数据类型，然后单击“OK”按钮。

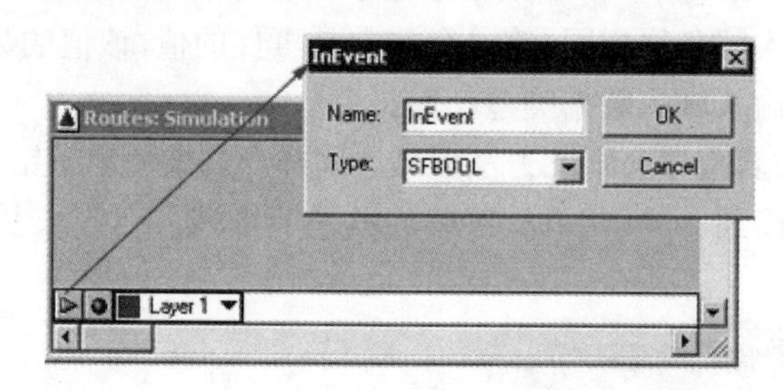

图 8-1 在 EON 仿真程序中添加外部输入域

通过在主机应用程序中使用 SendEvent 方法，可以将事件发送到该域中。

2. 在 EON 仿真程序中添加外部输出域

如果要让 EON 仿真程序向主机应用程序发送事件，必须添加一个用于发送输出事件的外部输出域。

如图 8-2 所示，单击逻辑关系视窗左下角的外部输出域图标，此时将显示外部输出域定义对话框，输入名称并选择数据类型，然后单击“OK”按钮。

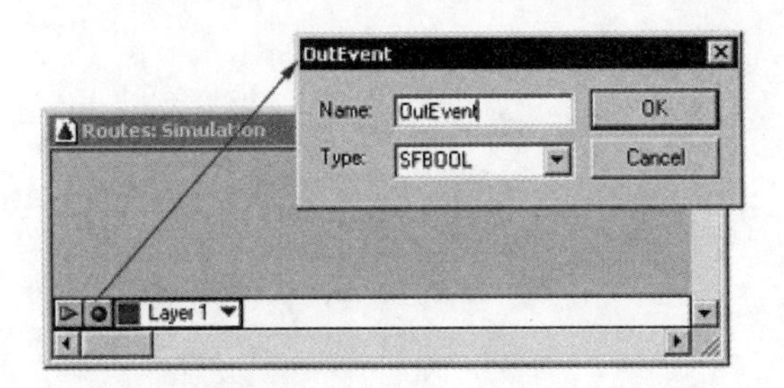

图 8-2 在 EON 仿真程序中添加外部输出域

8.5.3 通过外部域接收和发送事件

（1）主机应用程序向 EON 仿真程序发送事件。主机应用程序可通过 SendEvent 方法向 EON 仿真程序中的某个外部输入域发送事件，从而触发 EON 仿真程序内部设计好的事件，值得注意的是，该外部输入域必须事先在 EON 中构建仿真程序时添加。

（2）主机应用程序接收 EON 仿真程序发送的事件。在主机应用程序中，可利用 EonX 控件的 OnEvent 事件接收 EON 仿真程序发送的事件。

第 9 章

EON 仿真程序的网页发布方式

EON 提供了一个非常方便的网页发布向导，该向导可以将设计好的 EON 仿真程序快速地发布到网站上，这对于许多新手而言是非常方便的。另外，EON 还提供了许多可用的变量和函数，这些变量和函数可用于 Web 浏览器和 EON 仿真程序之间的动态交互。对于高级 Web 开发人员来说，可以利用这些变量和函数自行设计交互内容，还可以充分利用 HTML、CSS 和 JavaScript 来自定义网页的显示内容、样式和某些特殊交互行为。

本章分别从 EON 提供的变量和函数入手，深入讲解其用法，最后对 EON 提供的网页发布向导进行演示。

9.1 EON 网页发布条件

1. 在网页上运行 EON 仿真程序

要在网页上显示 EON 仿真程序，必须将 EonX 控件嵌入 HTML 文件中。在 HTML 文件中嵌入 EonX 控件的最简单的方法是使用 EON Studio 中提供的 EON 网页发布向导，该向导将生成必要的 HTML 代码和 JavaScript 代码，以便在 IE 和 Firefox 浏览器中顺利运行 Web 应用程序，该向导生成的所有文件都将放置在指定的目录中。

注意：只有安装了 EON Studio 或者 EON Viewer，EonX 插件才会在操作系统中自动进行注册。

2. 支持的操作系统

EON Studio 是一个为 Windows 平台开发的交互式 3D 应用程序的工具，目前还暂不支持其他开发平台。

3. 支持的浏览器

EON 支持以下浏览器：

- IE 8 及更高版本（仅 32 位）；
- Firefox 3.6 版及更高版本；
- Chrome 10 及更高版本。

9.2 EON 网页发布方法

9.2.1 使用 EON Web API 方法

EON 提供了一套简单的 API（应用程序接口）来解决网页发布的问题，API 由存储在外部脚本文件中的一组变量和函数组成。EON 网页发布向导完全支持此解决方案，它创建了 EON Web 文件，大大简化了事件的发送和接收。

通过使用 EON Web API 解决方案，只需要一行代码即可将 EON 仿真程序插入网页。

```
<script language="JavaScript" type="text/JavaScript">EONInsert();</script>
```

所有设置都位于从 EON 网页链接的外部脚本文件中。此外，API 位于外部 JavaScript 文件和一个 VBScript 文件中，如果有多个 EON 网页链接到这些文件，那么下载时间就会减少，因为不必重复下载 JavaScript 文件。

将所有设置放在一个文件中的优点是，可以通过更改此文件来同时更新多个网页的设置，但也可以在每个 EON 网页中进行个别设置。

有些设置不会经常更改，如果要修改的话，EON 仿真程序也需要一并进行更改，例如，更换服务器或者改变加载 EON 仿真程序时的背景。

9.2.2 EON 网页发布相关的几个文件

EON 网页发布相关的文件如表 9-1 所示。

表 9-1　EON 网页发布相关的文件

EON Web 文件	说　明
HTML 网页文件	EON 要插入的 HTML 页面，如 index.html
eonx_variables.js	保存 EON Web 应用程序重要设置的变量列表（如 JavaScript 文件）
eon_functions.js	完成大多数任务的功能代码（如 JavaScript 文件）
eon_functions.vbs	在 IE 中发送不能用 JavaScript 完成的事件时所需的 VBScript 代码（VBScript 文件）

注意：不要修改 eon_functions.js 文件和 eon_functions.vbs 文件。

开发 EON Web 文件（脚本文件）的目的是：

（1）通过删除尽可能多的 JavaScript 代码，使 EON 网页保持简单易懂。

（2）通过在所有 EON 网页中引用一组脚本文件，使 EON 网页的文件大小降至最小。使用一组函数同时在 IE 和 Firefox 浏览器中工作，从而简化 EON 网页所需的代码，以便在一个文件中更改 EonX 控件的设置来影响引用该文件的所有文件，如默认背景或版本更新。

1. 文件 1：HTML 网页文件

HTML 网页文件主要用于 EON 网页文件的引用，例如，设置特定 EonX 控件属性的脚本程序，以及用于插入 EON 仿真程序的脚本程序 eoninsert()。

（1）在 HTML 网页文件中添加引用。EON 网页文件是通过以下代码引用外部脚本程序文件的，这些代码必须插入 HTML 网页文件的 header 区域。也就是说，这些代码必须在<head></head>标签内，即：

```
<head>
    <script LANGUAGE="JavaScript" TYPE="text/javascript" SRC="eonx_variables.js"></script>
    <script LANGUAGE="JavaScript" TYPE="text/javascript" SRC="eon_functions.js"></script>
    <script LANGUAGE="VBScript" TYPE="text/vbscript" SRC="eon_functions.vbs"></script>
</head>
```

（2）在 HTML 网页文件中通过脚本程序接收来自 EON 的输出条件。这仅用于 EON 仿真程序有输出事件时，如果一个输出条件被发送到 Web 页面，那么将得到一个 Object Expected 错误提示。建议将下面的脚本程序放置在上述外部脚本程序引用之后。

```
<script language="JavaScript" type="text/javascript">
<!--
    function EON_OnEvent(e,v)
    {
        if(e= ="cubeclicked") alert("You clicked the cube!");
    }
    //-->
</script>
```

（3）在 HTML 网页文件中通过脚本程序设置 EonX 控件的属性。所有的 EonX 控件属性都是在 eonx_variables.js 文件中定义的，如果将该文件应用于多个网页，那么就需要在网页上设置一些特定属性，通常需要设置 EON 仿真程序的文件名，以及仿真视窗的宽度和高度。这些属性的设置必须放在外部脚本程序文件引用之后以及 EONInsert()函数之前，否则将无效。例如：

```
<script language="JavaScript" type="text/javascript">
<!--
    eonxSimulationFile = "chair3.eoz";
    eonxWidth = 495;
    eonxHeight = 297;
    function EON_OnEvent(e,v)
    {
        if (e= ="cubeclicked") alert("You clicked the cube!");
    }
//-->
</script>
```

（4）将 EON 仿真程序插入 HTML 网页文件。将 EON 仿真程序插入 HTML 网页文件时，只需要在相应的位置插入以下脚本程序即可。

```
<script language="JavaScript" type="text/javascript">EONInsert();</script>
```

EONInsert()函数的作用是将所需的 HTML 代码动态地写入 HTML 网页文件，在将 EonX 控件插入 HTML 网页文件时，该函数将替换<object>标签和<embed>标签。

2．文件 2：eonx_variables.js

eonx_variables.js 文件包含一系列变量声明，这些变量可用于 EON 仿真程序的设置，这些设置会影响 EON 仿真程序的外观、行为，以及如何安装 EonX 控件。

通常情况下，不需要编辑此文件，因为 EON 网页发布向导会根据用户需要的设置将它们自动写入此文件。

3．文件 3：eon_functions.js

eon_functions.js 文件包含了与 EON 仿真程序相关的很多功能，例如，获取浏览器信息、检测是否安装了 EonX 控件、处理未安装 EON 时的操作、插入 EON 仿真程序、更改 EonX 控件的属性、访问 EonX 控件的方法、发送和接收事件，以及获取事件信息。

4．文件 4：eon_functions.vbs

eon_functions.vbs 文件也包含一些 EON 函数，它是一个 VBScript 文件，该文件中没有需要直接调用的函数。

注意：不要修改文件 2、文件 3 和文件 4。

9.2.3　EON 变量

EON 控件变量是在 eonx_variables.js 文件中声明的。

1．覆盖变量值

虽然变量是在 eonx_variables.js 文件中声明的，但这并不意味着连接到该文件的 EON 网页设置都必须相同。如果某个页面需要不同的设置，则可以在 EON 网页中编写代码来覆盖 Settings 页面中声明的变量值。Settings 页面指的是 SimulationFile 的一个属性调用，例如，可以通过重新设置 EON 仿真程序的文件名，以及仿真视窗的宽度和高度来覆盖在设计 EON 仿真程序时的属性值。这些代码应该放在引用具有变量设置的外部脚本程序文件之后，以及调用 EONInsert()之前。

```
<script language="JavaScript" type="text/javascript">
    <!--
        eonxHeight = 300;
        eonxWidth = 400;
        eonxSimulationFile = "MyOffice5.edz";
    //-->
</script>
```

2．与 EonX 控件属性对应的变量

这些变量都以“eonx”开头，后跟属性名称，如表 9-2 所示。

表 9-2 与 EonX 控件属性对应的 EON 变量

EonX 控件属性	EON 变量	说 明
AutoPlay	eonxAutoPlay	由 EON 网页发布向导设置
Background	eonxBackground	由 EON 网页发布向导设置
Codebase	eonxCodebaseIE eonxCodebase2	不要手动改变该变量，它将通过其他变量来生成
ConfigurationScheme	eonxConfigurationScheme	默认设置为空字符串
SchemeValues	eonxSchemeValues	默认设置为空字符串
Progressbar	eonxProgressbar	由 EON 网页发布向导设置
PrototypebaseURL	eonxPrototypebaseURL	默认设置为空字符串
SimulationFile	eonxSimulationFile	由 EON 网页发布向导设置，也可以在网页文件中设置
TrackerURL	eonxTrackerURL	默认设置为空字符串
Height	eonxHeight	由 EON 网页发布向导设置，EON 仿真视窗的高度（以像素为单位）
Width	eonxWidth	由 EON 网页发布向导设置，EON 仿真视窗的宽度（以像素为单位）

3. 网页变量

eon_functions.js 使用的其他全局变量有 agt、is_major、is_win95、is_win98、is_winnt、is_win32、MOZ、OP、IE、Fourcount、curversion、isEONrunning、EonXStatus，可以打开 eon_functions.js 文件来查看这些全局变量。注意，在自己的脚本程序中定义变量时不要使用上述全局变量的名称。

9.2.4 EON 函数

EON 函数是为了在 IE 和 Firefox 浏览器中创建网页而提供的一种更改属性和访问 EonX 控件的方法。

EON 函数存放在两个文件中，一个是名为 eon_functions.js 的 JavaScript 文件，另一个是名为 eon_functions.vbs 的 VBScript 文件。在使用 EON 网页发布向导发布网页时，这些文件将随网页一起发布。如果要自己设计网页，那么就必须掌握这些函数的使用方法。

EON 函数可分为以下三类：

（1）EONInsert()函数。该函数的作用是将 EonX 控件插入 Web 页面，它是通过 JavaScript 的 document.write()方法动态修改<OBJECT>标记来实现的。最简单的方法是将以下代码插入 Web 页面中希望 EON 仿真程序出现的位置。

```
<script language="JavaScript" type="text/javascript">EONInsert();</script>
```

在调用 EONInsert()之前，可以对 EonX 控件的一些属性值进行重新修改，一般会设置 EON 仿真程序的文件名，以及仿真视窗的宽度和高度。例如：

```
<script language="JavaScript" type="text/javascript">
    <!--
```

```
            eonxSimulationFile = "MyOffice4.edz";
            eonxWidth = 400;
            eonxHeight = 300;
            EONInsert();
    //-->
</script>
```

（2）用于更改 EonX 控件属性值的函数。这类 EON 函数用于更改 EonX 控件的属性值，它们只能在调用 EONInsert()函数后使用，因为在调用 EONInsert()之前，EonX 控件还没有被插入，所以无效。

若要获取属性的值，请使用不带任何参数的 EON 函数；若要设定属性的值，则要将设定的值作为 EON 函数的参数。例如，要获取仿真程序的文件名：

```
var myfile = EONSimulationFile();
```

又如，更改正在运行的 EON 仿真程序：

```
EONSimulationFile（'MyRoom2.edz'）;
```

有几个属性是只读的，它们是 EONConfigurationScheme()、EONSchemeValues() 和 EONVersion()。

EON 函数很容易记忆，它们都是在 EonX 控件的属性名称加上"EON"前缀，如表 9-3 所示。

表 9-3　用于更改 EonX 控件属性值的函数

EonX 控件属性	EON 函数	说　明
Background	EONBackground()	用于查找或设置（Background）属性
Codebase	EONCodebase()	用于查找或设置 Codebase 属性，仅在 EON 仿真程序未运行时使用
Progressbar	EONProgressbar()	用于查找或设置进度条属性
SimulationFile	EONSimulationFile()	用于查找当前 EON 仿真程序文件名或更改正在运行的 EON 仿真程序
Version	EONGetVersion()	只读，返回由逗号分隔的 4 个值组成的字符串，这 4 个值分别是主要版本号、中间版本号、次要版本号、编译版本号
Height	EONHeight()	只支持 IE 浏览器
Width	EONWidth()	只支持 IE 浏览器

（3）EONSimulationFile()。该函数可以在网页中创建图像链接，单击该链接可更改将要运行的仿真程序文件。例如：

```
<a href="javascript:EONSimulationFile（'Nokia3200b.edz'）">
    <img src="nokia8.jpg" width="80" height="80" border=0>
</a>
```

网页中可以有很多这样的图像链接，通过这些链接可以在多个 EON 仿真程序之间进行切换。如果要在 EON 仿真程序的运行过程中更改仿真程序的文件属性，那么当前仿真程序将会被停止，需要在更改属性后重新启动 EON 仿真程序。如果在 EON 仿真程序处于非活动状态时更改了仿真程序的文件的属性，则该属性将被更改，但 EON 仿真程序不会启动，需要手动启动 EON 仿真程序。

与 EonX 控件的方法对应的函数如表 9-4 所示。

表 9-4　与 EonX 控件的方法对应的函数

EonX 控件的方法	EON 函数	说　明
Start	EONStart()	启动 EON 仿真程序
Stop	EONStop()	停止 EON 仿真程序
Pause	EONPause(boolean)	暂停/继续 EON 仿真程序
Fullsize	EONFullsize(boolean)	控制是否全屏显示 EON 仿真程序
SaveSnapshot	EONSaveSnapshot(filename)	将仿真视窗的场景进行截图并保存，如果没有给定输入参数，那么截图将默认保存为“c://eonx.png”
ShowSettingsDialog	EONShowSettingsDialog()	打开 Configuration 对话框
SendEvent	EONSendEvent(d,e,v1,v2, v3, v4)	发送和接收事件

9.2.5　发送和接收事件

本节主要介绍如何在 Web 页面和 EON 仿真程序之间发送和接收事件，事件有两种类型，即输入事件和输出事件。

在发送和接收事件之前，必须在 EON 仿真程序中创建必要的外部输入域和外部输出域，这只能在 EON Studio 中完成。

EON 网页发布向导生成的控件（如按钮或图像链接）可用于发送和接收事件，为此，必须使用正确的模板。

下面进一步说明如何更改这些控件发送事件的值、如何修改其外观，以及如何自行创建新事件。

1．向 EON 中定义的外部输入域发送事件

发送事件的函数为：

```
EONSendEvent (EONdatatype, EventName, Value1, Value2, Value3, Value4);
```

EONdatatype 表示要发送事件的值的数据类型，如布尔型、整型或字符串型。目前支持的数据类型有 9 种，它们是 SFBOOL、SFCOLOR、SFFLOAT、SFINT32、SFROTATION、SFSTRING、SFTIME、SFVEC2F 和 SFVEC3F。数据类型可以使用大写、小写或大小写混合的方式，它们在 eon_functions.js 发送之前都将转换转换为大写。

EventName 表示事件名称，该名称也不区分大小写。

Value1～Value4 表示要发送的值。某些数据类型需要将数组作为值发送，在这种情况下应将数组拆分为多个部分，而大多数数据类型只需要一个值。

下面给出了发送不同数据类型值的代码：

```
EONSendEvent('SFBOOL', 'MyEvent', TRUE);
EONSendEvent('SFCOLOR', 'MyEvent', 1, 0.5, 0) ;
```

```
EONSendEvent('SFFLOAT', 'MyEvent', 12.25) ;
EONSendEvent('SFINT32', 'MyEvent', 22) ;
EONSendEvent('SFROTATION', 'MyEvent', 10, 9, 8, 7) ;
EONSendEvent('SFSTRING', 'MyEvent', 'Hello') ;
EONSendEvent('SFTIME', 'MyEvent', 9600) ;
EONSendEvent('SFVEC2F', 'MyEvent', 0.2, 0.8) ;
EONSendEvent('SFVEC3F', 'MyEvent', 0, -10, 2) ;
```

以上函数是用 JavaScript 编写的，请把这些 JavaScript 代码嵌入 Web 页面中。下面是将 EONSendEvent 嵌入 Web 页面的几个示例。

当用户单击输入按钮时发送事件的方式为：

```
<form>
    <input type="button" value="Turn off the lights" onclick="EONSendEvent('SFBOOL', 'Lights', FALSE)">
</form>
```

使用链接发送事件而不是导航到新的 Web 页面的方式为：

```
<a href="javascript:EONSendEvent（'SFBOOL', 'Lights', FALSE）">Turn off the lights</a>
```

当单击图像时发送事件的方式为：

```
<a href="javascript:EONSendEvent('SFBOOL', 'Lights', FALSE)">
    <img src="images/lightoff.gif" border=0 alt="Turn off the lights" width=36 height=36>
</a>
```

如果数据类型拼写错误，将会收到一条警告，提示“Unrecognized EON datatype”，并且不会发送事件。如果事件名称拼写错误，则不会发生任何情况，因为 EON 仿真程序无法接收它，也不会给出任何提示信息。如果发送事件的值与 EON 中外部输入域的数据类型不匹配，那么事件的值不会被发送到 EON 中，也不会给出任何提示信息。

修改由 EON 网站发布向导创建的控件，代码如下：

```
<form name="eon_in_events_form" action="">
    <input type="button" value=""onclick="EONSendEvent('SFSTRING', 'RoomText', 'Hello EON')">
    RoomText
    <br>
</form>
```

该控件用于向 EON 仿真程序中的外部输入域 RoomText 发送“Hello EON”。当用户将鼠标放置在域 RoomText 所属的节点上时，将显示提示信息。

```
<form name="eon_in_events_form" action="">
    <input type="button" value="" onclick="EONSendEvent('SFSTRING', 'RoomText', ' Studing Web ')">
    RoomText
    <br>
</form>
```

2．通过 EON 中定义的外部输出域接收事件

接收事件的函数为 EON_OnEvent(e,v)，其中，e 表示事件的名称；v 表示事件的值，当事

件的数据类型具有多个值时，v 采用数组的形式。

对于初学者来说，使用 JavaScript 语言可以省去很多麻烦。JavaScript 语言区分大小写，因此当检查事件是否已到来时，请确保事件名称的每个字母使用相同的大小写，要与 EON 中的名称完全相同。初学者的另一个常见错误是，在检查某事件是否等于某事件时不使用两个等号，如果只使用一个等号，则变成了赋值操作，而不是逻辑判断操作了。例如：

```
function EON_OnEvent(e, v)
{
    // 如果收到的值为 ChairClicked，那么就会打开另一个网页 chair_info.html
    if(e == "ChairClicked")
    {
        top.content.location = "chair_info.html";
    }
    /*如果收到的值为 CamPos，那么就会在三个文本框 xpos、ypos、zpos 中分别显示摄像机的 X 轴、
Y 轴和 Z 轴的坐标*/
    if(e == "CamPos")
    {
        document.form1.xpos.value = v[0];
        document.form1.ypos.value = v[1];
        document.form1.zpos.value = v[2];
    }
}
```

9.3 EON 网页发布向导

通过使用 EON 网页发布向导，可以非常快速地将 EON 仿真程序发布到网页上。但是，由于 EON 网页发布向导提供的模板数量有限，对美观和功能要求严格的用户就需要修改 HTML 代码。如果能熟练掌握 HTML 和 JavaScript 编程技术，那么就可以很容易地修改由 EON 网页发布向导自动创建的 HTML 网页文件，还可以创建自己的模板。

在主菜单栏中选择“File→Create Web Distribution”可启动 EON 网页发布向导。

必须先保存 EON 仿真程序，然后启动 EON 网页发布向导。如果尚未保存 EON 仿真程序，EON Studio 会提示进行保存。

必须先建立发布文件。如果还没有创建发布文件，则先创建一个发布文件。发布文件是经过编译和压缩的，无法在 EON Studio 中打开。发布文件将保存在源文件（EOZ 文件）目录的子目录中，它具有与 EOZ 文件相同的名称，但是扩展名是.edz。

此时将打开 EON 网页发布向导，欢迎界面如图 9-1 所示，单击“下一步”按钮继续。

第一步，选择模板。

模板主要用于确定网页的功能和外观，从 EON 网页发布向导模板列表中选择一个模板，如图 9-2 所示，选中某个模板后，列表右侧会给出关于该模板的一些描述性说明和模板预览。

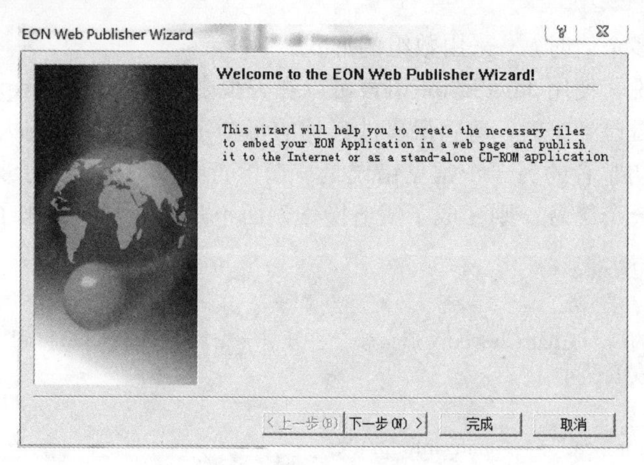

图 9-1 EON 网页发布向导的欢迎界面

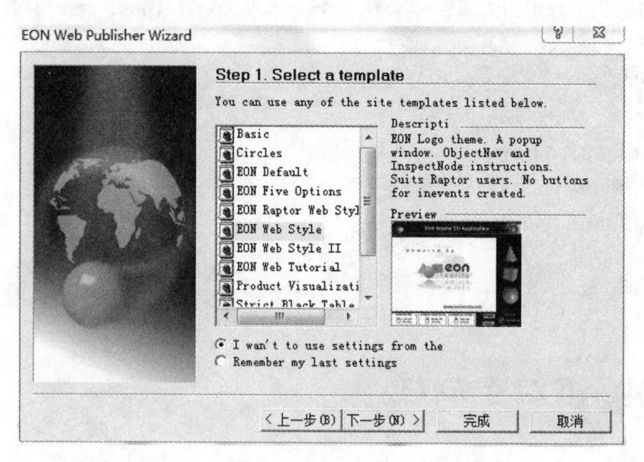

图 9-2 EON 网页发布向导选择模板

单击“下一步”按钮继续。

第二步，选择事件。

在该步骤中，EON 网页发布向导将显示 EON 仿真程序中定义的所有外部输入事件和输出事件（即外部域）的列表，如图 9-3 所示。

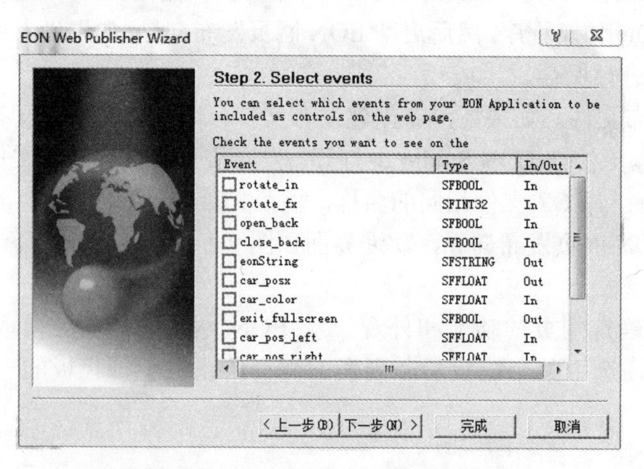

图 9-3 EON 网页发布向导选择事件

EON 网页发布向导可以为选择的事件添加默认控件（按钮），其目的是向 Web 开发人员演示如何发送和接收事件。但是，发送事件的值是虚拟值。

请注意，EON 五个选项模板有 5 页，其中只有一页的模板具有输入和输出事件控件，其他模板则没有。

为创建的按钮和文本字段选择输入和/或输出事件。

注意：某些数据类型无法在网页上使用，因此 EON 网页发布向导不支持以下这些数据类型：SFNODE、SFIMAGE、MFBOOL、MFCOLOR、MFFLOAT、MFIMAGE、MFINT32、MFNODE、MFROTATION、MFSTRING、MFTIME、MFVEC2F、MFVEC3F，所以不会列出这些数据类型的事件。

每个输入事件最多显示 3 种类型的按钮，用一个文本框显示一个输出事件的值。在 9-4 图中，选择了 5 个输入事件和 2 个输出事件。

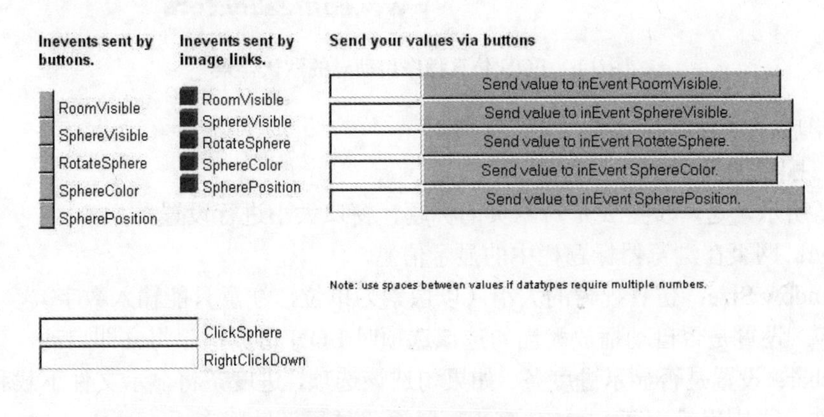

图 9-4　EON 网页发布向导选择事件后的网页控件布局

单击图 9-3 中的“下一步”按钮继续。

第三步，配置背景。

该步骤用于配置背景的显示方式，如图 9-5 所示。当正在加载 EON 仿真程序时，仿真视窗将会显示该背景。

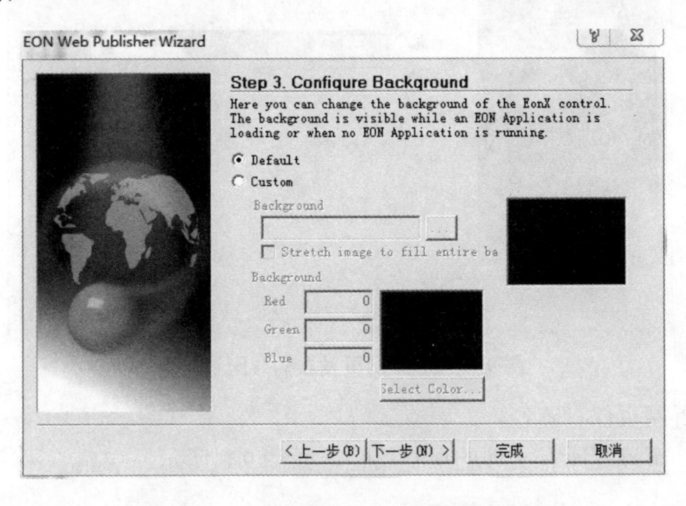

图 9-5　EON 网页发布向导配置背景

默认显示如图 9-6 所示的背景。

图 9-6　EON 仿真程序启动时的默认背景

设置完毕后，单击“下一步”按钮继续。

第四步，配置网页。

如图 9-7 所示，这一步主要是对网页的标题、窗口大小进行设置。

Web page：网页在浏览器标题栏中的显示信息。

EON Window Size：仿真视窗的大小（以像素为单位，注意只能输入数字）。

Autoplay：设置是否自动播放。当勾选该选项时 EON 仿真程序将立即启动，建议勾选。

Progressbar：设置是否显示进度条。如果勾选该选项，进度条将显示文件下载和加载的时间，建议勾选，否则很难判断 EON 仿真程序是否仍处于活动状态。

设置完毕后，单击“下一步”按钮继续。

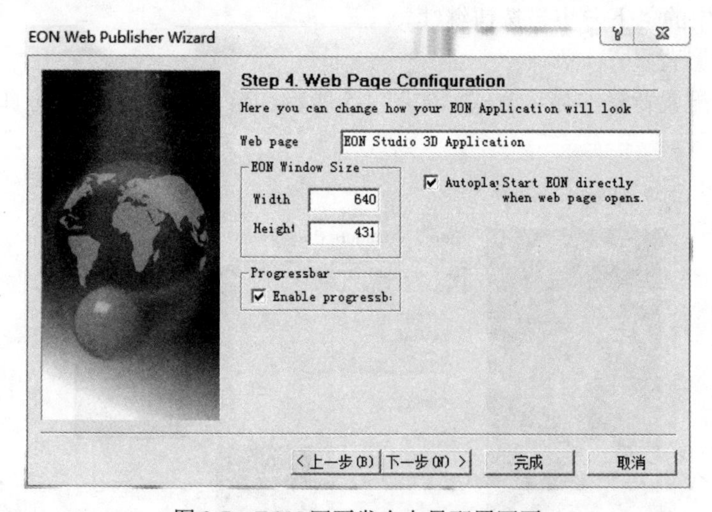

图 9-7　EON 网页发布向导配置网页

第五步，设置网页保存路径。

在此步骤中，可设置所有文件的保存路径，如图 9-8 所示。

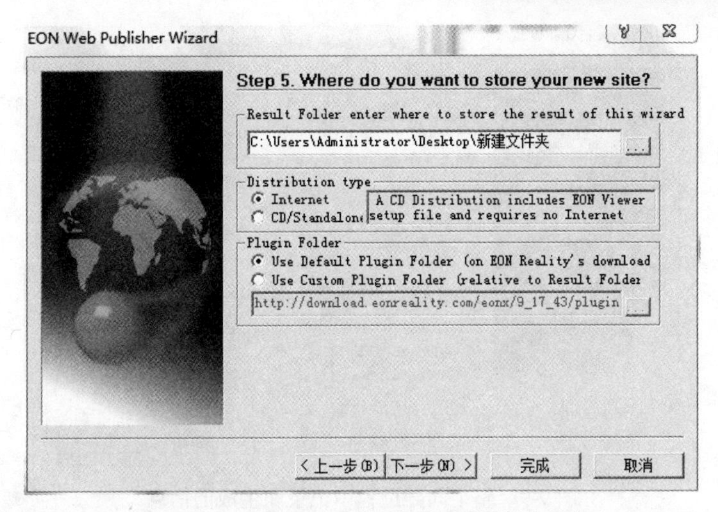

图 9-8　EON 网页发布向导设置网页保存路径

Result Folder…：可以在此处写入或浏览文件夹。通常，建议浏览到某个文件夹，以避免在不需要的位置创建文件夹；或者浏览到选择文件夹后在末尾写入新文件夹名称。

需要注意的是，eon_function.js、eon_functions.vbs 和 eonx_variables.js 等文件将被复制到与网页文件同名的文件夹中，这是因为在创建网页时需要将某些值插入 eonx_variables.js 文件中。

Distribution type：代表是网页发布还是 CD 光盘单独发布。对于 CD/Standalone 发布，plugin 文件夹也是必需的，因此其路径也是固定的。

Plugin Folder：插件文件夹。如果希望使用自定义插件文件夹，则会创建一个 plugin 文件夹。

（1）要想让所有插件都放在网页发布目录下的 plugin 文件夹下，只需在此输入框中填写“plugin”即可。

（2）要想让所有插件直接放在网页发布目录下，输入框请留空。

（3）如果使用相对路径“../../”，则不会创建任何文件夹。

（4）如果使用相对路径“../../plugin/”，则会在网页发布目录的上两级目录中创建一个名为 plugin 的文件夹。

EON 网页发布向导可以很方便地创建基于 CD/Standalone 或 Internet 的发布文件。在网页中查看 EON 仿真程序所需的所有文件都将在指定的目录中创建，然后可以将这些文件复制到 CD 上并发布给任何人。CD/Standalone 发布向导不需要计算机已安装 EonX 控件，也不需要连接 Internet。

在该步骤中，只需选择 CD/Standalone 发布即可。

单击“下一步”按钮继续。

第六步，信息汇总。

如图 9-9 所示，EON 网页发布向导的最后一步将显示在整个向导过程中记录和生成的一些信息，可以检查它们是否正确。勾选“Preview in browser”后单击“完成”按钮，可在浏览器中显示新网页。

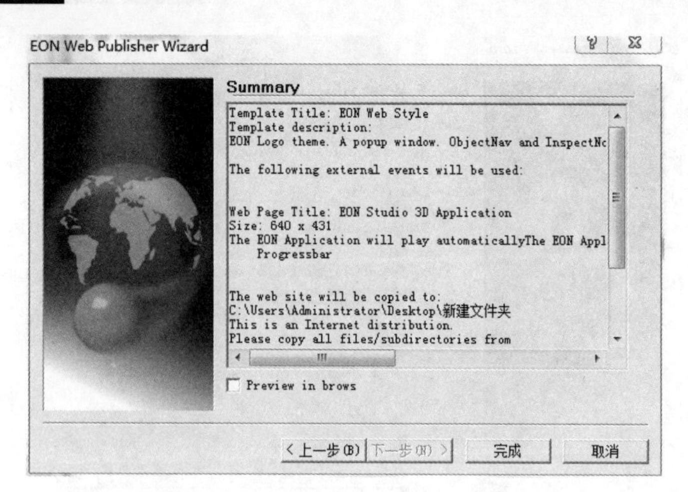

图 9-9　整个向导过程中记录和生成的信息

第四篇

案例应用篇

第 10 章

EON 动态加载示例

本章通过一个示例来讲解如何使用动态加载，为此，首先准备几个单独的元件库文件。为了方便，直接使用 EON 自带的三个环境元件 SkyDome、TownSquare 和 MountainDome，如图 10-1 所示。由于这三个元件封装在 EON 元件库下的 Environments 子类中，所以需要将它们单独提取出来，然后进行单独封装。

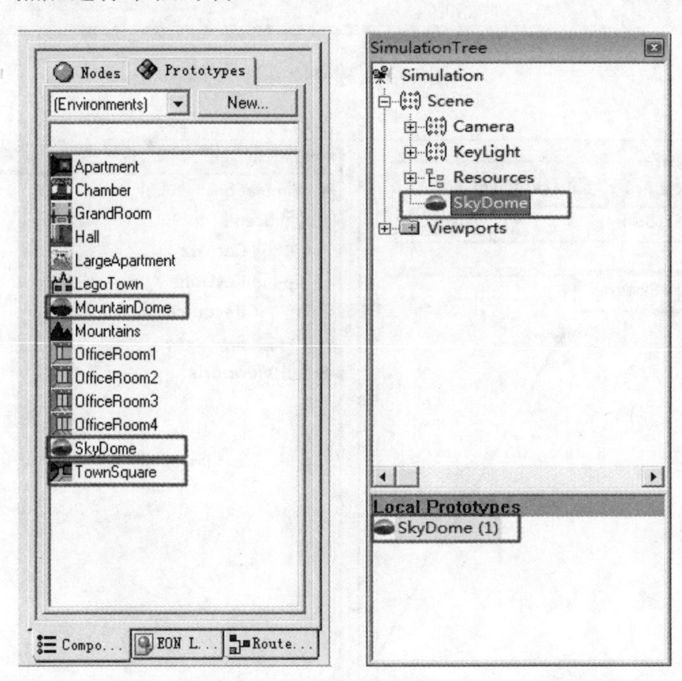

图 10-1　从 EON 元件库中提取元件并加入仿真树中

首先新建一个空白的工程文件，在仿真树的 Scene 节点下加入 SkyDome，如图 10-1 所示，此时在本地元件（Local Prototypes）视窗中也会出现这个元件，然后单击组件视窗右上角的“New”按钮，此时弹出如图 10-2 所示的对话框，输入“SkyDome.eop”，单击“保存”按钮即可生成一个 SkyDome.eop 库文件。

但此时的 SkyDome.eop 库文件还是一个空的元件库，没有任何元件，我们只需要按照图 10-3 所示的方法，用鼠标将本地元件视窗中的 SkyDome 元件拖曳至左侧组件视窗的 SkyDome.eop 中即可。

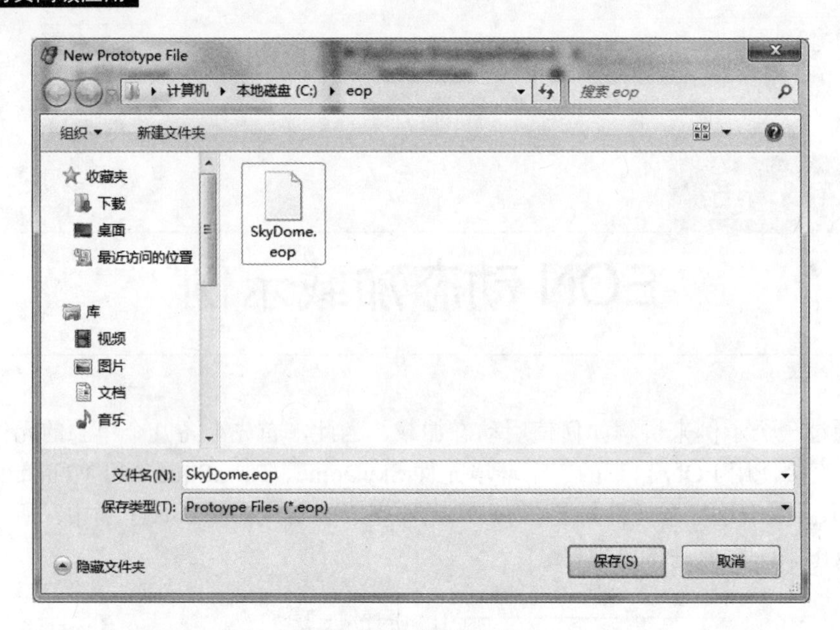

图 10-2　建立库文件

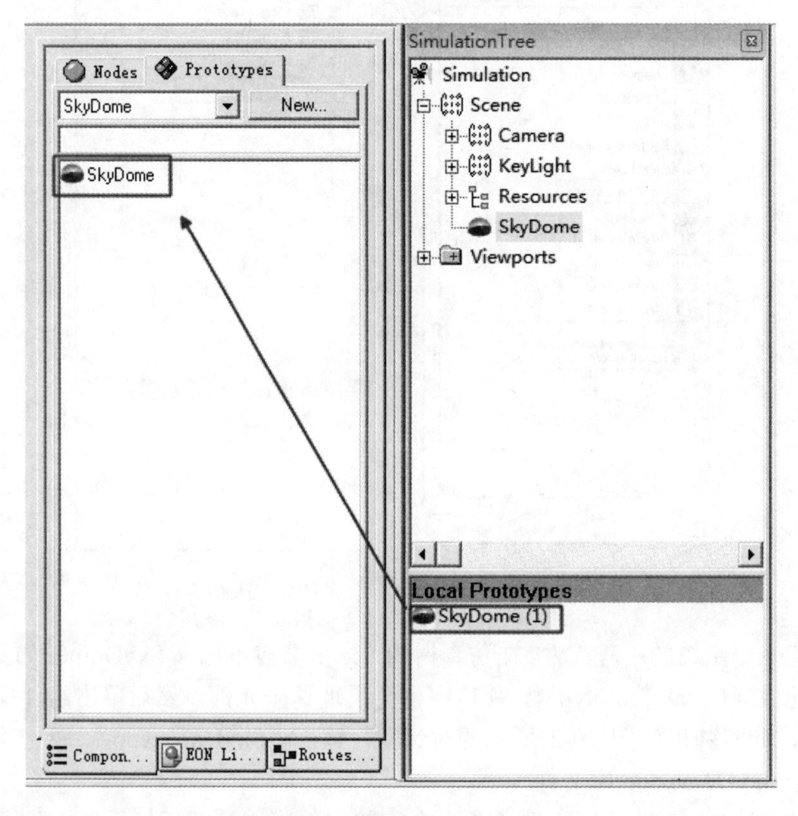

图 10-3　向库文件中添加元件

按照同样的方法建立 TownSquare.eop 和 MountainDome.eop 库文件。完成上述操作后，在库文件的存放位置便可以看到建立好的三个库文件，如图 10-4 所示。

接下来，我们再建立一个空白的工程文件，并命名为动态加载，在 Scene 节点下添加三个节点 DynamicPrototype、OpenSaveDialog 和 KeyboardSensor，如图 10-5 所示。DynamicPrototype 节点用于实现动态加载，OpenSaveDialog 节点用于选择要动态加载的元件，KeyboardSensor 节点用于实现键盘按键功能。

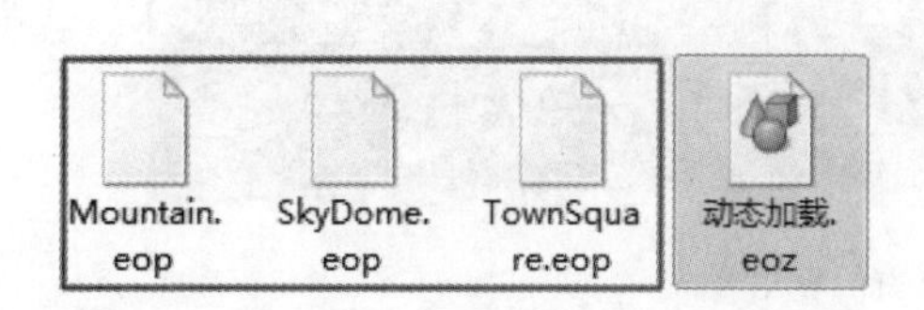

图 10-4　建立好的三个库文件

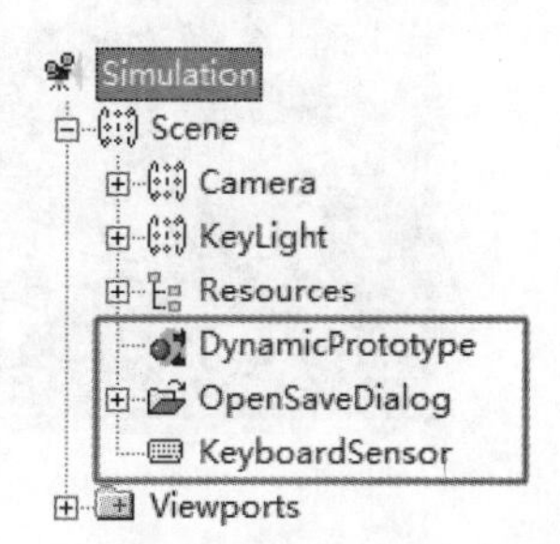

图 10-5　动态加载仿真树

节点之间的逻辑关系如表 10-1 所示。

表 10-1　节点之间的逻辑关系

源　节　点	输　出　域	目 标 节 点	输　入　域
KeyboardSensor	OnKeyDown	OpenSaveDialog	ShowOpenDialog
OpenSaveDialog	Filename	DynamicPrototype	PrototypeName

打开蝶状视窗后可以很清楚地看到节点之间的连接关系，如图 10-6 所示。

图 10-6　蝶状视窗中的连接关系

动态加载的逻辑关系如图 10-7 所示。接下来设置 KeyboardSensor 的触发按键，将其设置为键盘的空格键，如图 10-8 所示。

图 10-7　动态加载的逻辑关系

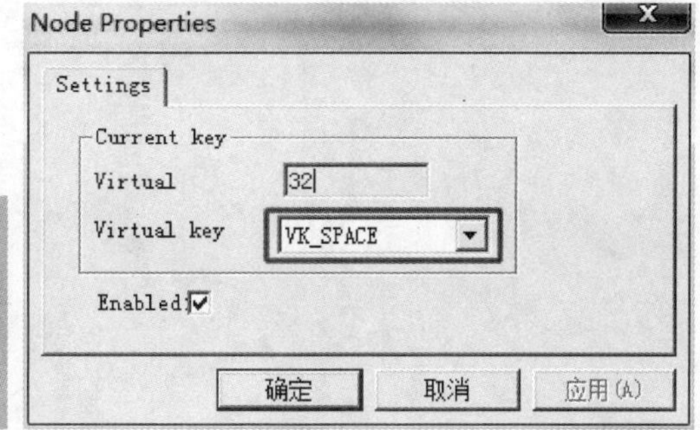

图 10-8　设置 KeyboardSensor 的触发按键

运行 EON 仿真程序，刚开始在仿真视窗中什么也没有，按下空格键后可弹出系统的打开文件对话框，选择要动态加载的元件即可。动态加载的仿真效果如图 10-9 所示。

图 10-9　动态加载的仿真效果

第 11 章

数据库和文件访问示例

11.1 访问数据库

在 EON 中通过数据库编程可以实现更加复杂的功能，在 EON 中操作数据库与在其他程序中操作数据库没有太大的区别。本节主要介绍如何在 EON 中进行数据库编程，以及相应的操作方法。

11.1.1 什么情况下使用数据库

使用数据库的最好理由是用 EON 集成的应用程序或接口。简单地说，如果已经存在某个带有数据库的软件产品，并且在数据库中存储了相应的数据、图片等，就可以通过 EON 来访问数据库，从而显示文本、列表或动态加载 3D 模型和纹理等。

如果不需要集成到一个现有的数据库，也没有其他程序需要使用数据，那么应该优先考虑将数据保存在文本文件中。因为从文本文件中检索和保存数据更加简单和容易理解，并且文本文件占用的磁盘空间较少。如果有大量的重复数据，数据库文件也是非常大的。通常只建立一个数据库，然后同时使用多个文本文件。

有时数据库和文本文件的组合是最好的解决方案。文本文件可以保存大量的数据，如 X、Y、Z、H、P、R 数据，以及路径名称和事件等，而且文本文件的名称还可以存储到数据库中的某个字段，检索时首先从数据库中找到该文本文件，然后通过读取这个文本文件来加载相关信息。

11.1.2 从数据库中读取数据

（1）连接数据库。注意，下面代码中的 PROVIDER 字符串表示的是一个 MS Access 文件。需要说明的是，作者使用的数据库是 Access2010，所用的数据库版本不同，对应的最后一行数据库连接字符串也会不同，读者可自行查阅 Access 的有关资料。

```
var dbpath = "C:\\";
var dbfilename = "db1.accdb";
var connect = new ActiveXObject("adodb.connection")；
connect.open("PROVIDER=MICROSOFT.ACE.OLEDB.12.0;DATA SOURCE=" + dbpath + dbfilename)；
```

（2）创建 SQL 语句。编写一个结构化查询语句（SQL），通过该语句来选择想要的数据。在下面的代码中，假设数据库中有一个 STUDENT 表，该表有 3 个字段，字段名分别为 STU_ID、

STU_NAME 和 STU_SCORE。

```
var sql;
//创建 SQL 语句
sql = "SELECT Trainees.id, Trainees.name, Trainees.highscore";
sql = sql + " FROM Trainees";
sql = sql + " WHERE highscore >= 0";
sql = sql + " ORDER BY highscoreDESC";
```

（3）获取数据到记录集。执行 SQL 语句，然后将得到的结果赋给一个记录集。

```
var rs = new ActiveXObject("adodb.recordset");
rs.open(sql, connect);
```

SQL 语句并不总是必需的，例如，如果在 SQL 语句中不想使用检索条件“WHERE highscore>=0”和“ORDER BY highscore DESC”，那么就可以将整个 SQL 语句的参数直接用“Trainees”代替，在大多数情况下面这行代码就足够了。

```
rs.open("Trainees", connect）;
```

（4）将数据保存到多维数组。获取数据并保存到一个多维数组，数据在存储后便可以在整个脚本程序中使用。下面语句中的数组应该在所有函数和子程序的外部声明，因为它是一个全局数组变量，可以用于其他函数和子程序。

```
var students = new Array();
```

在下面的例子中将介绍如何使用 JavaScript 中的 GetString()方法。使用 GetString()方法后，得到的 str 是一个长字符串，该字符串中的行信息由回车字符（字符代码为 13）分隔，字段列信息由 Tab 制表符（字符代码为 9）分隔。通过判断这两个字符，便可以将 str 中的数据保存到一个二维数组中。

```
var str = rs.GetString();
a = str.split(String.fromCharCode(13));
for(i=0; i<a.length-1; i++)
{
    a[i] = a[i].split(String.fromCharCode(9));
}
students = a;
eon.Trace("以下检索数据是:分数在 80 分以上的记录"）;
for(i=0; i<students.length-1; i++)
{
    eon.Trace(students[i][1]+' 的编号是:' +  students[i][0] + '，成绩是:' + students[i][2]);
}
```

上述代码的执行结果如图 11-1 所示。

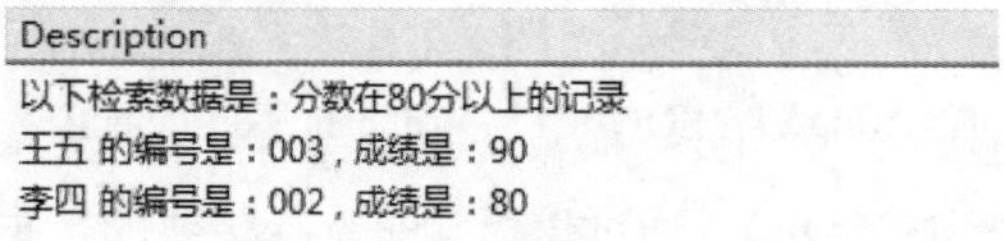

Description
以下检索数据是：分数在80分以上的记录
王五 的编号是：003，成绩是：90
李四 的编号是：002，成绩是：80

图 11-1　执行结果

（5）断开与数据库的连接。一旦按照上述方法获取了需要的数据并且将其保存到数组后，就需要及时断开与数据库的连接，这样可以有效地节省系统资源，如内存等。

```
connect.close();
```

11.1.3　添加、更新或删除数据库中的数据

当添加、更新或删除数据库中的数据时并不需要获得任何数据，因此可以执行一条不返回记录集的 SQL 语句。语法如下：

```
connect.execute(sql);
```

添加、更新或删除数据的示例如下：

```
//添加数据
sql = "INSERT INTO STUDENT(STU_ID, STU_NAME, STU_SCORE) Values ('001', '张三',70); "
//更新数据
sql = "UPDATE STUDENT SET STU_SCORE = 80 WHERE STU_ID ='002'; "
//删除数据
sql = "DELETE FROM STUDENT    WHERE STU_ID ='002'; "
```

下面通过一个完整示例来介绍在数据库中添加、更新和删除数据的操作。

```
//连接数据库
var dbpath = "database\\";
var dbfilename = "db1.accdb";
var connect = new ActiveXObject("adodb.connection");
connect.open("PROVIDER=MICROSOFT.ACE.OLEDB.12.0;DATA SOURCE=" + dbpath + dbfilename);
//添加数据
sql = "INSERT INTO STUDENT(STU_ID, STU_NAME, STU_SCORE) Values ('001', '张三',70); "
//执行 SQL 语句
connect.execute(sql);
sql = "INSERT INTO STUDENT(STU_ID, STU_NAME, STU_SCORE) Values ('002', '李四',75); "
//执行 SQL 语句
connect.execute(sql);
sql = "INSERT INTO STUDENT(STU_ID, STU_NAME, STU_SCORE) Values ('003', '王五',90); "
//执行 SQL 语句
connect.execute(sql);
```

执行上述代码后，数据库 STUDENT 的内容如图 11-2 所示。

```
//更新数据
sql = "UPDATE STUDENT SET STU_SCORE = 80 WHERE STU_ID ='002';"
//执行 SQL 语句
connect.execute(sql);
```

执行上述代码后，数据库 STUDENT 的内容如图所 11-3 示。

STU_ID	STU_NAME	STU_SCORE
001	张三	70
002	李四	75
003	王五	90

图 11-2　执行 INSERT 语句后数据库 STUDENT 的内容

STU_ID	STU_NAME	STU_SCORE
001	张三	70
002	李四	80
003	王五	90

图 11-3　执行 UPDATE 语句后数据库 STUDENT 的内容

```
//删除数据
sql = "DELETE FROM STUDENT   WHERE STU_ID ='002';"
//执行 SQL 语句
connect.execute(sql);
```

运行上述代码后，数据库 STUDENT 的内容如图所 11-4 示。

STU_ID	STU_NAME	STU_SCORE
001	张三	70
003	王五	90

图 11-4　执行 DELETE 语句后数据库 STUDENT 的内容

11.2 访问文件

在 EON 脚本编程中，使用 FileSystemObject 可以访问整个文件系统（包括文件夹和文件），也可以创建、删除文件和文件夹，还可以覆盖现有文件或将数据追加到文件的末尾。

下面是一些在 EON 中使用文件的情况。

（1）保存对象的位置信息。假设有一个仿真程序，可以通过移动房间的家具来进行布局，但是在每次打开仿真程序后，家具都会回到原来的位置。如果通过一个文本文件来记录每次关闭仿真程序时家具的最后位置信息，则在再次启动仿真程序时，系统就会自动读取文本文件中记录的家具最后位置信息，并加载到仿真程序中。当需要记录的位置信息很多时，使用文本文件会使仿真程序变得更加高效。

（2）保存 3D 运行环境。就像上面保存家具的位置信息一样，其实还有很多信息需要在仿真过程结束时保存下来，并在再次启动仿真程序时恢复上次的信息，如摄像机的位置、3D 模型的颜色、某些功能的开启或关闭等。

（3）培训程序。比如现在有一项 3D 仿真培训，当天培训结束后，需要对培训的一些信息进行保存，如记录当天培训的进度，第二天从当前进度继续培训。

在 EON 中对文件操作一般有 4 个步骤：

步骤 1：创建一个 FileSystemObject 对象。

```
var fso;
fso = new ActiveXObject("Scripting.FileSystemObject");
```

步骤 2：使用 OpenTextFile()方法创建一个 textstream(ts)对象。需要注意的是，下面的 ForWriting 表示文件的读写方式，ForWriting = 1 表示读文件，ForWriting = 2 表示写文件。下面演示如何将数据写入文本文件中。

```
var fn = "c:\\savepos1.txt";
var ts, ForWriting = 2;
ts = fso.OpenTextFile(fn, ForWriting, TRUE);
```

步骤 3：将数据写入文本文件。读取数据使用 ReadLine()方法，写数据使用 WriteLine()方法。

```
p = eon.FindNode("Cube").GetFieldByName("Position").value.toArray();
ts.WriteLine（p[0] + "\t" + p[1] + "\t" + p[2]）；
```

"\t" 代表 Tab 制表符。

步骤 4：关闭 textstream 对象。

```
ts.Close()
```

在 EON 仿真程序的运行过程中，如果改变了某些节点的信息，那么在仿真结束后，这些节点将会恢复到仿真之前的初始状态。为了在仿真程序的运行过程中对某些节点信息的改变进行实时保存，以便在再次启动仿真程序时继续运行，就需要在初始化期间从一个文本文件获得节点的信息，然后在仿真程序关闭时将这些改变后的节点信息保存到文本文件中。

下面是一个完整的脚本程序示例，这段脚本程序的目的是保存 Teapot（茶壶）节点的父节点 Frame 的位置信息。

首先新建一个仿真程序，然后在仿真树的 Scene 节点下添加一个 Frame 节点，接着在 Frame 节点下添加一个 Teapot、一个 Script 脚本节点和一个 Orbit 节点，Orbit 节点的作用是改变 Frame 节点的位置和旋转坐标。添加上述节点后的仿真树如图 11-5 所示。

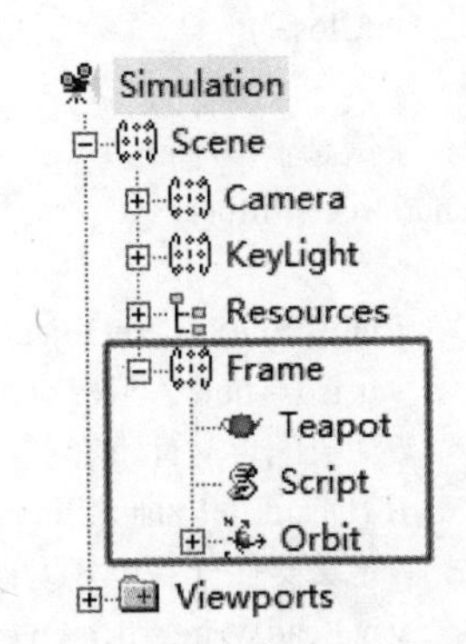

图 11-5　访问文件示例的仿真树

在脚本程序编辑器中输入以下代码：

```
//定义全局变量
//定义要读写的配置文件
var file_name = "c:\\config.txt";
//获取 Teapot 节点的引用
tea_node = eon.FindNode("Teapot").GetParentNode();
//获取 Teapot 节点的 Position 域
position_field = tea_node.GetFieldByName("Position");
//脚本程序初始化事件函数
function initialize()
{
    //调用 GetInfo()子程序
    GetInfo();
}
//仿真程序关闭事件函数
function shutdown()
{
    //调用 SaveInfo()子程序
    SaveInfo();
}
//保存信息子程序
function SaveInfo()
{
    //创建 FileSystemObject
    var fso = new ActiveXObject("Scripting.FileSystemObject");
    //定义文件读写模式为：写和覆盖模式
    var ReadWrite = 2,IsOverWrite = TRUE;
    //创建 TextStreamObject
```

```
        var ts = fso.OpenTextFile(file_name, ReadWrite, IsOverWrite);
        //读取 Teapot 节点的当前位置信息并保存在变量 p 中
        var p = position_field.value.toArray();
        //将 Teapot 节点的当前位置信息写入配置文件，X、Y、Z 三个坐标值用一个 Tab 制表符间隔
        ts.WriteLine(p[0] + "\t" + p[1] + "\t" + p[2]);
        //关闭配置文件
        ts.Close();
}
//获取信息子程序
function GetInfo()
{
        //创建 FileSystemObject
        var fso = new ActiveXObject("Scripting.FileSystemObject");
        //如果配置文件不存在，则直接返回，主要用于第一次启动检测
        if (!(fso.FileExists(file_name))) return;
        //定义文件读写模式为：读和非覆盖模式
        var ReadWrite = 1,IsOverWrite = FALSE;
        var ts = fso.OpenTextFile(file_name, ReadWrite, IsOverWrite);
        //读取配置文件中保存的 Teapot 节点位置信息
        var str = ts.ReadLine();
        //对 Teapot 节点的三个坐标值位置信息进行提取
        var a = str.split("\t");
        //将提取到的 Teapot 节点位置信息赋给当前 Teapot 节点的 Position 域
        position_field.value = eon.MakeSFVec3f(a[0], a[1], a[2]);
        //关闭配置文件
        ts.Close();
}
```

第一次运行该仿真程序时，由于计算机 C 盘下没有 config.txt 文件，所以在上述代码中的 GetInfo()子程序中会跳过读取该文件。当关闭仿真程序后，SaveInfo()子程序就会在 C 盘下建立 config.txt 文件，并将关闭仿真程序之前的 Frame 节点的 Position 域的值记录在了该文件中。图 11-6 显示的是 config.txt 文件中记录的 Frame 节点的 Position 域的值，分别是 X、Y、Z 三个坐标值。

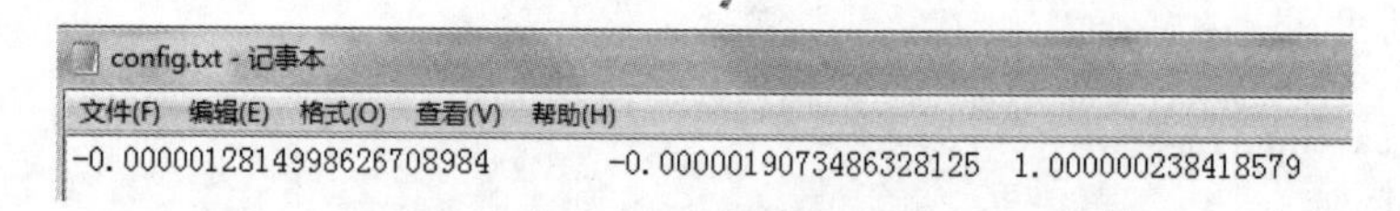

图 11-6 config.txt 文件中的记录

第 12 章

简单交互动画示例

12.1 功能说明

本示例主要通过挡位按钮来控制电风扇的转速，从而产生简单的交互动画效果，按键 0 代表停止，按键 1 代表慢速挡，按键 2 代表中速挡，按键 3 代表快速挡。本示例的电风扇模型是通过 3D MAX 制作的，源文件电风扇.max 和导出文件电风扇.3ds 均可从本书的配套资源中获取。

12.2 设计流程

12.2.1 导入电风扇模型

（1）打开 EON Studio，创建一个新的仿真程序，并保存为电风扇.eoz。

（2）在仿真树的 Scene 节点下添加一个 Frame 节点，选中 Frame 节点后，在 EON Studio 的主菜单栏中选择“File→Import→3D Studio .3ds”来导入 3D 模型，如图 12-1 所示。

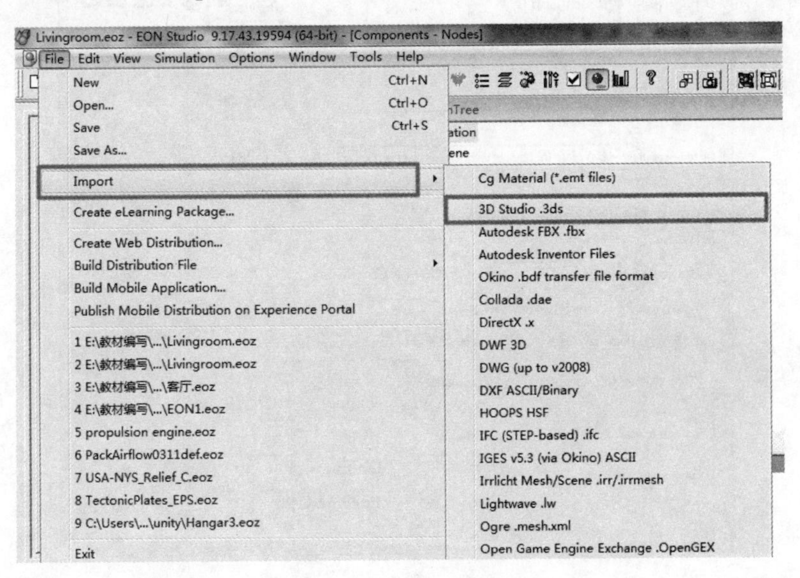

图 12-1 导入 3D 模型

（3）进行上述的操作后会弹出如图 12-2 所示的对话框，这个对话框用于导入 3D 模型，保持默认即可，单击“OK”按钮。

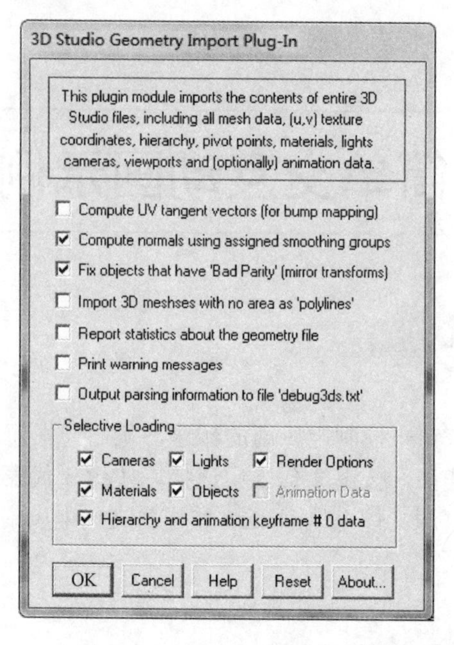

图 12-2　导入 3D 模型对话框

（4）紧接着会弹出名为“Geometry import”的导入选项设置对话框，如图 12-3 所示，参数设置无误后，单击“OK”按钮。

注意：“Target path”文本框中路径不要包含中文名称，否则会找不到资源。

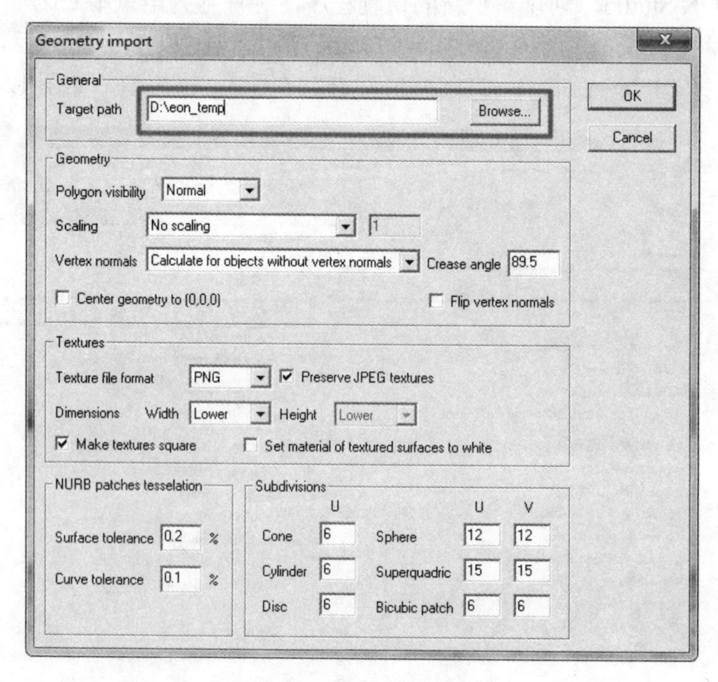

图 12-3　导入选项设置对话框

（5）在 EON Studio 的工具栏上单击“ ”按钮（Start Simulation）启动仿真程序，此时可以看到如图 12-4 所示的仿真效果。

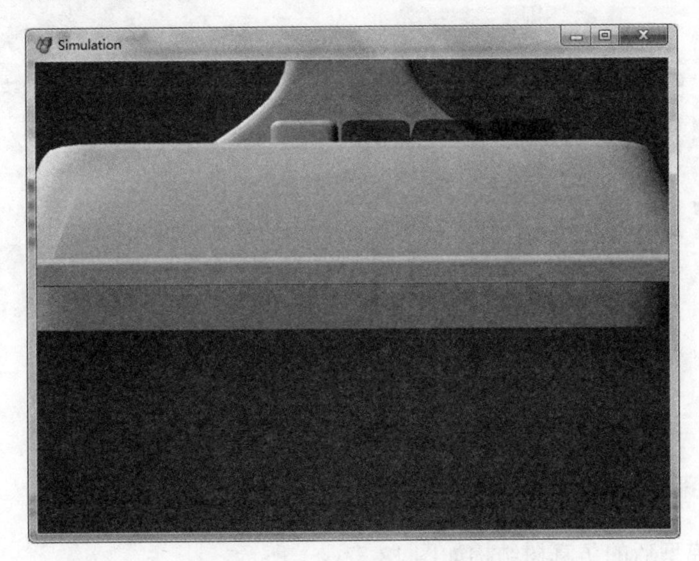

图 12-4　导入 3D 模型后的仿真效果

12.2.2　改变初始视角

（1）在仿真视窗中，通过鼠标左键可对电风扇进行左、右、远、近视角的调整，通过鼠标右键可对电风扇进行上下调整，使整个电风扇完全处于仿真视窗的中央位置。

（2）修改仿真视窗的背景颜色。在仿真树中展开 Viewports 文件夹，单击 Viewport 节点，然后在仿真树右侧的属性栏中对 ClearColor 域的值进行修改，最简单的方法是单击图中箭头所示的颜色块，如图 12-5 所示，会弹出图 12-6（a）所示的颜色选择对话框，可根据个人习惯选择一种颜色作为背景。

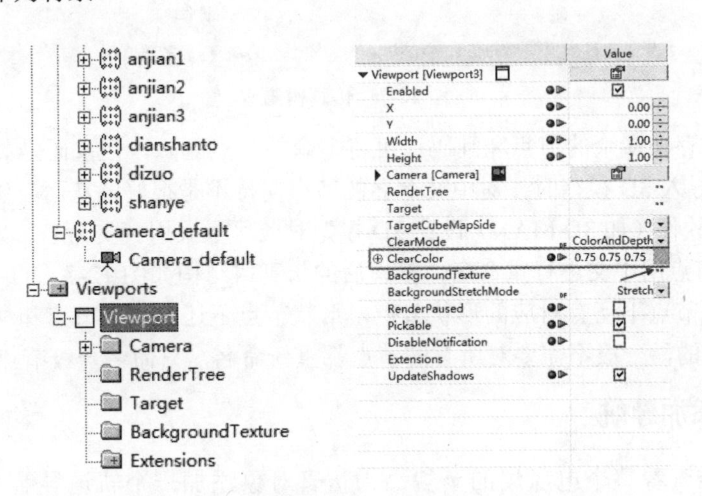

图 12-5　改变背景颜色

经过上面两步调整后的仿真视窗效果如图 12-6（b）所示。

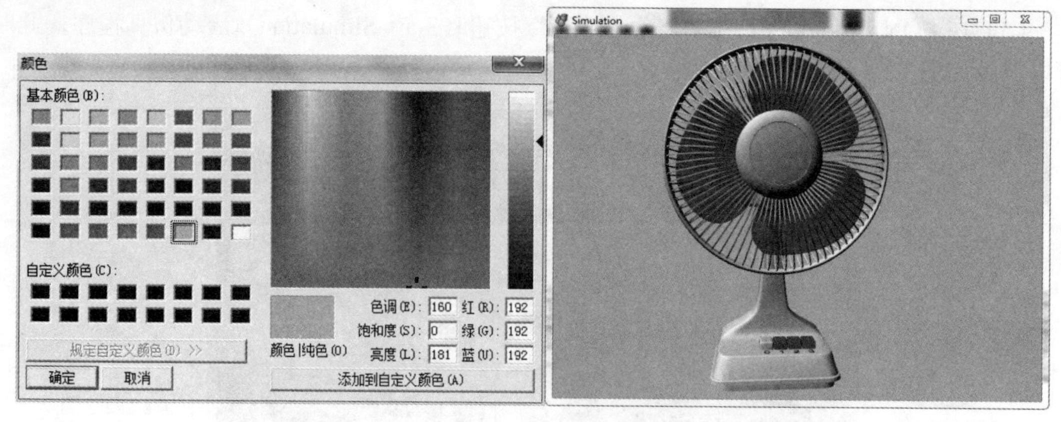

（a）颜色选择对话框　　（b）仿真视窗效果

图 12-6　颜色选择对话框和仿真视窗效果

12.2.3　整理仿真树

导入电风扇模型后的仿真树结构如图 12-7（a）所示。

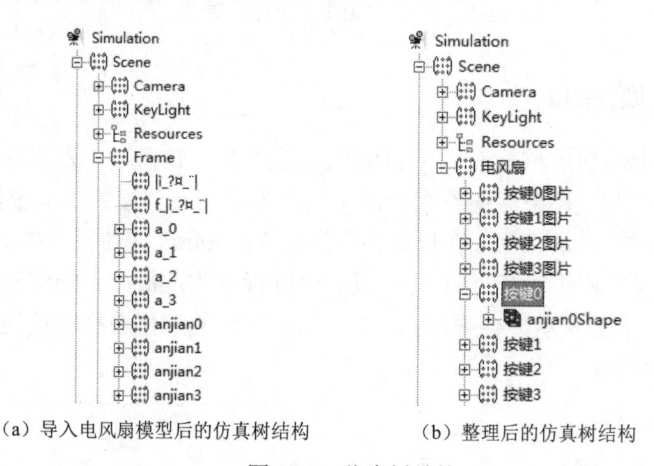

（a）导入电风扇模型后的仿真树结构　　（b）整理后的仿真树结构

图 12-7　仿真树结构

此时会发现存在多余的节点和乱码，可将多余的节点删除，但乱码是如何产生的呢？这是因为 EON 在导入 3D 模型时，对中文命名的节点支持不是很好，从而产生了乱码，所以使用 3D 模型制作软件（如 3D MAX）设计 3D 模型时应尽量采用英文命名。为了使用方便，在 EON 中对英文节点用中文进行重命名，整理后的仿真树结构如图 12-7（b）所示。

注意：每个节点下还有对应的形状节点，形状节点下还有网格节点和材质节点，它们都是采用英文命名的，一般不需要对所有的节点都重新命名，只命名一级节点即可。

12.2.4　添加导航

为了方便地查看整个电风扇的全貌，为仿真对象添加一个轨道导航节点，如图 12-8 所示。

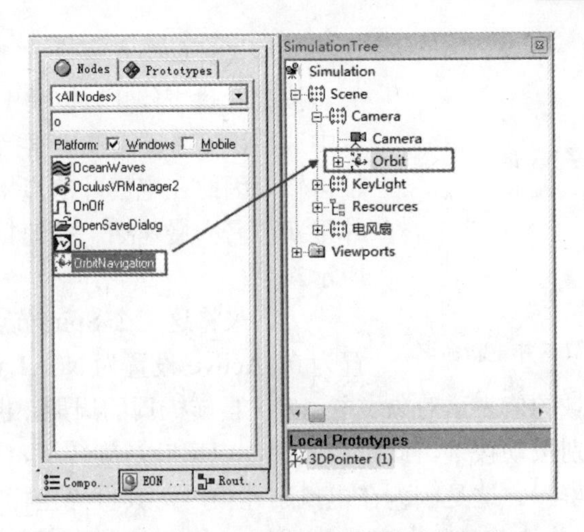

图 12-8　为仿真对象添加轨道导航节点

此时运行仿真程序，按下鼠标左键并移动鼠标，可以很方便地从各个角度观察整个电风扇的全貌。

12.2.5　添加运动节点

现在进行动画仿真设置。既然我们要实现的功能是通过电风扇的按键来控制其转速，那么显然要对电风扇的 4 个按键进行触发操作，而这种触发操作一般是通过鼠标或者键盘来实现的。首先实现鼠标单击的触发功能，在这 4 个按键节点下各添加一个 ClickSensor 节点，并分别命名为 ClickSensor0、ClickSensor1、ClickSensor2、ClickSensor3，如图 12-9 所示。

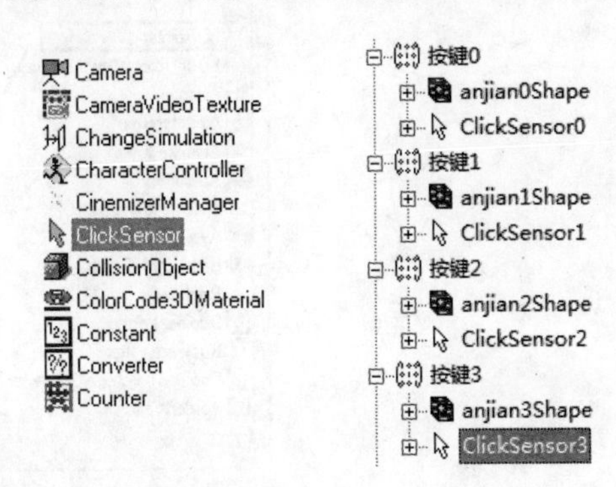

图 12-9　添加 ClickSensor 节点

双击仿真树中的 ClickSensor 节点，会弹出 ClickSensor 节点的属性对话框，该对话框用于设置鼠标的哪个键起作用，这里选择左键（Left），如图 12-10 所示，图中的复选框表示当鼠标移动到该节点时，鼠标形状会自动改变，这对于仿真交互有很好的提示作用，所以建议勾选该复选框。

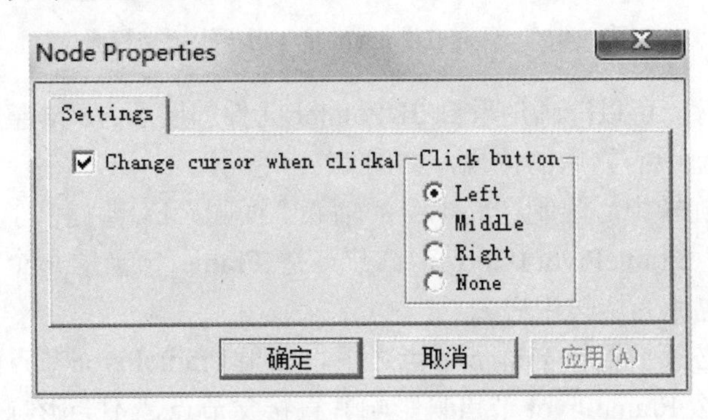

图 12-10　ClickSensor 节点的属性对话框

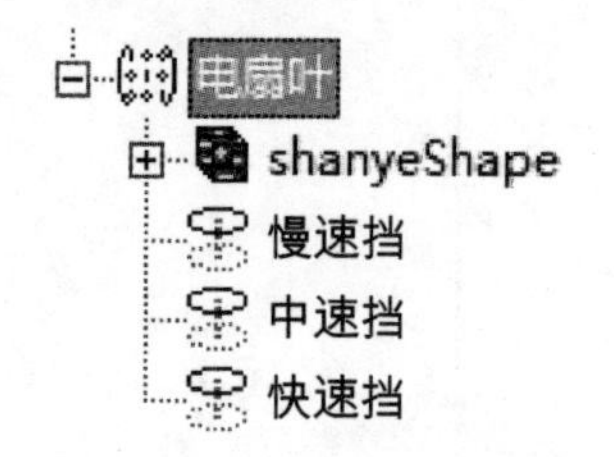

图 12-11　添加 3 个 Spin 节点并重新命名

功能设计如下：

按键 0 代表停止，按键 1 代表慢速挡，按键 2 代表中速挡，按键 3 代表快速挡，Spin 节点可以实现绕轴自转，因此在电扇叶节点下添加 3 个 Spin 节点，并重新命名为慢速挡、中速挡和中速挡，如图 12-11 所示。

接下来将这三个 Spin 节点的 Height 和 Radius 设置为 0，Active 设置为 No，LapTime 域的值分别设置为 2、1、0.5，LapTime 域的值表示对象（电扇叶）自转一周的周期，也就是旋转频率的倒数。

运行仿真程序，分别按动按键，此时会发现，电扇叶是旋转了，但并没有按照电扇叶的轴心旋转，这是怎么回事呢？这是因为在电风扇建模时，其世界坐标系的原点并不是电扇叶的轴心，而是其他位置。在电风扇框架节点下添加一个 3DPointer 元件，该元件用三条线指向三个不同的方向，每条线用不同的颜色表示，并且在每条线的末端都有一个字母指示该线的指向，即 X、Y、Z，如图 12-12 所示。利用 3DPointer 元件在指示所放模型的方向和旋转角度时十分有用。

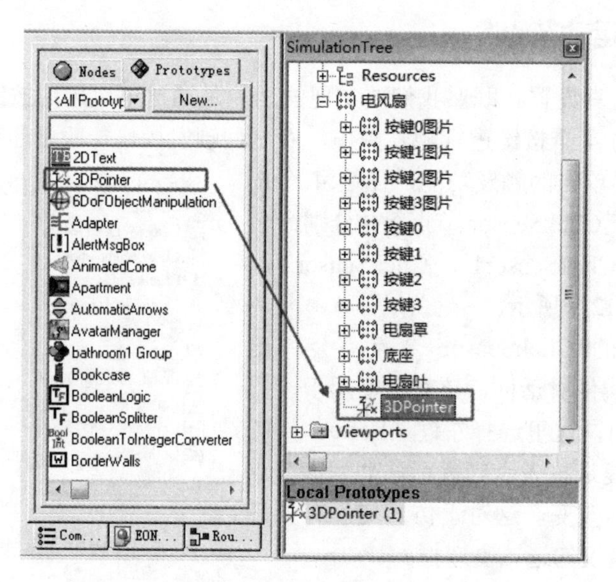

图 12-12　添加 3DPointer 元件用于指示坐标系

此时运行仿真程序，可以清晰地看到 3DPointer 元件的展示方式，整个电风扇的世界坐标系原点处在电风扇底座中心靠后的位置，如图 12-13 所示。

如何将电扇叶的旋转中心限制在其本身的轴心上面呢？EON 提供了一个与框架（Frame）节点配套的框架枢轴（FramePivot）节点，该节点是 Frame 节点的一个功能扩展，用于定义 Frame 节点的枢轴（也称为旋转中心）。

FramePivot 节点必须放置在 Frame 节点之下，如果 FramePivot 节点的上级节点有多个层级的 Frame 节点，那么 FramePivot 节点只影响其直接父节点，不会影响更上层级的父节点，通过这个特性，便可以独立地控制和旋转每个模型。

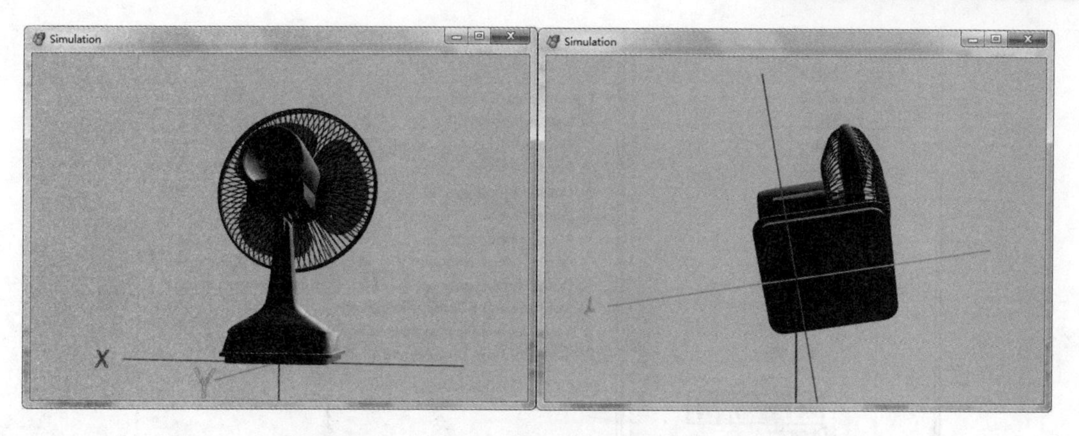

图 12-13　仿真视窗中的世界坐标系显示效果

在仿真树中展开电扇叶框架节点，从组件视窗中拖曳一个 FramePivot 节点至电扇叶的框架节点下，用于控制电扇叶的旋转中心，如图 12-14 所示。

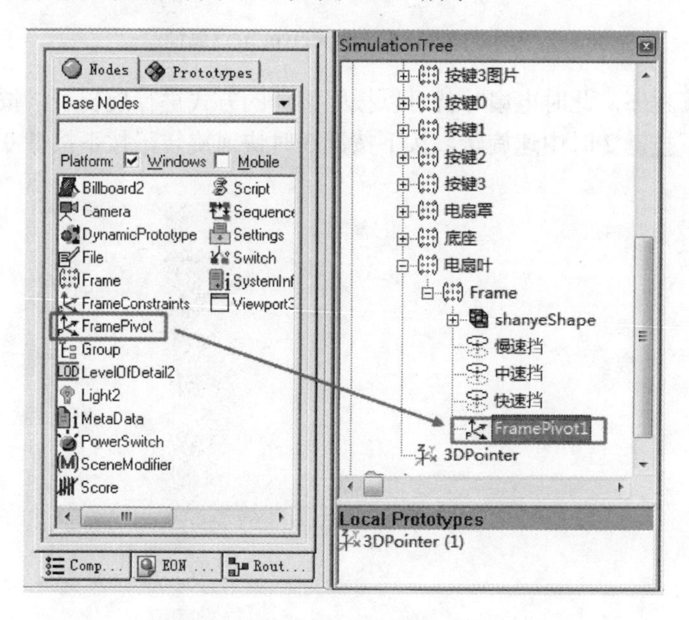

图 12-14　添加 FramePivot 节点用于控制电扇叶的旋转中心

接下来设置FramePivot的相关属性，FramePivot中有三个重要的属性：一是RotatePosition，表示要设定的旋转中心离世界坐标系原点的偏移坐标；二是 RotateOrientation，表示绕哪个轴旋转；三是 ScalePosition，表示调整模型的大小。对于本例，不需要调整模型（电扇叶）的大小，所以只需要设置前两个属性即可。通过图 12-15 可以看出，电扇叶是绕 *Y* 轴旋转的，所以 RotateOrientation 的值必须设置为“0 90 0”或者“0 −90 0”。这两个值都可以，只不过表示电扇叶是顺时针旋转还是逆时针旋转。设置好旋转方向后通过 RotatePosition 属性设置旋转中心的偏移。通过图 12-15 可以看出，电扇叶的轴心在整个电风扇的世界坐标系原点的上方。具体位置可通过两种方式确定，一是通过建模软件来查看，二是通过在仿真运行时不断调整 RotatePosition 的 *Z* 轴坐标值来查看。这里通过后者不断进行试验和调整，最终将 RotatePosition 的值调整为“0 0 12.84”。

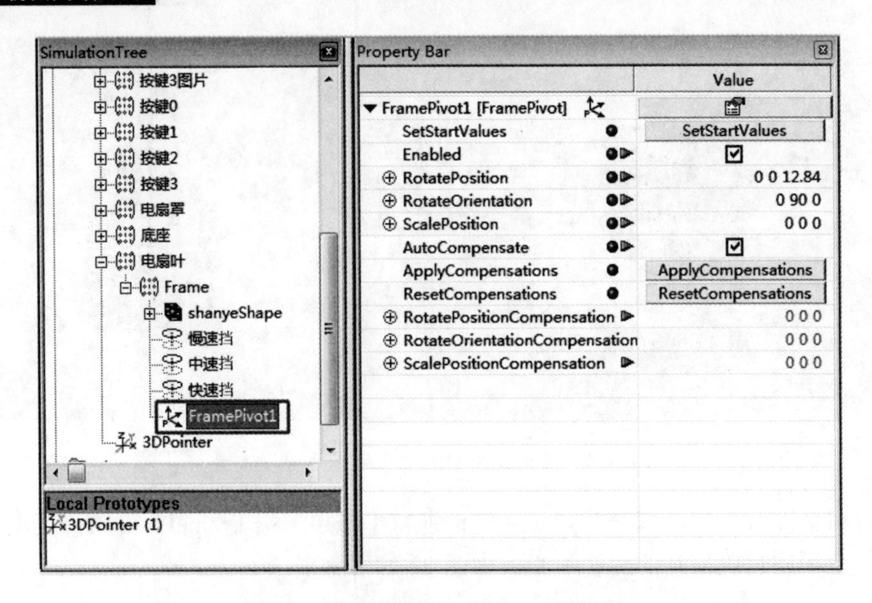

图 12-15　设置 FramePivot 节点属性

再次运行仿真程序，此时电扇叶就可以按照设计的方式进行旋转了，按下按键 1 时电扇叶慢速旋转，按下按键 2 时中速旋转，按下按键 3 时快速旋转，按下按键 0 时停止旋转。

第 13 章 客厅制作仿真示例

13.1 功能说明

本章的示例主要用于演示用户与客厅内各个物体的交互，包括导入 3D 模型、改变视角、播放影片、键盘控制、简易虚拟拆装、显示阴影等功能。

13.2 设计流程

13.2.1 导入 3D 模型

打开 EON Studio，创建一个新的仿真程序，并保存为 Livingroom.eoz。

在仿真树视窗中选中 Scene 节点，然后在 EON Studio 主菜单栏中选择“File→Import→3D Studio .3ds”来导入 3D 模型，具体步骤前面已经介绍，这里不再重复。

在工具栏上单击“▶”按钮（Start Simulation）启动仿真程序，此时可以看到如图 13-1 所示的仿真视窗。

图 13-1 首次启动仿真程序后的仿真视窗

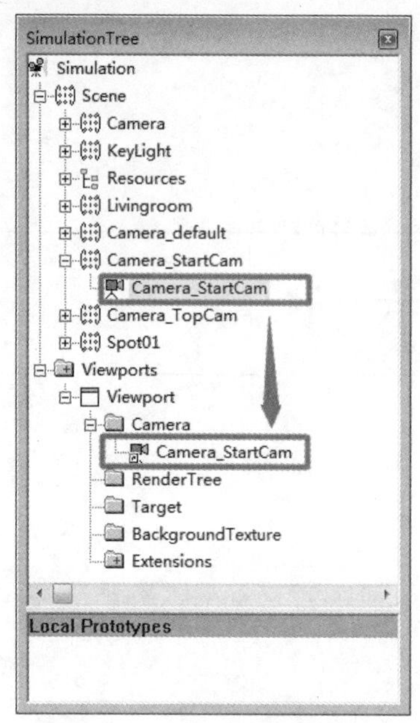

图 13-2 改变初始视角

在工具栏上单击“■”按钮或直接单击仿真视窗的右上角的“X”按钮可停止仿真程序。

13.2.2 改变初始视角

在仿真树视窗中将 Viewports 的树状结构展开，接着将“Viewports/Viewport/Camera”下的 Camera_StartCam 节点删除。

在 Scene 节点下找到 Camera_StartCam 框架节点并将其展开，会看到一个名称为 Camera_StartCam 的摄像机节点，在这个摄像机节点上单击鼠标右键并在右键菜单中选择“Copy as Link”，在“Viewports/Viewport/Camera”上单击鼠标右键并在右键菜单中选择“Paste”，从而将 Camera_StartCam 节点复制过来，如图 13-2 所示。

再次启动仿真程序，可以看到与原来不一样的仿真效果，如图 13-3 所示。

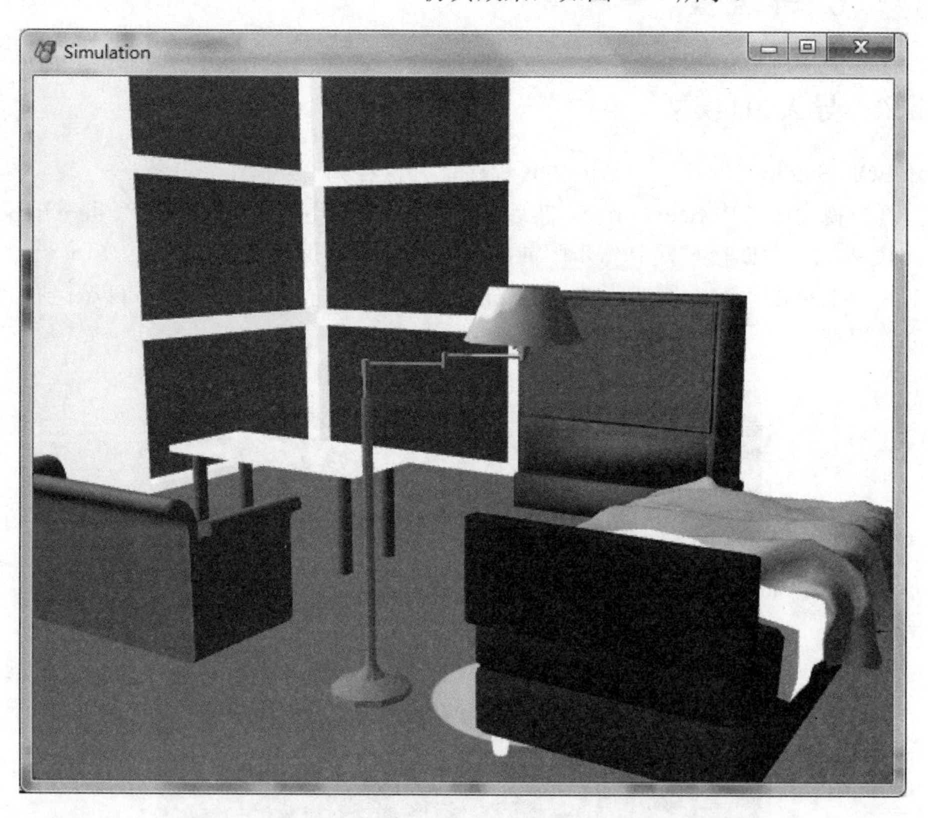

图 13-3 改变初始视角后的仿真效果

在组件视窗中拖曳一个 Walk 节点到“Scene/Livingroom/Camera_StartCam”下，从而添加一个 Walk 节点，如图 13-4 所示。

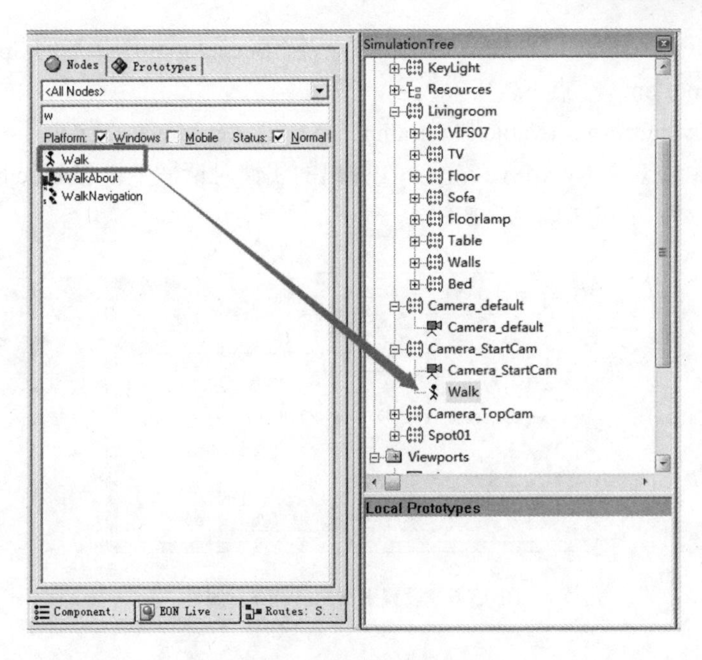

图 13-4　添加一个 Walk 节点

在仿真树视窗中将“Scene/Livingroom”下的 Camera_default 框架节点删除。

启动仿真程序，这时就可以按住鼠标右键向前、后、左、右游走。

13.2.3　移动台灯

在仿真树视窗“Scene/Livingroom”下放置一个新的框架节点，并命名为“Moveable Floorlamp”（可利用 F2 功能键）。仿真树结构如图 13-5 所示。

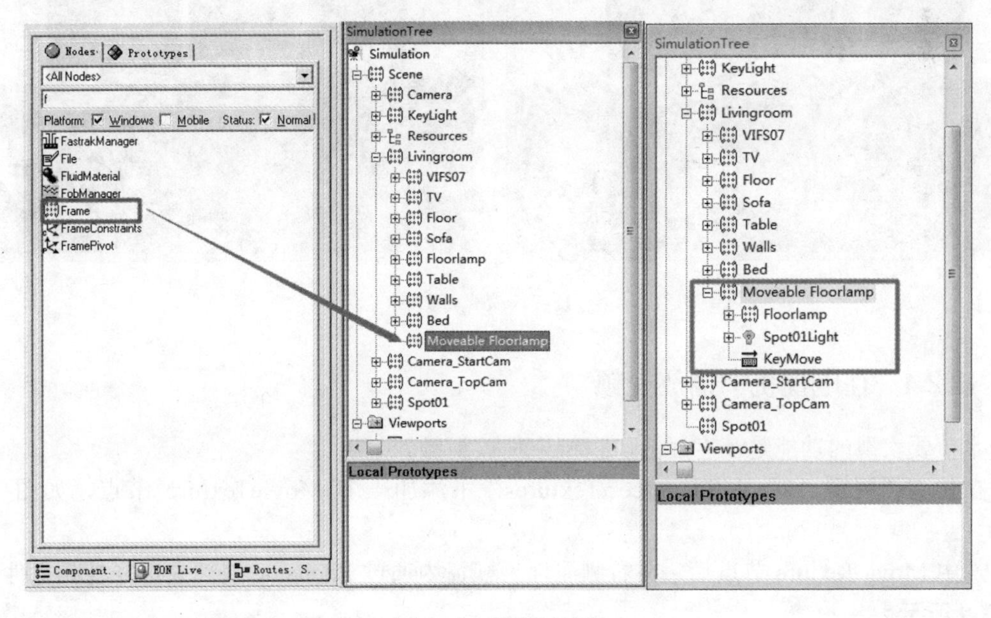

图 13-5　仿真树结构

将“Scene/Livingroom/”下的 Floorlamp 节点及“Scene/Spot01/”下的 Spot01Light 节点移动至 Moveable Floorlamp 节点下。

在“Scene/Livingroom/Movable Floorlamp”下放置 KeyMove 节点下。

在仿真树视窗中双击 KeyMove 节点，在弹出的属性对话框中将“Velocity”的值改为 0.2，如图 13-6 所示，然后单击“确定”按钮。

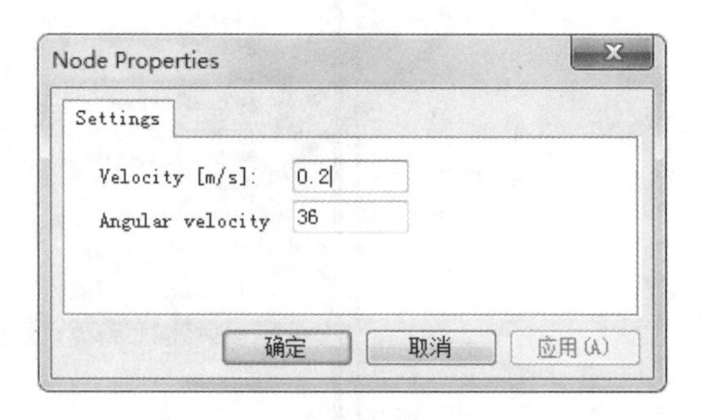

图 13-6　设置 KeyMove 节点属性

执行这个仿真程序，通过 X、Y、Z 键，以及向上键和向下键可移动台灯并观察聚光灯的效果，如图 13-7 所示。

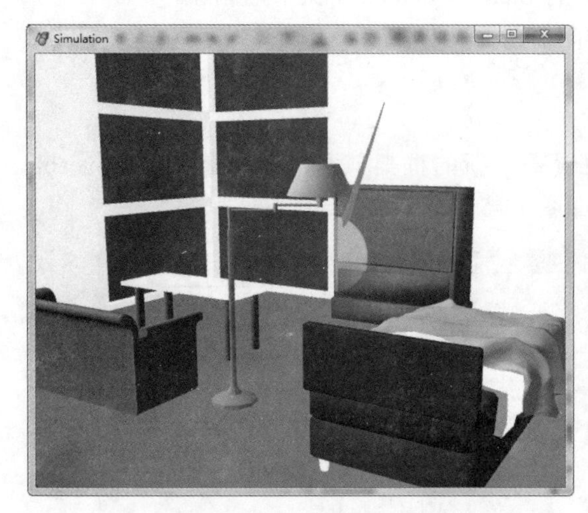

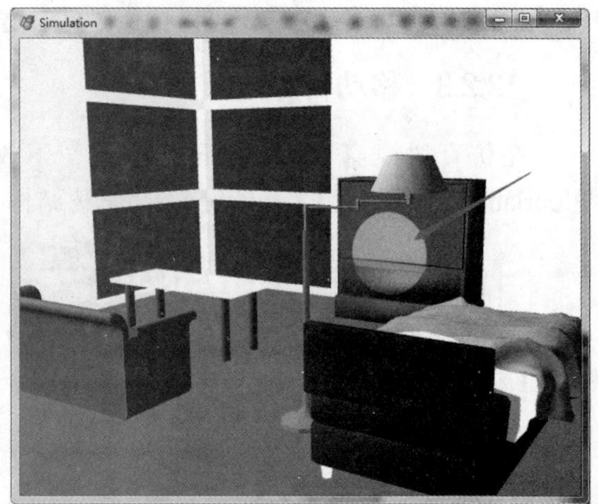

图 13-7　聚光灯效果

13.2.4　在电视机中播放视频

本节要实现的功能是在客厅的电视机中播放视频。

在仿真树视窗“Scene/Resources/Textures”下添加一个 MovieTexture 节点，如图 13-8 所示。

选中 MovieTexture 节点后，在右侧属性栏视窗中通过 Filename 属性来选择视频文件，如图 13-9 所示。

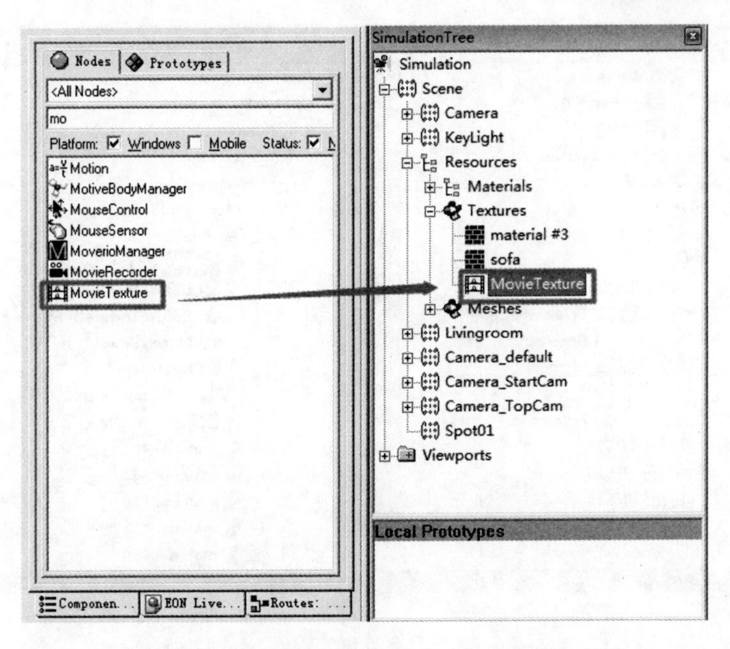

图 13-8　添加 MovieTexture 节点用于播放视频

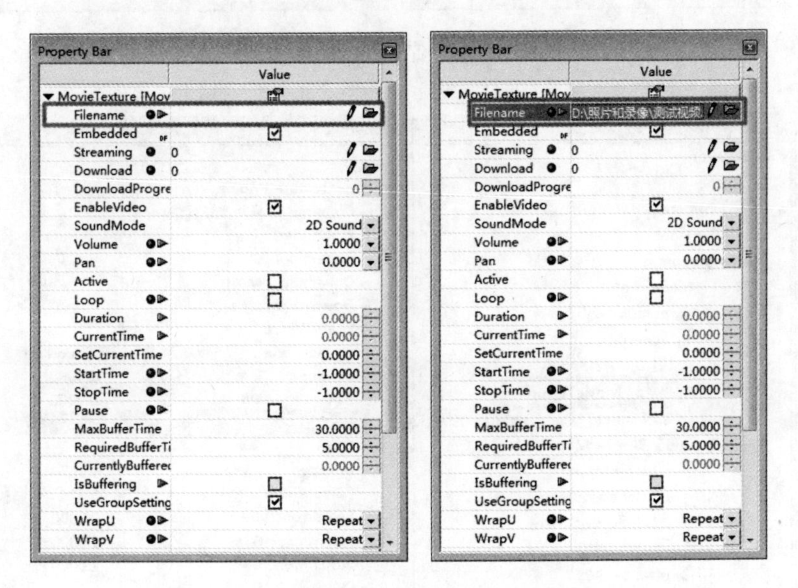

图 13-9　为 MovieTexture 节点选择视频文件

要想在电视机上播放视频，首先得找到电视机的材质节点，展开“Scene/Livingroom/TV/TV_Screen/Material”，此时可以看到电视机的材质节点是 material #1，此时双击节点 material #1（这实际上只是一个节点引用而已），光标会自动跳转到 material #1 节点所在的真实位置，如图 13-10 所示。

将 MovieTexture 节点复制到 material #1 节点的 DiffuseMap 文件夹下，同时勾选 MovieTexture 的 Active，如图 13-11 所示。

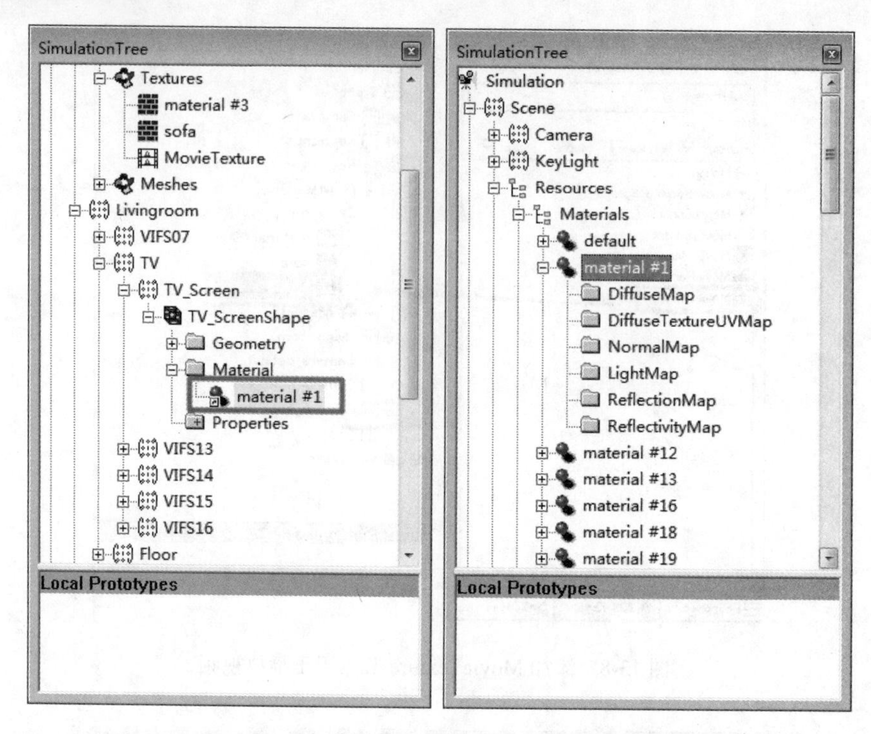

图 13-10　电视机的材质节点 material #1 及其真实位置

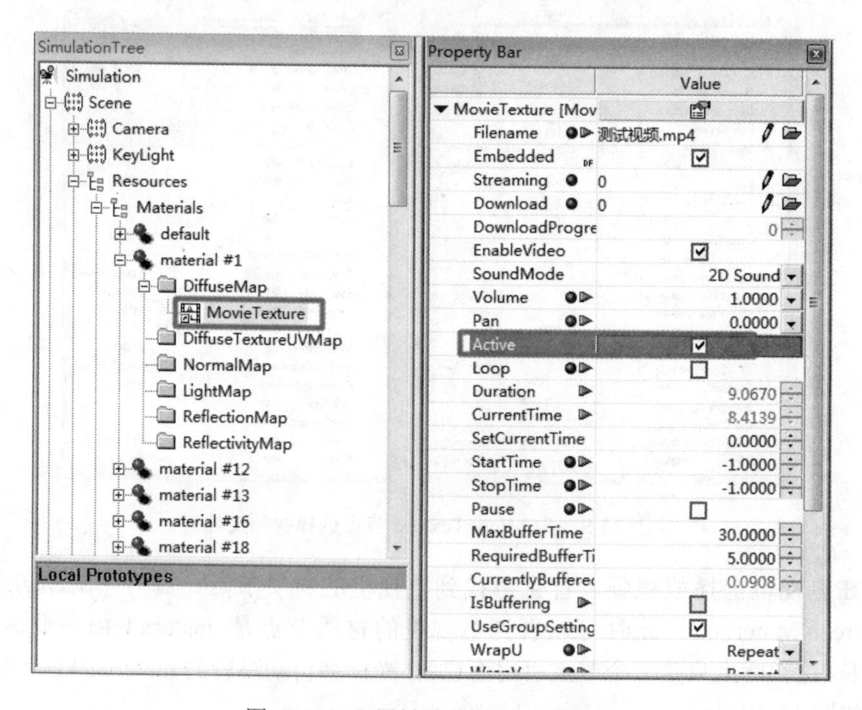

图 13-11　配置材质节点 material　#1

启动仿真程序，电视机就可以播放视频了，如图 13-12 所示。

图 13-12　播放视频的效果

13.2.5　增加开启影片的互动功能

在仿真树视窗“Scene/Livingroom/TV/TV_Screen”下放置一个 ClickSensor 节点，如图 13-13 所示。

双击 ClickSensor 节点打开属性对话框，确认“Change cursor when clickable”为勾选状态，并在“Click button”下选择“Left”，表示使用鼠标左键，然后单击“确定”按钮。

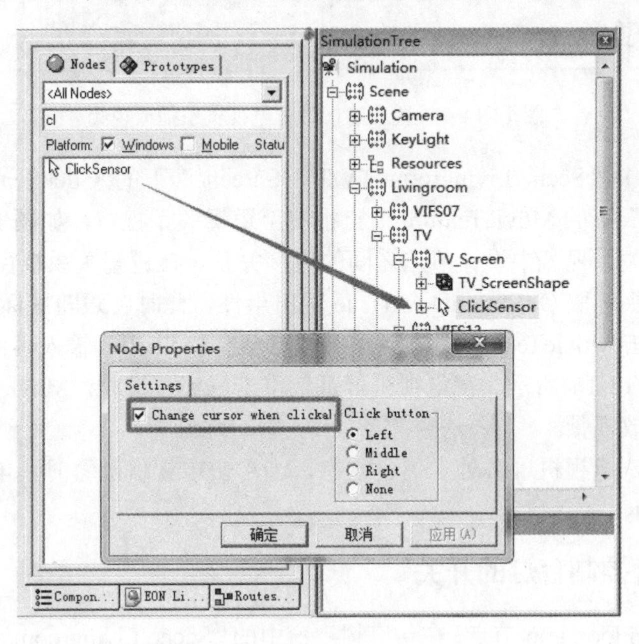

图 13-13　添加 ClickSensor 节点

注意：“Change cursor when clickable”表示在启动仿真程序后，当鼠标在 ClickSensor 节点的作用范围内时，鼠标光标的图形会自动改变，以此来提示操作者此处可以单击鼠标。那么 ClickSensor 节点的作用范围是什么呢？请读者注意，本示例将 ClickSensor 节点放在了 TV_Screen 节点下，TV_Screen 节点表示的是电视机屏幕，而非整个电视机，ClickSensor 节点的作用范围仅仅是其父节点和同级节点，对其他节点无效，所以在仿真时可以看到，鼠标只有移动到电视机屏幕上时其光标才会改变形状，单击电视机屏幕之外的其他地方则没有反应。

找到添加的 MovieTexture 节点，单击选中该节点后，在其右侧的属性栏视窗中取消勾选 Active 属性，如图 13-14 所示，再次启动仿真程序时，电视机是不播放视频的。

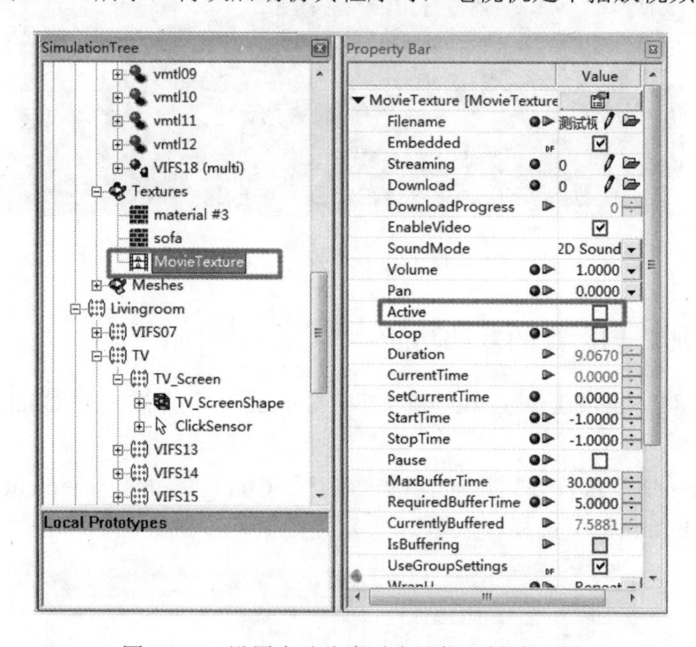

图 13-14　设置启动仿真时电视机不播放视频

将仿真树视窗中“Scene/Livingroom/TV/TV_Screen/”下的 ClickSensor 节点和“Scene/Resources/Textures/”下的 MovieTexture 节点拖曳至逻辑关系视窗，如图 13-15 所示。

接下来在逻辑关系视窗中设计节点之间的连接关系。在逻辑关系视窗中单击 ClickSensor 节点的（绿色）箭头选取 OnButtonDownTrue 输出事件，此时会跟随鼠标左键出现一根连线，移动鼠标，然后单击 MovieTexture 的（蓝色）圆点，选取 SetRun 输入事件，从而完成一条逻辑关系连接，如图 13-16 所示。在电视机屏幕上单击鼠标左键时，MovieTexture 节点将被激活，电视机开始播放视频。

启动仿真程序，电视机屏幕处于黑色状态，当单击电视机屏幕时，电视机会开始播放视频，如图 13-17 所示。

13.2.6　键盘控制台灯的开关

找到 Moveable Floorlamp 节点，在仿真树视窗中的“Scene/Livingroom/Moveable Floorlamp”节点下加入一个 KeyboardSensor 节点，单击选中 KeyboardSensorr 节点后，在右侧的属性栏视

窗中将 Keycode 域的值修改为如图 13-18 所示的“VK_SPACE”，表示使用空格键。

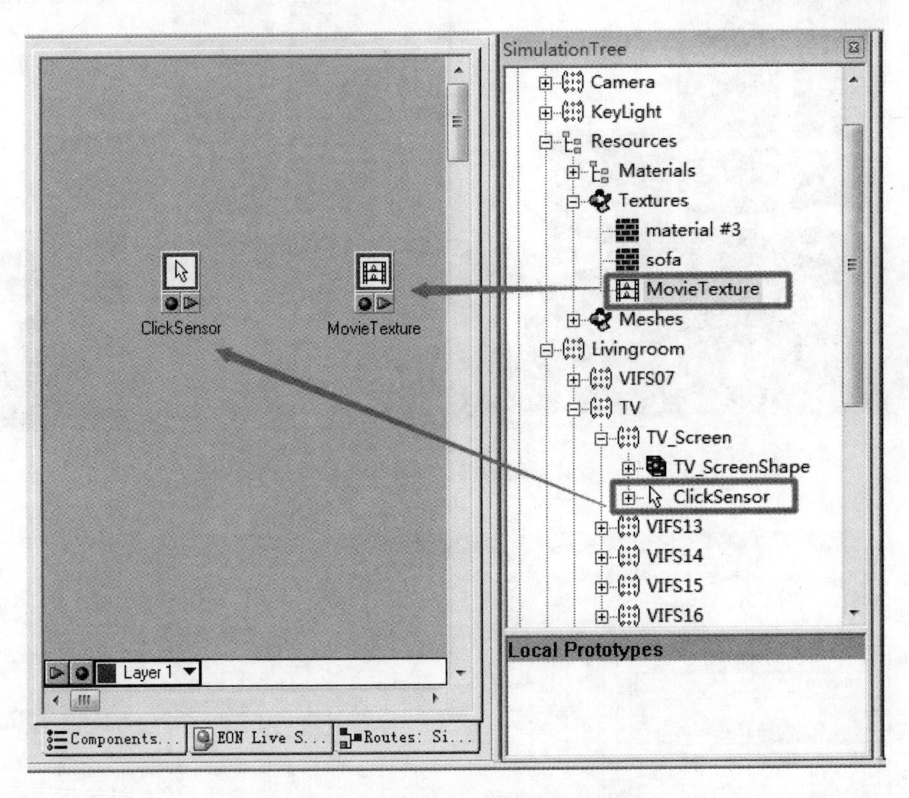

图 13-15　将节点拖曳至逻辑关系视窗

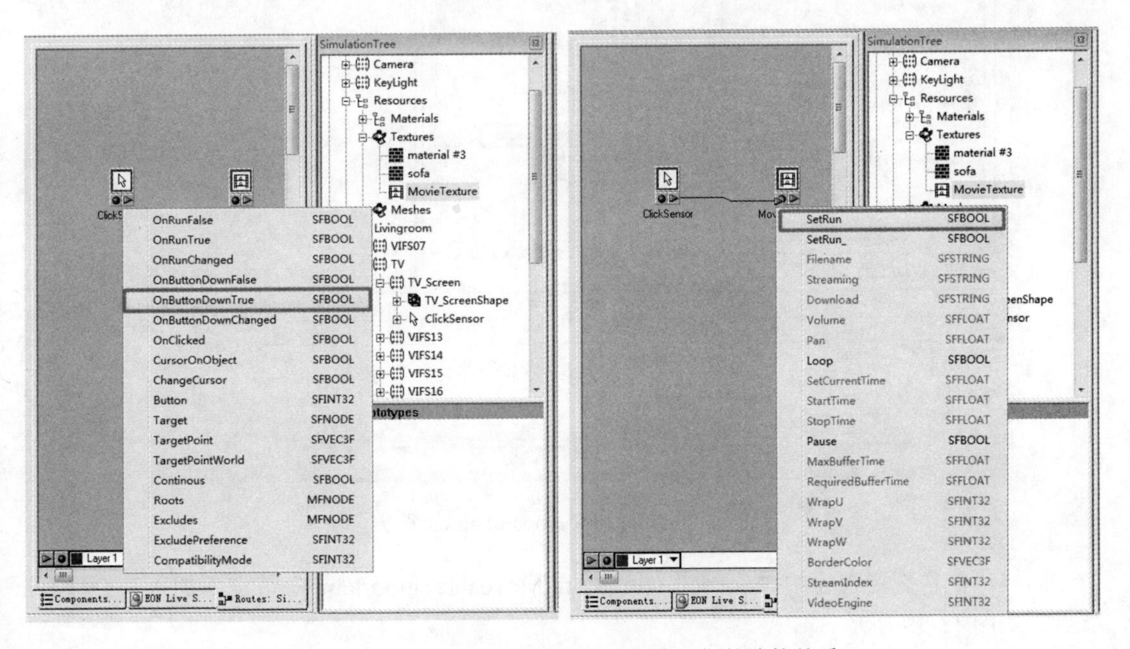

图 13-16　在逻辑关系视窗中设计节点之间的连接关系

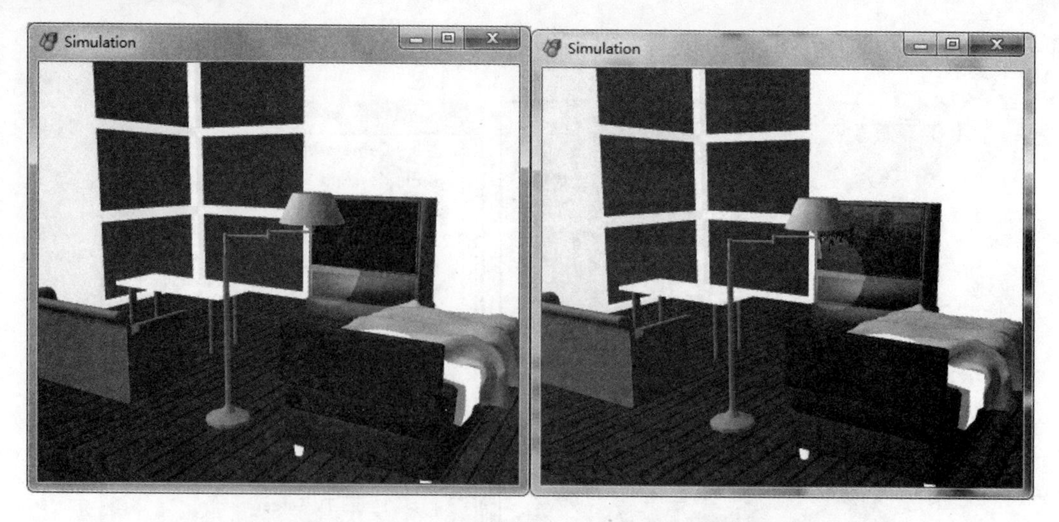

图 13-17　设计好的通过鼠标启动和停止播放视频

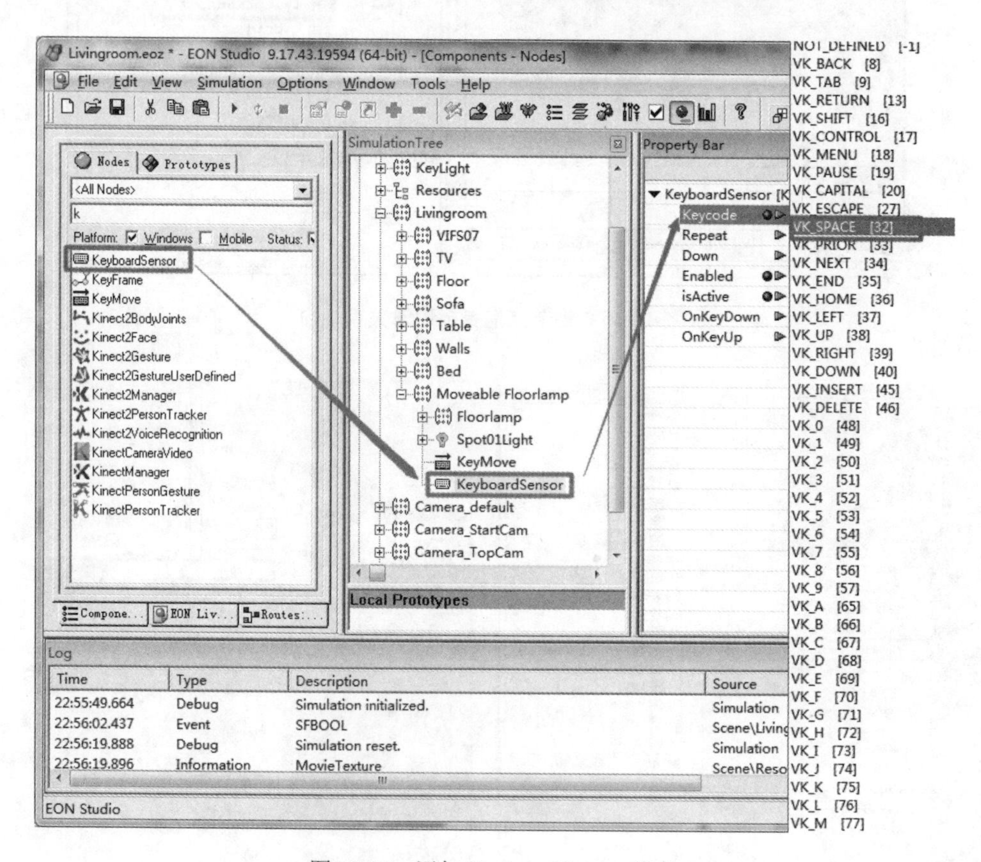

图 13-18　添加 KeyboardSensor 节点

同样，在仿真树视窗中“Scene/Livingroom/Moveable Floorlamp”节点下加入一个 Latch 节点，如图 13-19 所示。

将仿真树视窗中的 KeyboardSensor、Latch 及 Spot01Light 三个节点拖曳至逻辑关系视窗，如图 13-20 所示。

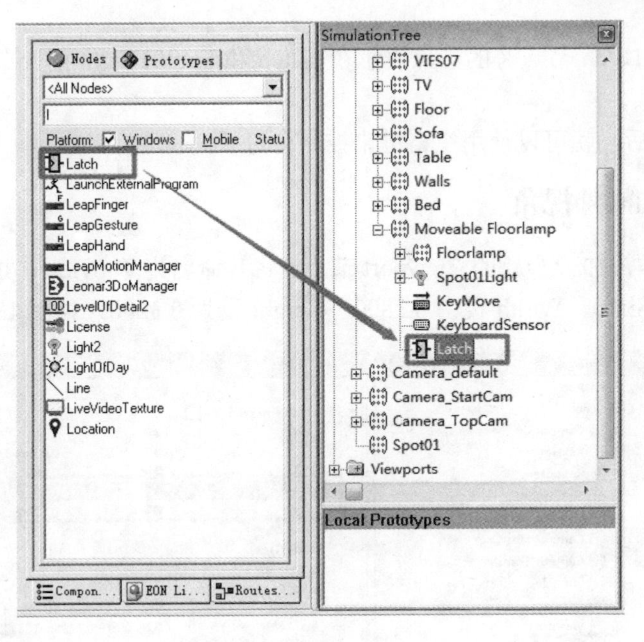

图 13-19　添加 Latch 节点

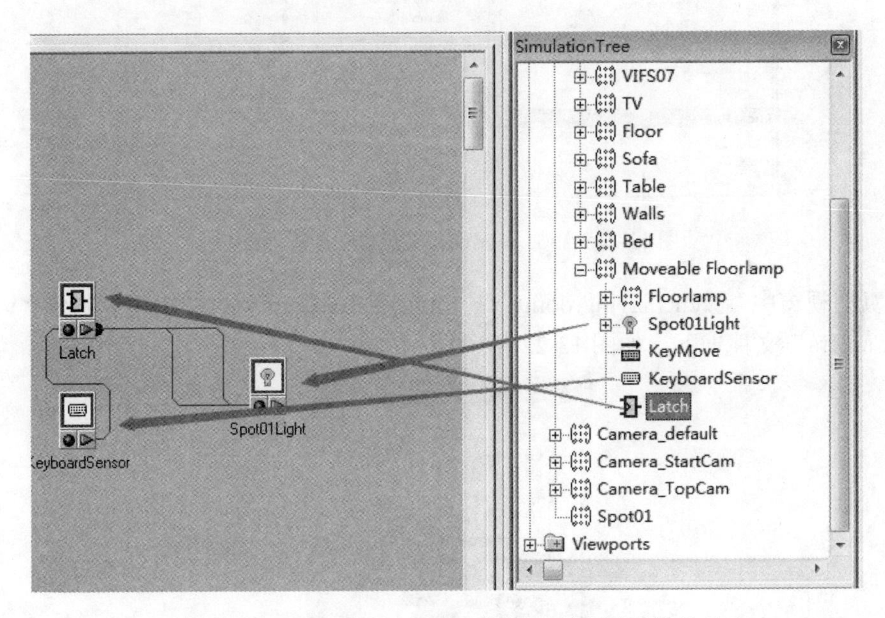

图 13-20　将节点拖曳至逻辑关系视窗并创建连接关系

上述三个节点之间的连接关系如表 13-1 所示。

表 13-1　三个节点之间的连接关系

源　节　点	输　出　域	目 标 节 点	输　入　域
KeyboardSensor	OnKeyDown	Latch	Toggle
Latch	OnSet	Spot01Light	SetRun_
Latch	OnClear	Spot01Light	SetRun

注意：出现在 Latch 节点旁的黑点表示在 Latch 和 Spot01Light 两个节点之间有两种连接关系。

启动仿真程序后，就可以使用空格键来控制台灯了。

13.2.7 增加额外视角

在 Viewports 下添加一个新的 Viewport 节点，将其命名为 Topview，并在其右侧的属性栏视窗中更改尺寸（Size），Width 设为 0.2800，Height 设为 0.3200，如图 13-21 所示。

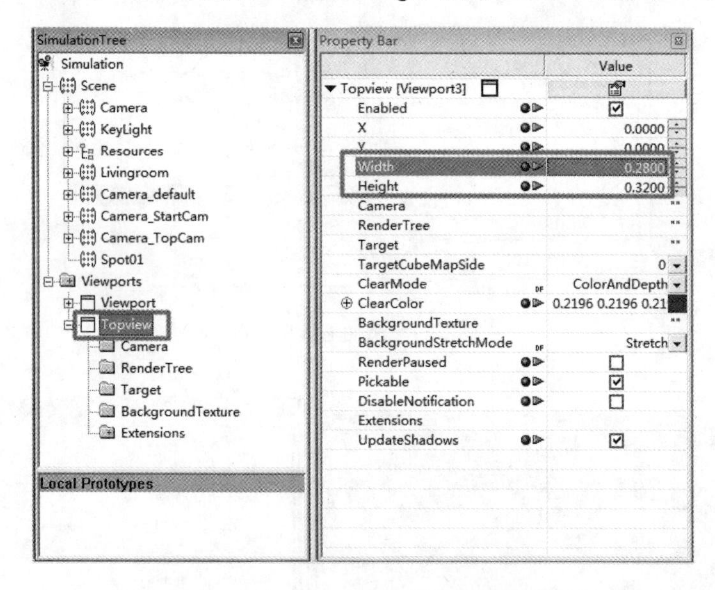

图 13-21　添加 Viewport 节点以增加额外视角

将仿真树视窗中“Scene/Livingroom/”下 Camera_TopCam 节点的引用复制到“Viewports/Topview/Camera”文件夹下，如图 13-22 所示。

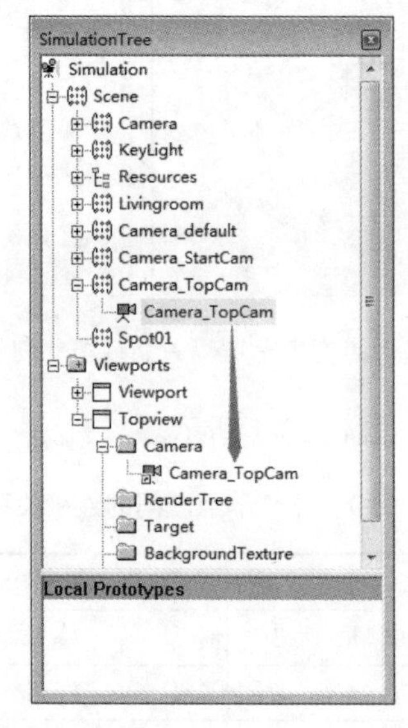

图 13-22　在新添加的 Topview 节点下引用另外一个摄像机

启动仿真程序后，在仿真视窗的左上角会出现一个俯视客厅的小视窗，如图 13-23 所示。

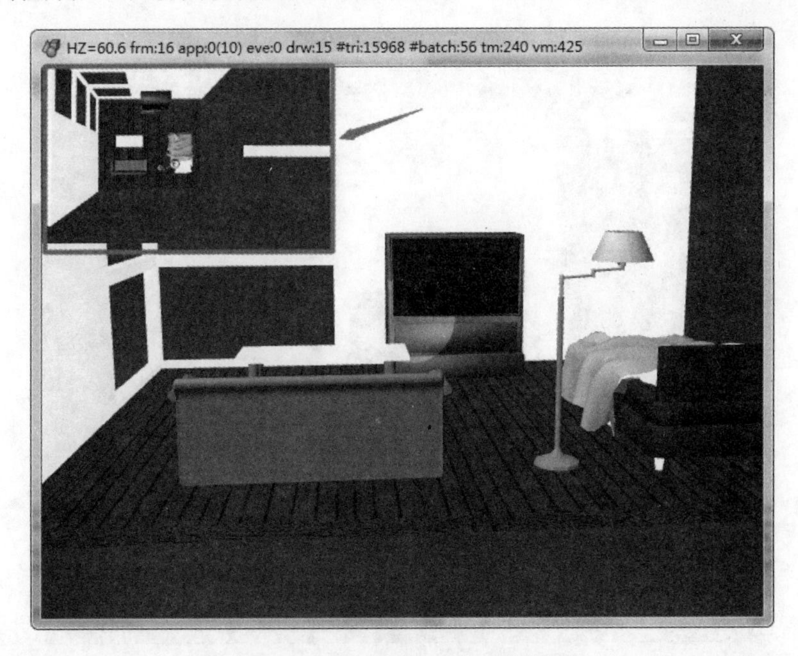

图 13-23　添加额外视角后的效果

13.2.8　为客厅增加自然环境

在组件视窗中选择“Environments”下拉选项，然后将 SkyDemo 元件拖曳至 Scene 节点下，如图 13-24 所示。

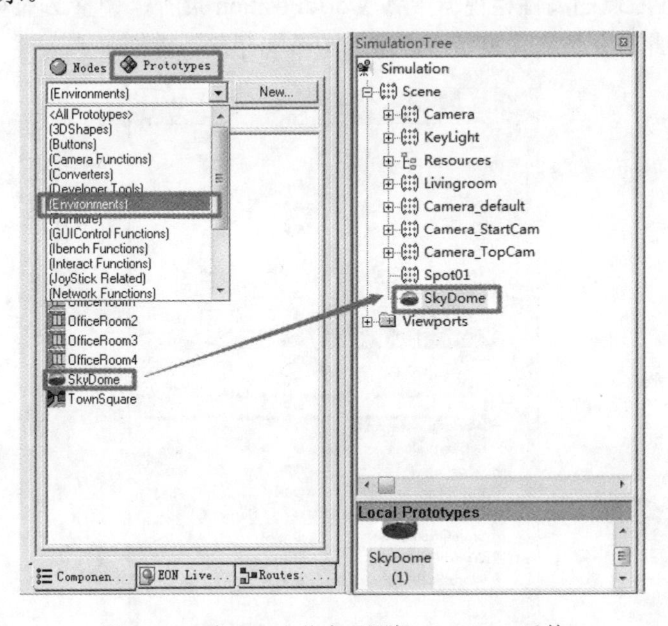

图 13-24　在 Scene 节点下添加 SkyDemo 元件

启动仿真程序后，在仿真视窗中会出现一个带有天空和草地的外部自然环境，但此时有一个问题，当按住鼠标右键向下滑动时，整个客厅没有落地，而是悬浮在空中的，如图 13-25 所示。

图 13-25　添加 SkyDemo 元件后的仿真效果

出现这个问题的原因是客厅在 3D 建模时的世界坐标系原点与 EON 中自带的 SkyDemo 元件的坐标系原点出现了偏差。要想让整个客厅落地，只需要按如下步骤操作即可：启动仿真程序后，将仿真视窗拖曳到计算机屏幕的左侧，同时单击仿真树视窗中的 Livingroom 节点，然后在 Livingroom 右侧的属性栏视窗中将 WorldPosition 展开，调整 Z 轴坐标为“-1.000”，如图 13-26 所示。此时在仿真视窗中会发现，整个客厅已经落地了。

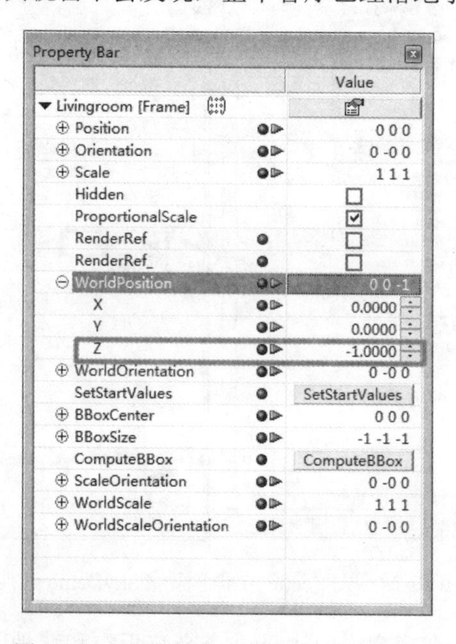

图 13-26　调整客厅 3D 模型的世界坐标系

第 14 章

流程控制示例

本章通过一个流程控制示例对流程节点的使用进行讲解，本章示例中使用的模型是一个钳体夹具，整个模型装配后的结构如图 14-1 所示。

图 14-1 钳体夹具模型装配后的结构

为了便于描述，首先将钳体夹具模型分解，对所有零部件进行命名。钳体夹具模型装配图如图 14-2 所示。

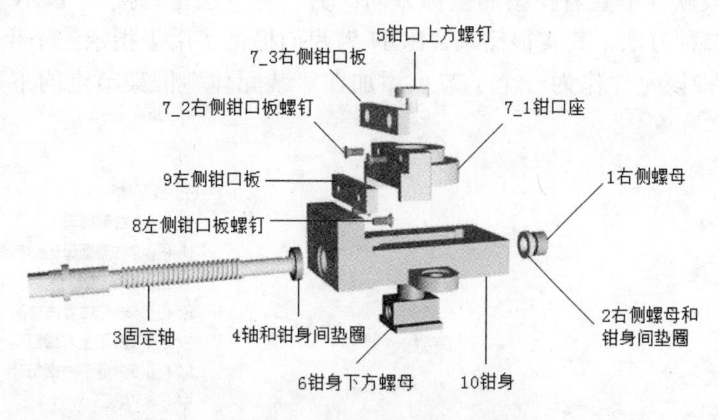

图 14-2 钳体夹具模型装配图

14.1 导入模型

首先导入钳体夹具模型并整理仿真树，然后调整好摄像机的视角。完成后的仿真树结构如图 14-3 所示。

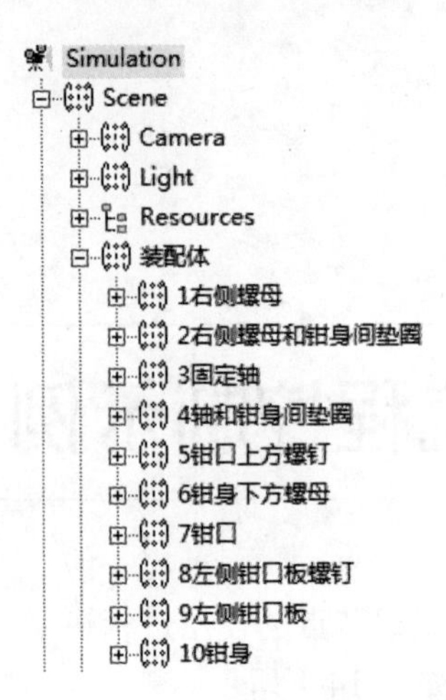

图 14-3　导入钳体夹具模型后的仿真树结构

14.2　规划路径

在本示例中，除“10 钳身”保持不动，其余 9 个零部件都会进行移动操作。在 EON 中用于对象移动的节点中，Place 节点的使用最为频繁，也非常方便。首先，展开“1 右侧螺母”框架节点，为其添加一个子节点 Place1，如图 14-4 所示。

双击 Place1 节点，在弹出的属性对话框中设置运动路径。在前面的装配图（见图 14-2）中可以看出，要想将“1 右侧螺母”拆卸下来，必须将其沿着“3 固定轴”的轴向方向向右移动，那么这个方向到底指的是 *X*、*Y*、*Z* 三个坐标轴的哪一个呢？有两种方法可供判断：一种方法是在建模软件中查看模型的坐标方向；另一种方法是直接在 EON 仿真视窗中查看。下面使用第二种方法，其实很简单，EON 为我们提供了用于指示三个坐标方向的元件 3DPointer，我们将该元件作为一个子节点添加在“装配体”框架节点的下方，如图 14-5 所示。

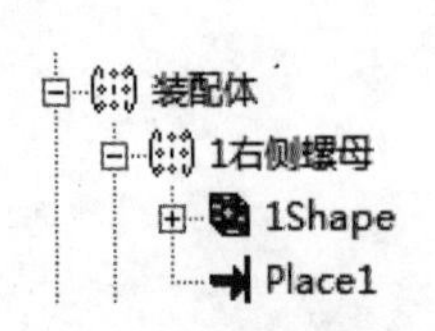

图 14-4　添加 Place 1 节点

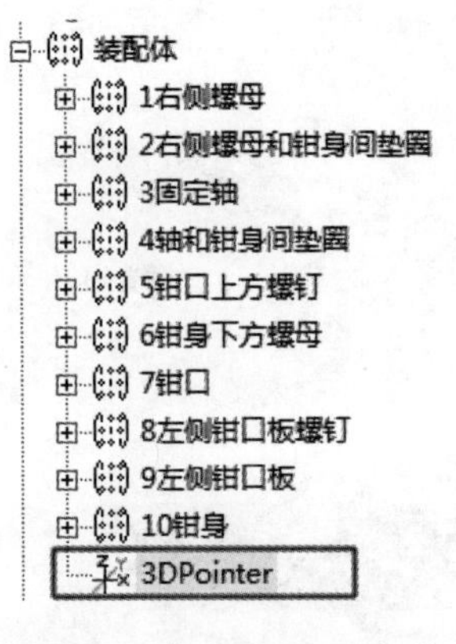

图 14-5　添加 3DPointer 元件

此时运行仿真程序，便可以清楚地看到三个坐标轴的方向了。很显然，“1 右侧螺母”应

该设计为向 X 轴正方向移动，如图 14-6 所示。

注意：有时在加入 3DPointer 元件后，在仿真视窗中看不到三个坐标轴，这是因为模型的尺寸远远大于 3DPointer 元件的尺寸，此时只需要将 3DPointer 元件的 Scale 调整为较大的值即可，具体调整为多大合适，可以在仿真视窗中边调整边查看。本示例中 Scale 调整至 150、150、150，如图 14-7 所示。

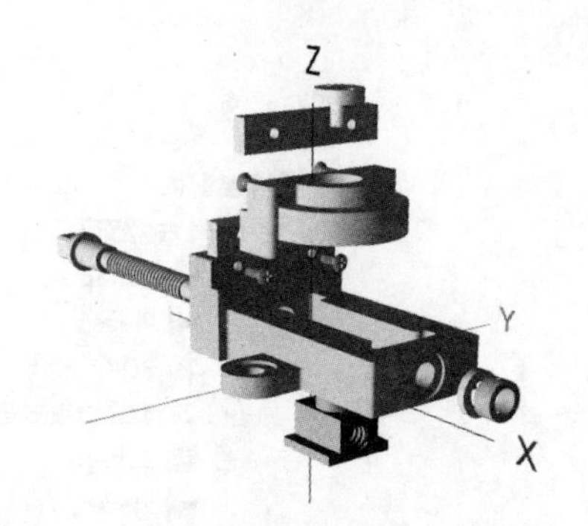

图 14-6　添加 3DPointer 元件的坐标轴效果

至此，我们知道了“1 右侧螺母”应该设计为向 X 轴正方向移动，接下来就可以在 Place1 节点的属性对话框中设置运动路径了，参数设置如图 14-8 所示。

按照同样的方法，在其他零部件框架节点下也添加 Place 节点，并设置运动参数，如图 14-9 所示，注意零部件“7 钳口”做了二级框架处理。

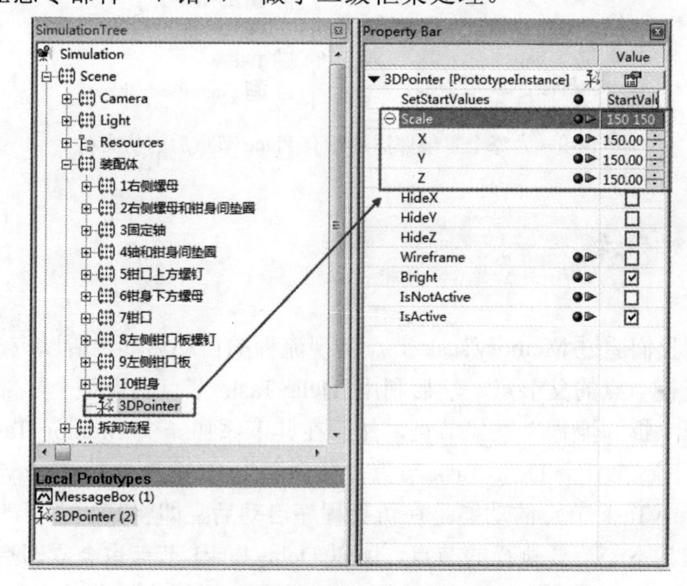

图 14-7　调整 3DPointer 元件的 Scale

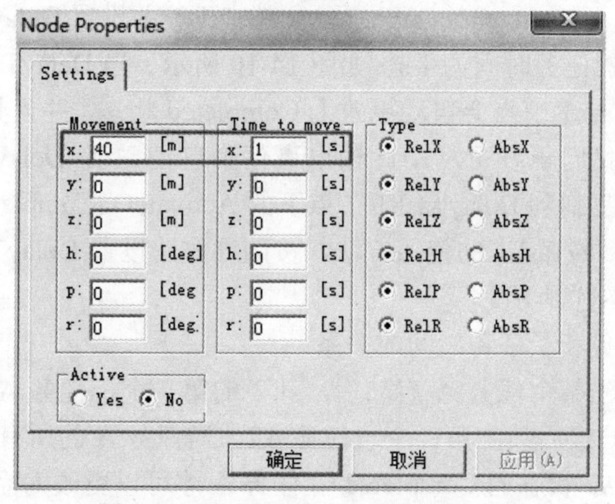

图 14-8　设置 Place1 节点的运动路径

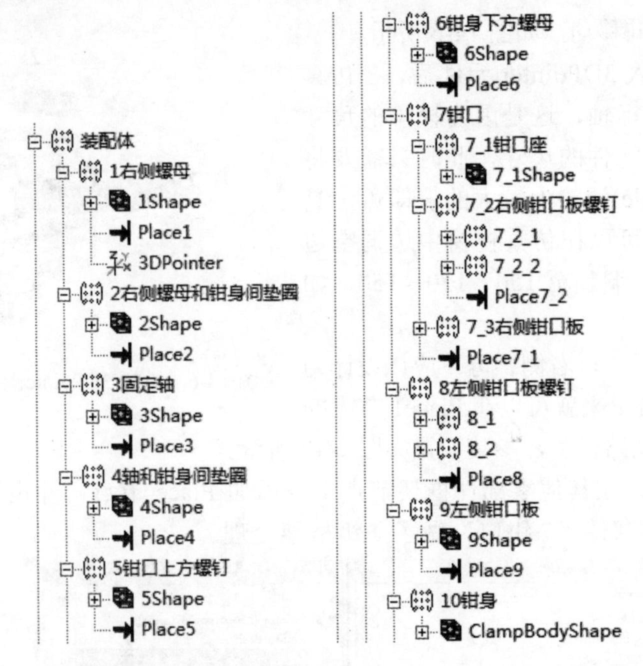

图 14-9　为每个零部件添加所有 Place 节点后的仿真树

14.3　添加流程控制节点

在本示例中，我们通过 MemoryTask 节点实现流程的自动启动，所以应该将 MemoryTask 节点设置为所有流程节点的父节点，然后利用 DelayTask 节点实现每个零部件的延时自动拆卸。首先添加一个“拆卸流程”框架节点，然后在其下添加一个 MemoryTask 节点，接着在 MemoryTask 节点下添加 9 个 DelayTask 节点，并命名为 DelayTask1～DelayTask9，分别对应 9 个零部件。MemoryTask 节点的功能是在仿真程序启动后立即将其状态更改为 Started，并将其第一个子节点作为下一个要执行的节点，所以 DelayTask1 节点也会立即启动，此时只需要将零部件“1 右侧螺母”对应的运动节点 Place1 的引用（通过右键菜单中的“Copy as Link”）复制到 DelayTask1 节点下的 ActivateOnStarted 文件夹下，并设置 DelayTask1 节点的 Delay 属性值为 1，表示 Place1 的任务时间为 1 s，如图 14-10 所示。当 DelayTask1 任务结束，也就是 1 s 时间到达后，DelayTask1 节点会自动更改为 Completed 状态，并且其 ActivateOnCompleted 域输出 TRUE 事件，我们正好可利用此输出事件来自动激活 DelayTask2，所以还应该将 DelayTask1 节点的引用复制到 DelayTask1 节点下的 ActivateOnCompleted 文件夹下。

上面我们介绍了 DelayTask1 的使用方法，按同样方法设置 DelayTask2～DelayTask9，最后的仿真树结构如图 14-11 所示。

下面我们介绍父任务和子任务之间的关系。

前面已经介绍过，当某个任务 A 启动后，其下的第一个子任务 A1 将自动启动。当子任务 A1 完成后，将启动同级后续的第二个子任务 A2。当任务 A 的所有子任务（如 A1 和 A2）都完成后（此时 A1 和 A2 状态为 Completed），任务 A 才可以更改为完成（Completed）状态。

为此我们将 DelayTask7 设置为钳口拆卸的一个父任务，任务总时间设置为 3 s，DelayTask7_1、DelayTask7_2、DelayTask7_3 为 DelayTask7 的三个子任务，任务时间各设置为 1 s，DelayTask7 父任务启动后，DelayTask7_1、DelayTask7_2、DelayTask7_3 将依次启动并自动完成，最后将 DelayTask7 父任务更改为 Completed 状态。

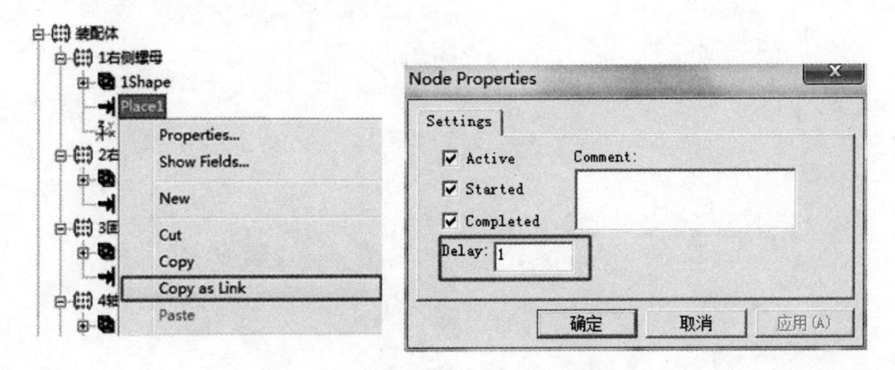

图 14-10　设置 Place1 节点的延时时间

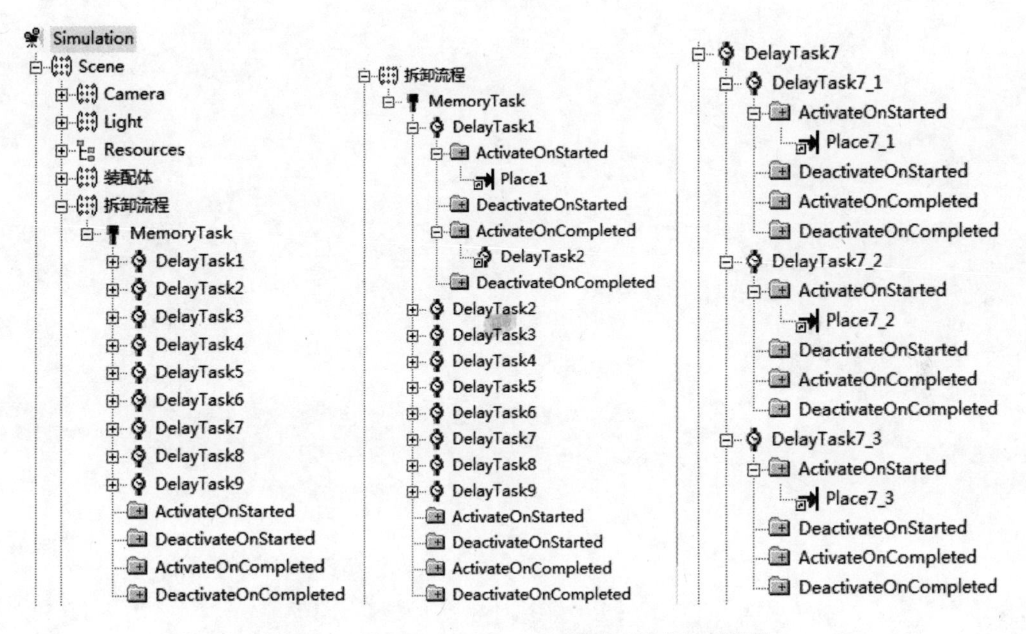

图 14-11　添加 9 个 DelayTask 节点后的仿真树结构

第 15 章

虚拟装配与拆卸示例

15.1 功能说明

本章重点讲解 EON 导入 3D 模型（使用 SolidWorks2012 创建）的具体方法和步骤，并利用该模型分别为教学模式和训练模式设计了一个虚拟装配和拆卸示例，通过该示例，读者基本可以掌握 3D 模型的导入方法和一些注意事项，并对此类机械拆装虚拟仿真的设计流程有一个大概的理解。

15.2 设计流程

15.2.1 导入 3D 模型

本示例的叶片泵模型采用 SolidWorks2012 创建。由于目前版本的 EON 在导入 SolidWorks2012 创建的 3D 模型时只能识别 SolidWorks2012 中零部件的英文特征，所以在使用 SolidWorks2012 生成 SLDASM 格式的 3D 模型之前务必进行以下设置：在 SolidWorks2012 软件中打开系统选项对话框，如图 15-1 所示，然后勾选“使用英文特征和文件名称”复选框即可，该选项上面的“使用英文菜单”复选框对于导入 EON 没有影响。

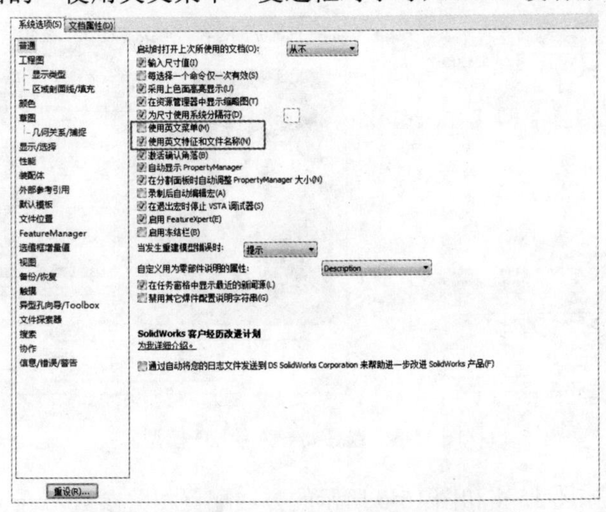

图 15-1　SolidWorks2012 的系统选项设置

接下来导入叶片泵模型。打开 EON Studio，创建一个新的仿真程序，并保存为叶片泵.eoz。在仿真树视窗中选中 Scene 节点，然后在 EON Studio 主菜单栏中选择“File→Import→SolidWorks”，如图 15-2 所示。

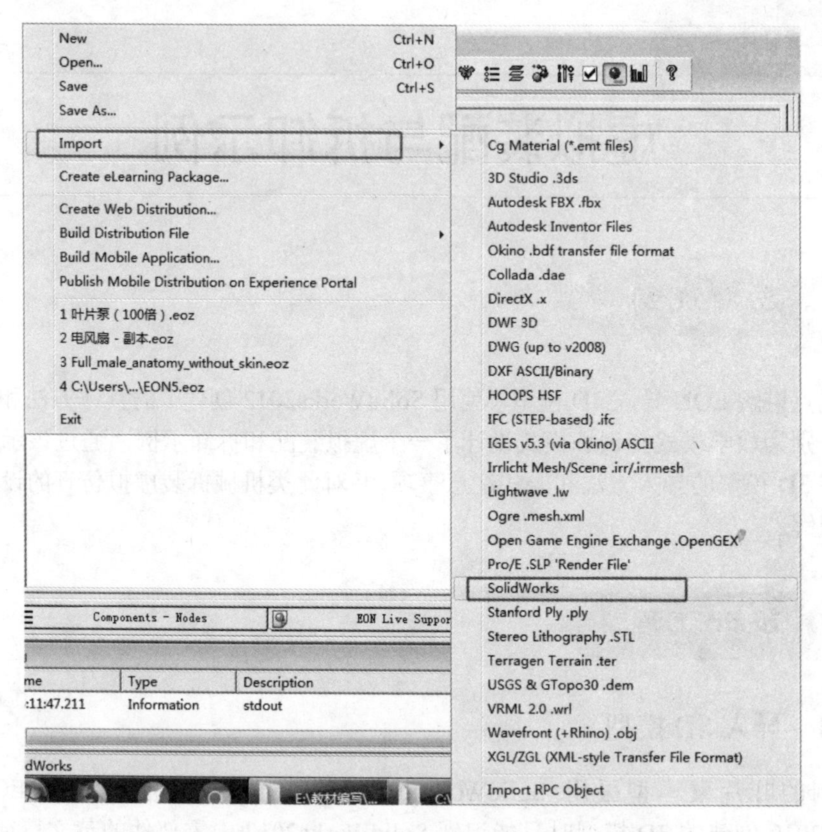

图 15-2　导入 SolidWorks2012 创建的 3D 模型的菜单

进行上述的操作后会出现如图 15-3 所示的对话框，在此可选择要导入的 3D 模型，确定无误后单击“完成”按钮。

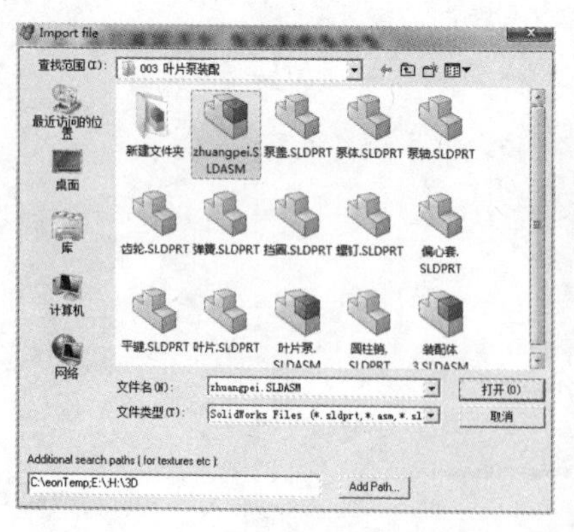

图 15-3　选择要导入的 3D 模型

接下来依次按照如图 15-4 和图 15-5 所示的方法配置相关参数。

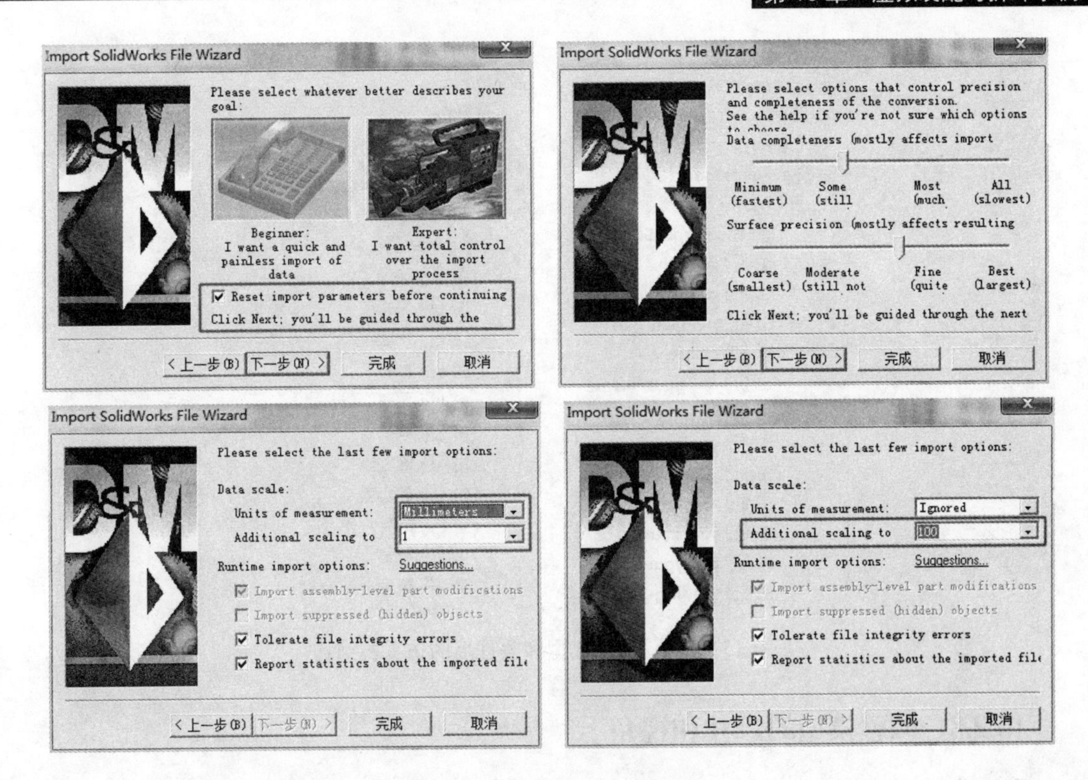

图 15-4　依次配置相关参数

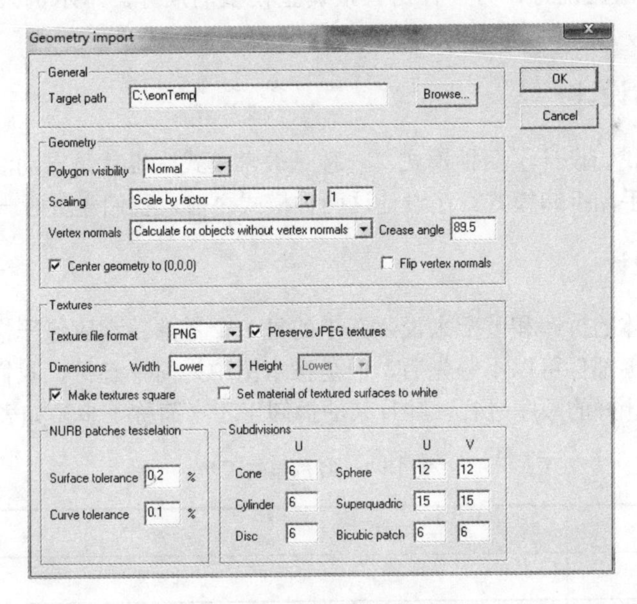

图 15-5　最后的导入配置对话框

15.2.2　整理仿真树

由于 SolidWorks2012 中叶片泵模型的零部件名称全部采用英文形式，为了便于操作，我们将零部件的名称修改为中文形式，修改后的仿真树结构如图 15-6 所示。

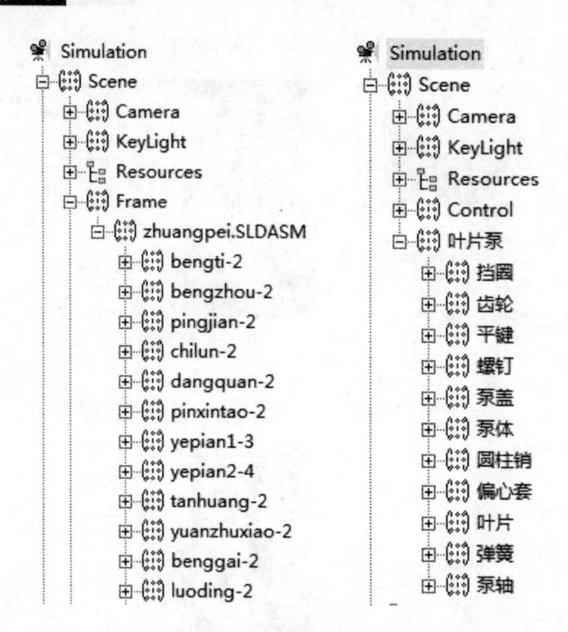

图 15-6 导入 3D 模型和整理后的仿真树结构

15.2.3 调整模型的尺寸和视角

导入模型后，有时会发现模型不完全在摄像机的视角范围内，此时有两种方法进行调整：一种是调整摄像机视野，另一种是直接调整模型的尺寸。本示例采用第二种方法进行调整。

15.2.4 总体设计

在本示例中，我们设计了两种模式，一种是教学模式，也就是自动演示模式；另一种是训练模式，也就是手动拆卸模式。在设计这两种模式之前，我们先进行一些准备工作。

1. 拆卸工步设计

对于机械装配体的拆卸和装配来说，其中的每一个零部件都应该严格按照拆卸和装配顺序进行，尽管有些零部件可以不分先后，但是在本例中为简单起见，我们假设叶片泵的拆卸和装配必须按照设计好的顺序进行。叶片泵的拆卸工步（简称工步）如表 15-1 所示。

表 15-1 叶片泵的工步

工 步 号	拆 卸 动 作
工步 1	拆卸挡圈
工步 2	拆卸齿轮
工步 3	拆卸平键
工步 4	拆卸螺钉
工步 5	拆卸泵盖

续表

工 步 号	拆 卸 动 作
工步 6	拆卸泵体
工步 7	拆卸圆柱销
工步 8	拆卸偏心套
工步 9	拆卸叶片
工步 10	拆卸弹簧

2. 为两种模式添加切换按钮

为教学模式添加切换按钮 A_mode，为训练模式添加切换按钮 T_mode，如图 15-7 所示。

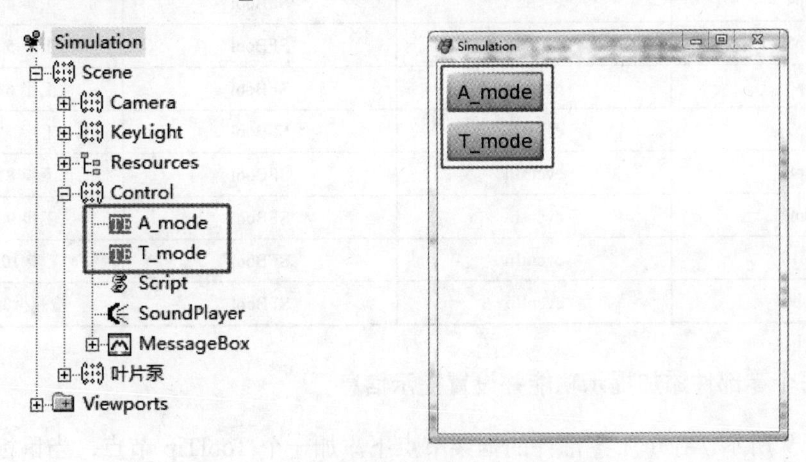

图 15-7　为两种模式添加切换按钮

3. 添加脚本控制节点 Script 并为该节点添加自定义域

在仿真树中添加一个脚本控制节点 Script，如图 15-8 所示。

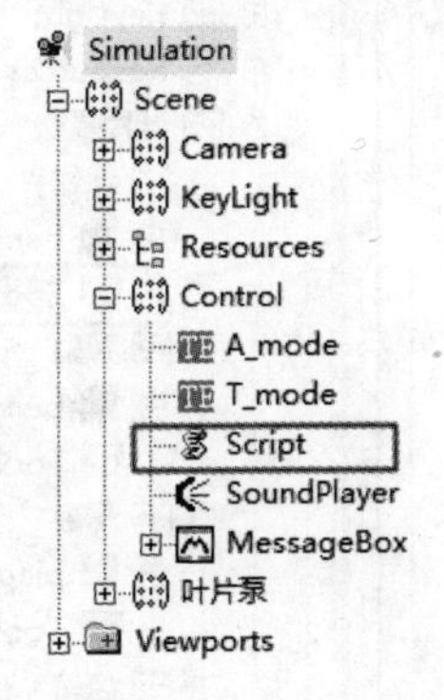

图 15-8　添加脚本控制节点 Script

为脚本控制节点 Script 添加自定义域，如表 15-2 所示。

表 15-2 为脚本控制节点 Script 添加的自定义域

域　名	域 类 型	域数据类型	功　能
T_mode	eventIn	SFString	检测教学模式输入
A_mode	eventIn	SFBool	检测训练模式输入
Play_start	eventOut	SFBool	启动语音播放
Play_file	eventOut	SFString	修改语音文件
Step1	eventIn	SFBool	工步 1 输入事件
Step2	eventIn	SFBool	工步 2 输入事件
Step3	eventIn	SFBool	工步 3 输入事件
Step4	eventIn	SFBool	工步 4 输入事件
Step5	eventIn	SFBool	工步 5 输入事件
Step6	eventIn	SFBool	工步 6 输入事件
Step7	eventIn	SFBool	工步 7 输入事件
Step8	eventIn	SFBool	工步 8 输入事件
Step9	eventIn	SFBool	工步 9 输入事件
Step10	eventIn	SFBool	工步 10 输入事件
Finished	eventIn	SFBool	检测拆卸是否完毕

4．为每个零部件添加提示功能并设置提示信息

如图 15-9 所示，在每个零部件的框架节点下添加一个 ToolTip 节点，当鼠标光标悬停在零部件上方时会显示提示信息。

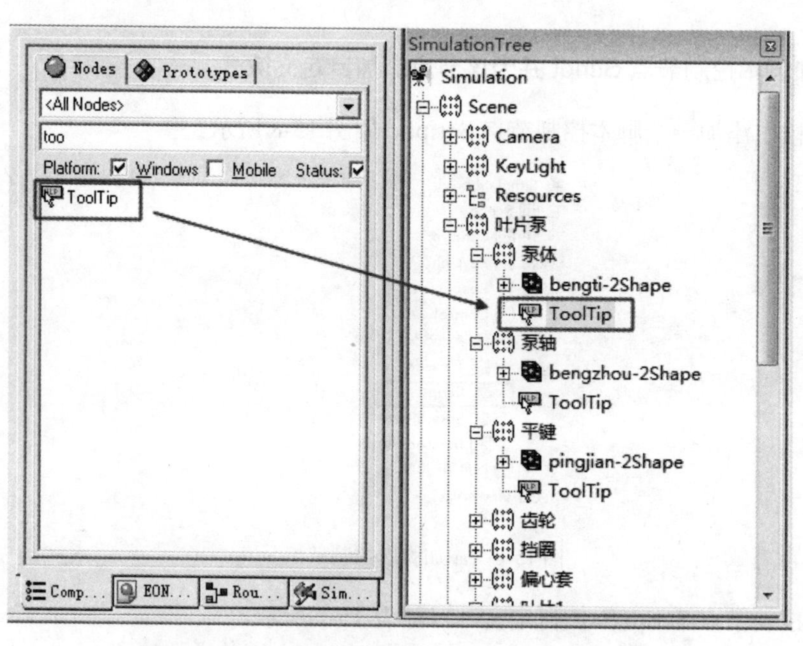

图 15-9 为每个零部件添加提示功能并设置提示信息

5．添加语音播放节点并为 10 个工步录制配音

如图 15-10 所示，在仿真树下添加一个语音播放节点 SoundPlayer，并为 10 个工步录制配音，文件格式为 wav。

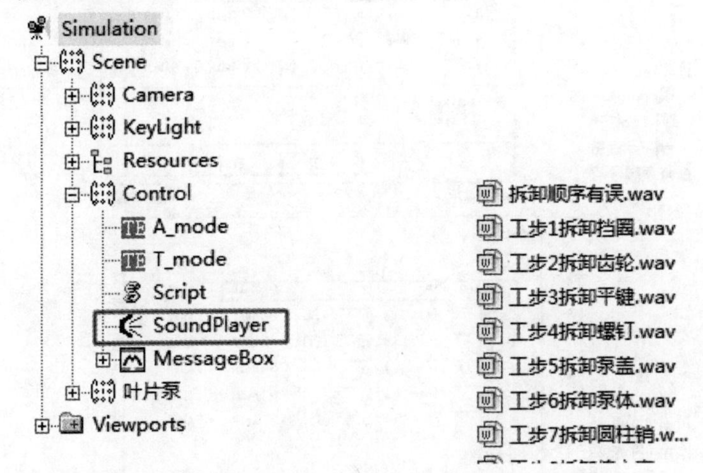

图 15-10　添加语音播放节点并为 10 个工步录制配音

6．为每个零部件添加运动节点并设置运动路径

零部件的运动路径是在 EON 仿真程序运行期间边试验边修改的，从而找到一个最佳的规划路径。在这里为每一个零部件添加一个运动节点并设置运动路径，如图 15-11 所示。

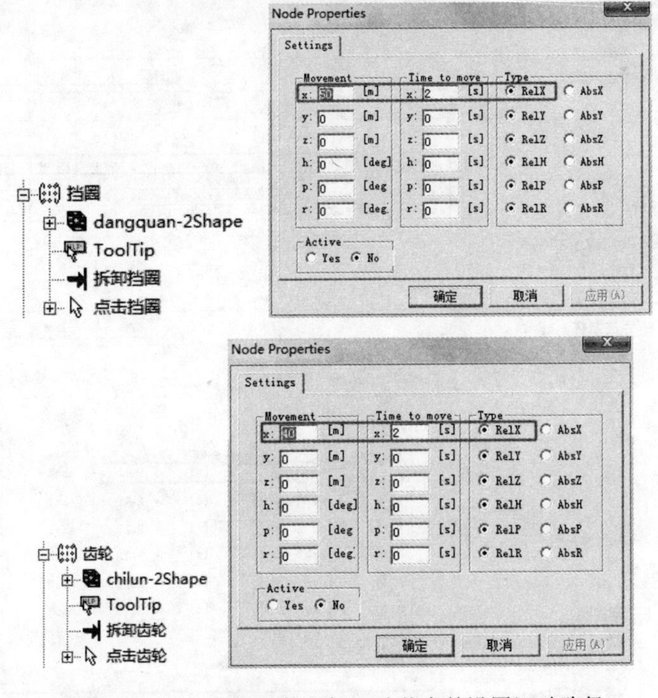

图 15-11　为每个零部件添加运动节点并设置运动路径

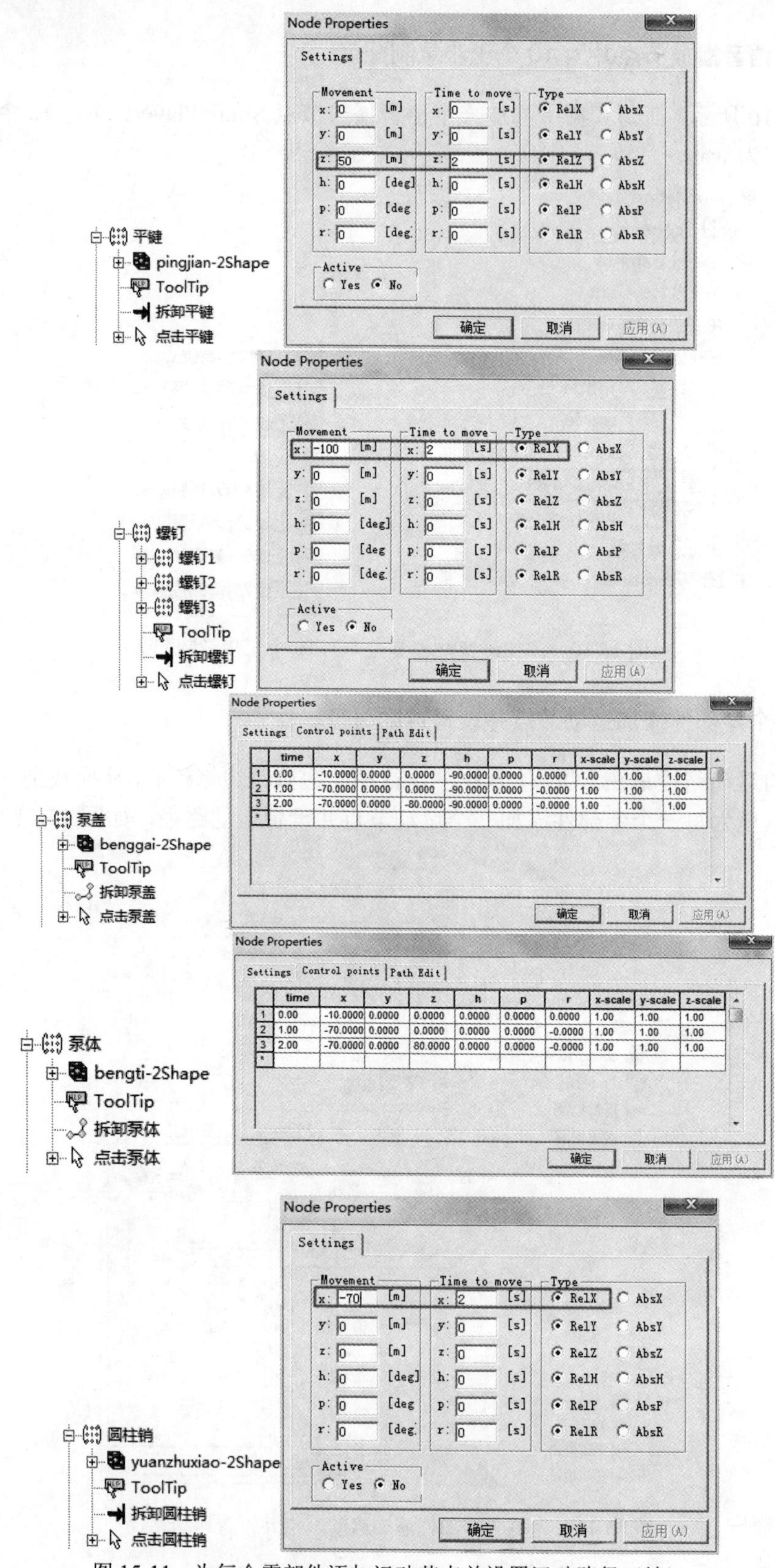

图 15-11 为每个零部件添加运动节点并设置运动路径（续）

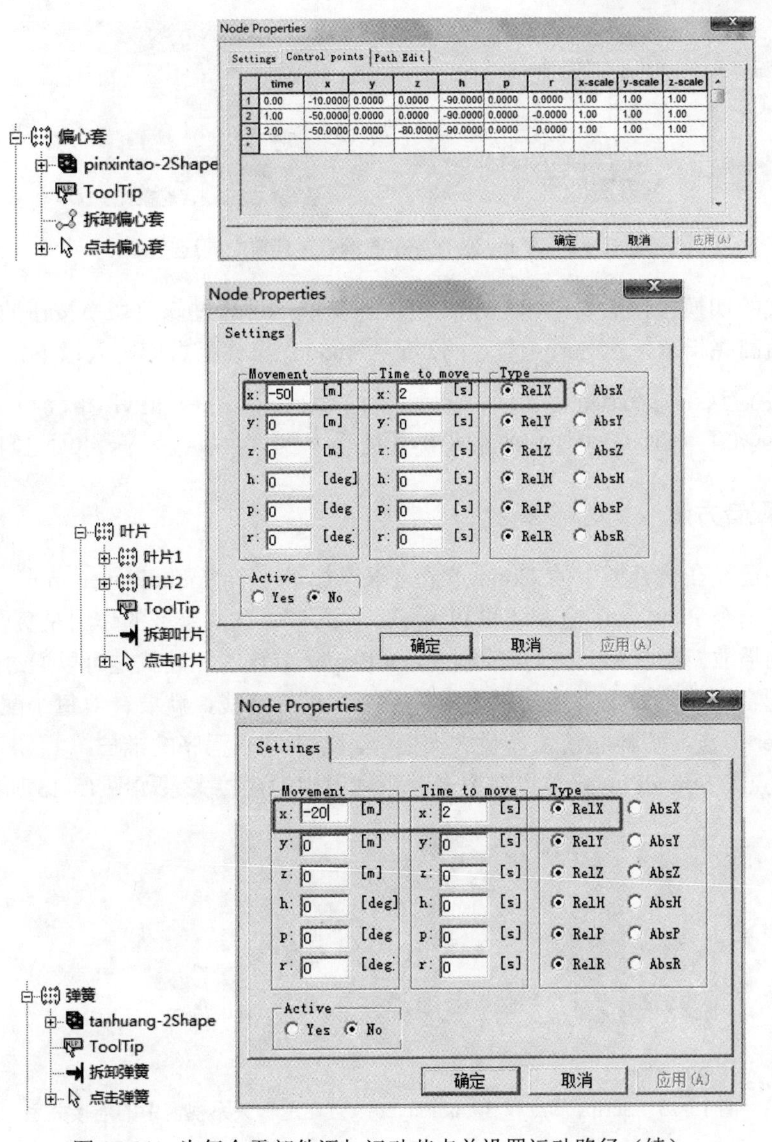

图 15-11　为每个零部件添加运动节点并设置运动路径（续）

15.2.5　教学模式（A_mode）设计

教学模式也称为自动演示模式，该模式的设计比较简单，设计思路如下。

1．模式的检测方法

模式的检测是通过将仿真树中 A_mode 节点的 OnButtonDown 输出域连接至 Script 节点的 A_mode 输入域，然后在 Script 节点中定义 current_mode 全局变量来实现的。

A_mode 节点在逻辑关系视窗中的连接关系如图 15-12 所示。

在 Script 节点的 On_A_mode()事件函数中写入以下代码：

```
//设置当前模式为教学模式
current_mode="A_mode";
```

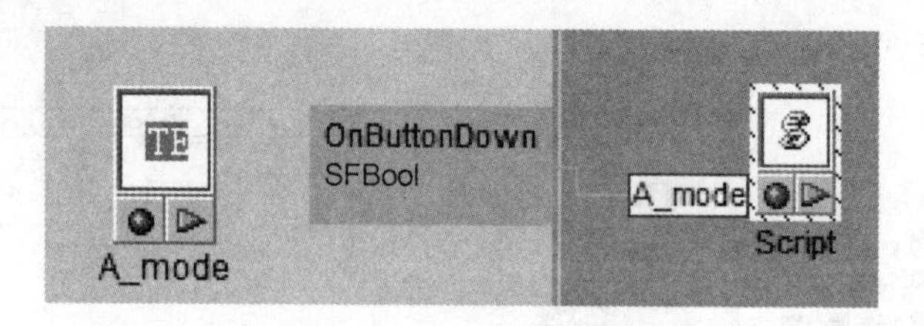

图 15-12　A_mode 节点在逻辑关系视窗中的连接关系

单击模式的切换按钮后要给出一个按钮状态变换，可通过修改切换按钮的颜色将当前所选的切换按钮高亮指示，在 Script 节点的 On_A_mode()事件函数中写入以下代码：

```
eon.FindNode("A_mode").GetFieldByName("BoxColor").value=eon.MakeSFVec3f(1,0,0);
eon.FindNode("T_mode").GetFieldByName("BoxColor").value=eon.MakeSFVec3f(0.5,0.5,0.5);
```

2．播放配音方法

前面我们已经在仿真树中的 Control 节点下添加了一个 SoundPlayer 节点，并且在 Script 节点中添加了一个 Play_start 输入域和 Play_file 输入域，这两个域的作用是负责整个 EON 仿真程序配音的播放。通过 Script 节点控制 SoundPlayer 节点的好处就是可以通过 Play_file 输入域随时更换配音文件。如果直接使用逻辑关系视窗进行连线，就要针对每个配音文件添加一个 SoundPlayer 节点，那样会使工作量大大增加，也不利于程序的维护。

Script 节点和 SoundPlayer 节点在逻辑关系视窗中的连接关系如图 15-13 所示。

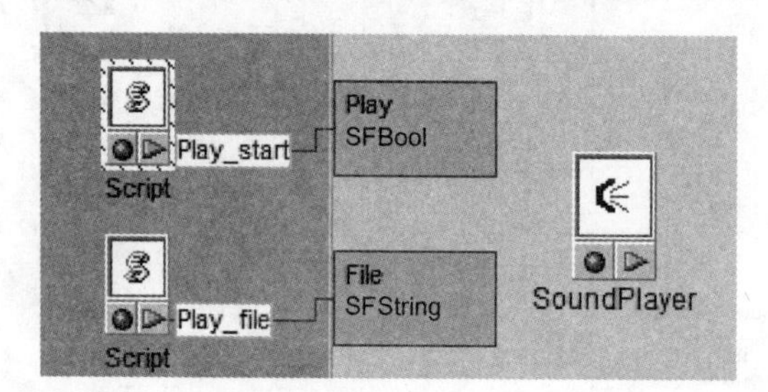

图 15-13　Script 节点和 SoundPlayer 节点在逻辑关系视窗中的连接关系

3．在教学模式下屏蔽鼠标单击零部件

直接在 Script 节点的 On_A_mode()事件函数中写入以下代码：

```
//屏蔽鼠标单击零部件
eon.findnode("单击挡圈").GetFieldByName("SetRun").value=FALSE;
eon.findnode("单击齿轮").GetFieldByName("SetRun").value=FALSE;
eon.findnode("单击平键").GetFieldByName("SetRun").value=FALSE;
```

4．自动演示流程的控制方法

本示例中总共 10 个工步，如果单独设计教学模式，则可以在逻辑关系视窗中将前一个工步的 OnRunFalse 输出事件直接连接到后一个工步的 SetRun 输入事件来顺序地启动所有工步。

但由于本示例同时设计了两种工作模式，所以要将前一个工步的 OnRunFalse 输出事件连接到 Script 节点的后一个工步触发事件，比如“拆卸挡圈”属于工步 1，那么就将“拆卸挡圈”这个节点的 OnRunFalse 输出事件连接到 Script 节点的 Step2 的事件函数中，Step2 代表工步 2 拆卸齿轮，如图 15-14 所示，其余工步以此类推。

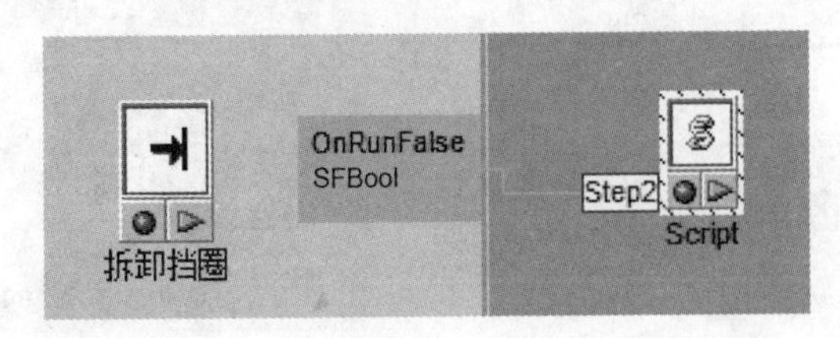

图 15-14　自动演示流程控制在逻辑关系视窗中的连接关系

然后在 Script 节点 Step2 的事件函数中进行判断：

```
//工步 2：拆卸齿轮
function On_Step2()
{
    //判断当前模式是否为教学模式
    if(current_mode=="A_mode")
    {
        eon.findnode("拆卸齿轮").GetFieldByName("SetRun").value=TRUE;
        Play_file.value="sound\\工步 2 拆卸齿轮.wav";
        Play_start.value=TRUE;
    }
    //判断当前模式是否为训练模式
    if(current_mode=="T_mode")
    {
    }
}
```

15.2.6　训练模式（T_mode）设计

训练模式也称为手动拆卸模式，其设计思路如下。

1. 鼠标提示和单击

前面已经在每个零部件的框架节点下都添加了 ToolTip 节点和单击传感器节点 ClickSensor（各个零部件命名不同），这样当鼠标光标移动到某个零部件上方时，鼠标光标会改变形状，并且 ToolTip 节点会给出相关提示。而每个 ClickSensor 节点的 OnButtonDown 输出域都连接到了 Script 节点的每个对应零部件的事件函数上，例如，零部件挡圈对应的 ClickSensor 节点是“单击挡圈”，那么该节点连接到 Script 节点的 Step1，如图 15-15 所示。

2. 屏蔽非法操作

训练模式的另外一个重要功能就是拆卸操作必须严格按照指定的顺序进行，如果出现错误，程序必须给出提示，如当前工步错误等，这就要求在训练模式下还要设计一个反映当前拆卸进行到了哪一步的状态变量，为此在 Script 节点中设计一个全局变量 current_step，在整个训练过程中，该变量的状态说明如表 15-3 所示。

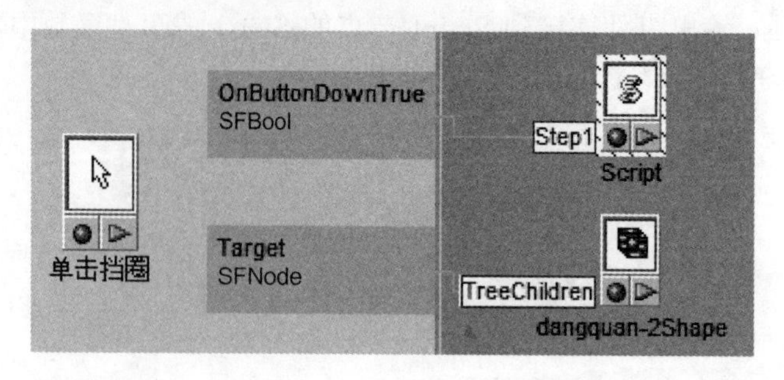

图 15-15　鼠标提示和单击在逻辑关系视窗中的连接关系

表 15-3　全局变量 current_step 状态说明

current_step 取值	状 态 说 明
step1_start	工步 1 启动
step1_over	工步 1 结束
step2_start	工步 2 启动
step2_over	工步 2 结束
step 3_start	工步 3 启动
step3_over	工步 3 结束
sep4_start	工步 4 启动
sep4_over	工步 4 结束
sep5_start	工步 5 启动
sep5_over	工步 5 结束
sep6_start	工步 6 启动
sep6_over	工步 6 结束
sep7_start	工步 7 启动
sep7_over	工步 7 结束
sep8_start	工步 8 启动
sep8_over	工步 8 结束
sep9_start	工步 9 启动
sep9_over	工步 9 结束
sep10_start	工步 10 启动
sep10_over	工步 10 结束

例如，上述状态在工步 2 中的具体用法如下。

```
//工步 2：拆卸齿轮
function On_Step2()
{
```

```
        if(current_mode=="A_mode")
        {
            eon.findnode("拆卸齿轮").GetFieldByName("SetRun").value=TRUE;
            Play_file.value="sound\\工步 2 拆卸齿轮.wav";
            Play_start.value=TRUE;
        }
        if(current_mode=="T_mode")
        {
            if(current_step=="step1_over")
            {
                current_step="step2_start";
            }
            else if(current_step=="step2_start")
            {
                eon.findnode("拆卸齿轮").GetFieldByName("SetRun").value=TRUE;
                Play_file.value="sound\\工步 2 拆卸齿轮.wav";
                Play_start.value=TRUE;
                current_step="step2_over";
            }
            else
            {
                Play_file.value="sound\\拆卸顺序有误.wav";
                Play_start.value=TRUE;
            }
        }
    }
```

3. 零部件归位

还必须设计一个零部件拆卸后能迅速归位的功能，这个相对比较简单，在 Script 节点的脚本程序中设计一个自定义函数 Reset()，将所有零部件的位置和方向设置为原始值即可，然后在模式切换时调用 Reset()，代码如下：

```
function Reset()
{
    //将所有零部件的位置和方向归位
    eon.findnode("叶片泵").GetFieldByName("Position").value=eon.MakeSFVec3f(0,1,0);
    eon.findnode("叶片泵" ).GetFieldByName("Orientation").value=eon.MakeSFVec3f(0,-0,0);
    eon.findnode("挡圈").GetFieldByName("Position").value=eon.MakeSFVec3f(90,0.12,-0.99);
    eon.findnode("齿轮").GetFieldByName("Position").value=eon.MakeSFVec3f(90,0,-0);
    eon.findnode("平键").GetFieldByName("Position").value=eon.MakeSFVec3f(73,-3.44,5.51);
    eon.findnode("螺钉").GetFieldByName("Position").value=eon.MakeSFVec3f(-4,28.98,7.76);
    eon.findnode("泵盖").GetFieldByName("Position").value=eon.MakeSFVec3f(0,0,0);
    eon.findnode("泵体").GetFieldByName("Position").value=eon.MakeSFVec3f(0,0,0 );
    eon.findnode("圆柱销").GetFieldByName("Position").value=eon.MakeSFVec3f(0,-14.34,14.24);
    eon.findnode("偏心套").GetFieldByName("Position").value=eon.MakeSFVec3f(22,0,0);
    eon.findnode("弹簧").GetFieldByName("Position").value=eon.MakeSFVec3f(11,10.91,6.82);
```

```
    eon.findnode("泵轴").GetFieldByName("Position").value=eon.MakeSFVec3f(94,0,-0);
    eon.findnode("叶片").GetFieldByName("Position").value=eon.MakeSFVec3f(0,0,0);
    //停止所有运动
    eon.findnode("拆卸挡圈").GetFieldByName("SetRun").value=FALSE;
    eon.findnode("拆卸齿轮").GetFieldByName("SetRun").value=FALSE;
    eon.findnode("拆卸平键").GetFieldByName("SetRun").value=FALSE;
    eon.findnode("拆卸螺钉").GetFieldByName("SetRun").value=FALSE;
    eon.findnode("拆卸泵盖").GetFieldByName("SetRun").value=FALSE;
    eon.findnode("拆卸泵体").GetFieldByName("SetRun").value=FALSE;
    eon.findnode("拆卸圆柱销").GetFieldByName("SetRun").value=FALSE;
    eon.findnode("拆卸偏心套").GetFieldByName("SetRun").value=FALSE;
    eon.findnode("拆卸叶片").GetFieldByName("SetRun").value=FALSE;
    eon.findnode("拆卸弹簧").GetFieldByName("SetRun").value=FALSE;
}
```

第 16 章

EON 与外部程序交互

16.1 EonX 控件与 VC 之间的消息传递原理

Eon Studio 提供了一个名为 EonX 的 ActiveX 控件，利用该控件，用户可以使用 Visual C++（VC）和 Visual Basic（VB）等支持 Com 接口的开发语言建立自己的用户界面，并与 EON 进行相互通信，以实现灵活性更广、功能更强的应用程序。

VC 和 EonX 控件的通信主要是通过 EON 内部 ExternalEvents 接口（可以分为 ExternalInEvent 与 ExternalOutEvent 两个接口）来实现的，其通信原理如图 16-1 所示。

图 16-1　VC 和 EonX 控件的通信原理

VC 利用名为 VARIANT 的变量来保存从 EON 的 EventOut 接收到的数据，以及准备向 EON 的 EventIn 接口发送的数据。表 16-1 所列出的是 VC 与 EonX 控件交互数据的常用数据类型对照表。

表 16-1　VC 与 EonX 控件交互数据的常用数据类型对照表

EonX 控件变量数据类型	VARINAT 数据类型	与 VARINAT 类型对应的赋值变量	说　明
SFBool	VT_BOOL	VARINAT.bVal	布尔型
SFFloat	VT_R4	VARINAT.fltVal	浮点型
SFInt32	VT_I4	VARINAT.iVal	整型
SFString	VT_BSTR	VARINAT.bstrVal	字符串型

下面对一些典型应用举例说明，例如把一个浮点型的值发送到 EON 的 EventIn 中（EventIn 的数据类型为 SFFloat）。

```
VARIANT EventIn;
EventIn.vt=VT_R4;                                   //定义成浮点型数据
EventIn.fltVal=4.0f;                                //赋值 4
this->MyEon.SendEvent(“ZoomValue”, &EventIn）;      //EventIn 接口名为 ZoomValue
```

把一个布尔型的值发送到 EON 的 EventIn 中（EventIn 的数据类型为 SFBool）。

```
VARIANT EventIn;
EventIn.vt=VT_BOOL;                                         //定义为布尔型
EventIn.boolVal=TRUE;                                       //赋值为 TRUE
this->MyEon.SendEvent("rright", & EventIn）;                //EventIn 接口名为 rright
```

从 VC 中接收 EON 发出的 SFFloat 类型的数据。

```
void CEonDemo_VC7Dlg::OnEventEonx（LPCTSTR bstrNodeName, VARIANT* pvarNodeValue）
{
    //这个函数是通过在 VC 中添加事件处理函数建立的，该函数将自动获取 EON 发送的数据
    //bstrNodeName 为 EventOut 接口名
    //pvarNodeValue 为 EventOut 接口的值
    float value;
    if （strcmp（bstrNodeName,"xout"）==0）
    {
        value=pvarNodeValue->fltVal;                    //通过 fltVal 获取到相应的值
        CString strV;
        strV.Format("%3.2f",value）;
        strV="X:" + strV;
        GetDlgItem（IDC_STA_X）->SetWindowText（strV）;
    }
}
```

从 VC 中接收 EON 发出的 SFString 类型的数据。

```
void CEonDemo_VC7Dlg::OnEventEonx(LPCTSTR bstrNodeName, VARIANT* pvarNodeValue)
{
    //这个函数是通过在 VC 中添加事件处理函数建立的，该函数将自动获取 EON 发送的数据
    //bstrNodeName 为 EventOut 接口名
    //pvarNodeValue 为 EventOut 接口的值
    if (strcmp(bstrNodeName,"eonString")==0)
    {
        //注意：编写下面这句代码时要包含头文件（#include <comdef.h>）
        _bstr_t bstr_Value = pvarNodeValue->bstrVal;
        CString strV = (LPCTSTR)bstr_Value;
        GetDlgItem(IDC_STATIC_Title)->SetWindowText(strV);
    }
}
```

把 EON 模型导入 EonX 控件中的代码如下：

```
this->MyEon.put_SimulationFile ("COMPRESSED3N.EOZ"）;      //加载仿真文件
this->MyEon.Start();                                        //启动仿真程序
```

16.2　EonX 控件在 VC 中的具体应用

16.2.1　建立 VC 应用程序框架

（1）打开 VC 集成开发环境，首先建立一个基于对话框的 MFC 应用程序，如图 16-2 所示。

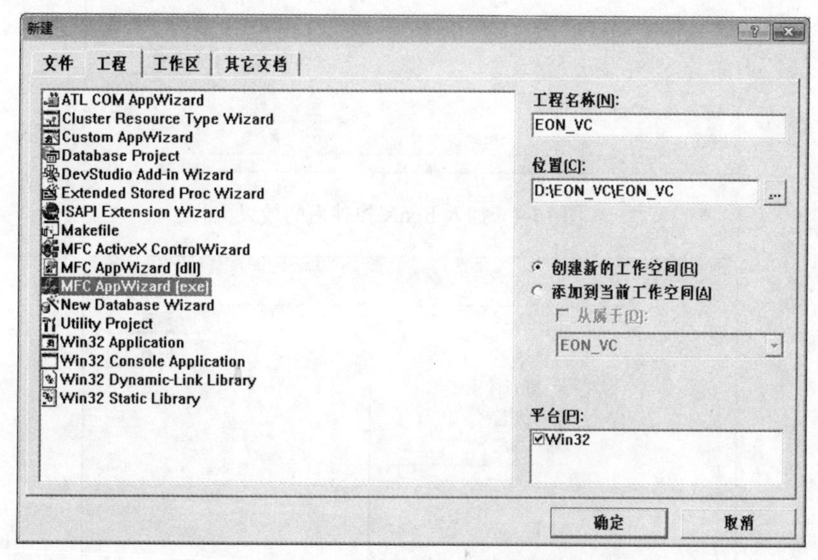

图 16-2　建立一个基于对话框的 MFC 应用程序

（2）在对话框空白处单击鼠标右键，在右键菜单中选择“插入 Active 控件”，此时会弹出插入 Active 控件对话框，如图 16-3 所示。选择 EonX 控件后单击“确定”按钮，便可将 EonX 控件插入到对话框中，如图 16-4 所示。

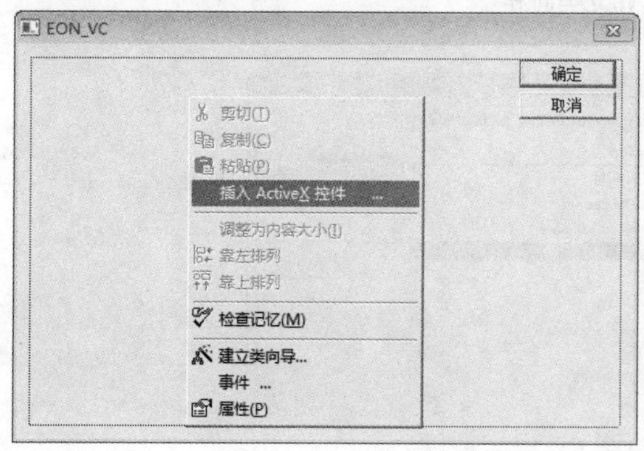

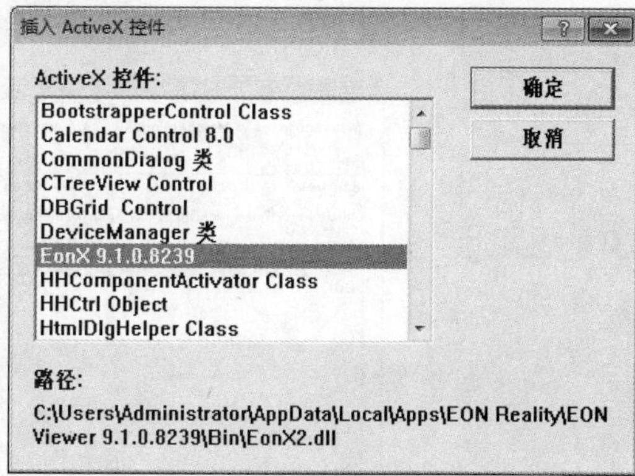

图 16-3　插入 EonX 控件

（3）为 EonX 控件定义并关联一个变量，在 EonX 控件上单击鼠标右键，在右键菜单中选择“建立类向导”，此时会弹出类向导对话框，并在该对话框中为 EonX 控件关联变量，如图 16-5 和图 16-6 所示。

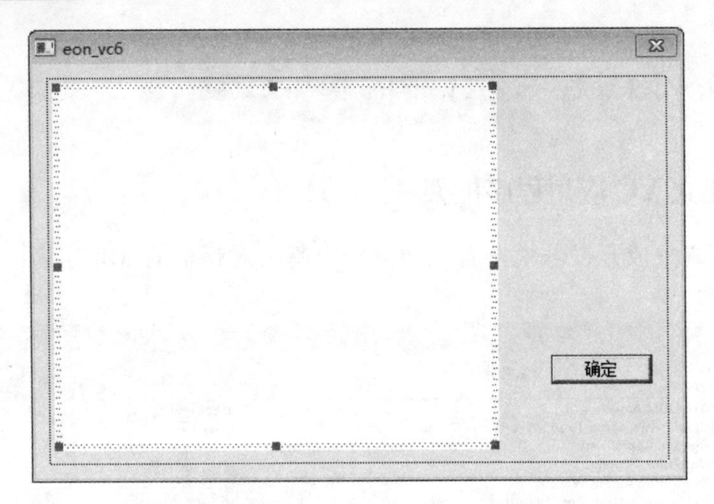

图 16-4　插入 EonX 控件后的效果

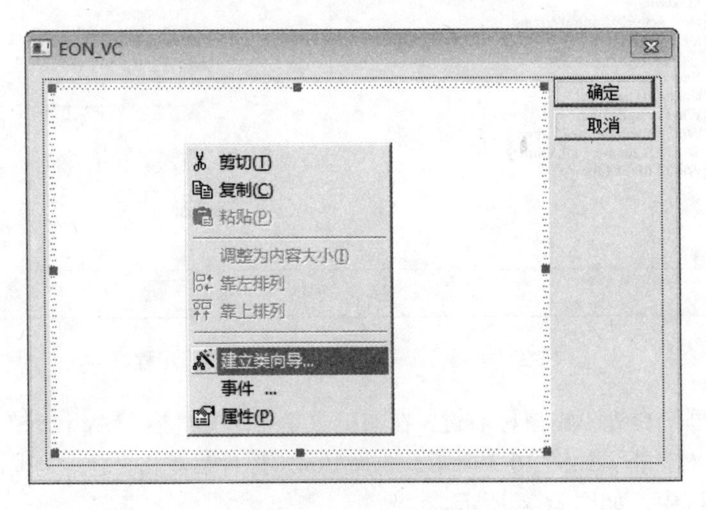

图 16-5　建立类向导

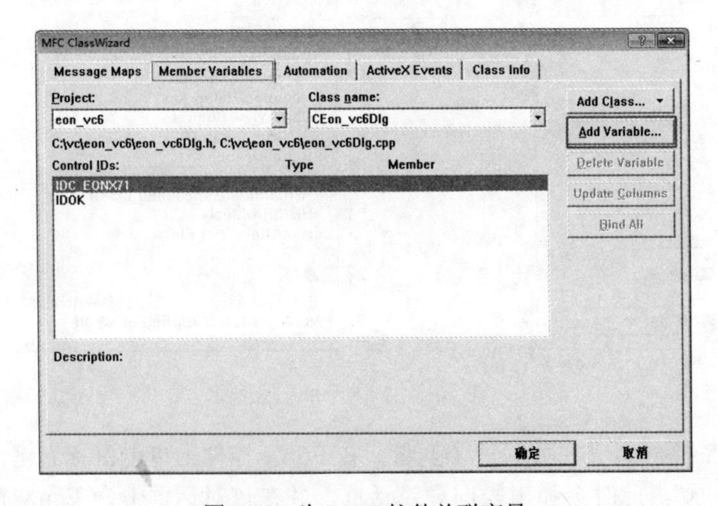

图 16-6　为 EonX 控件关联变量

单击图 16-6 中的“Add Variable”按钮后会弹出一个提示消息，提示是否生成一个关于 EonX 控件的类，单击“确定”按钮后会弹出如图 16-7 所示对话框，输入要定义的 EonX 控件的类名 Ceon（这个类名可以随意自定义）。单击“OK”按钮后 VC 会自动生成两个文件，一个是 Ceon.cpp，另一个是 Ceon.h，这两个文件定义了 EonX 控件的所有属性和函数，所以非常重要。

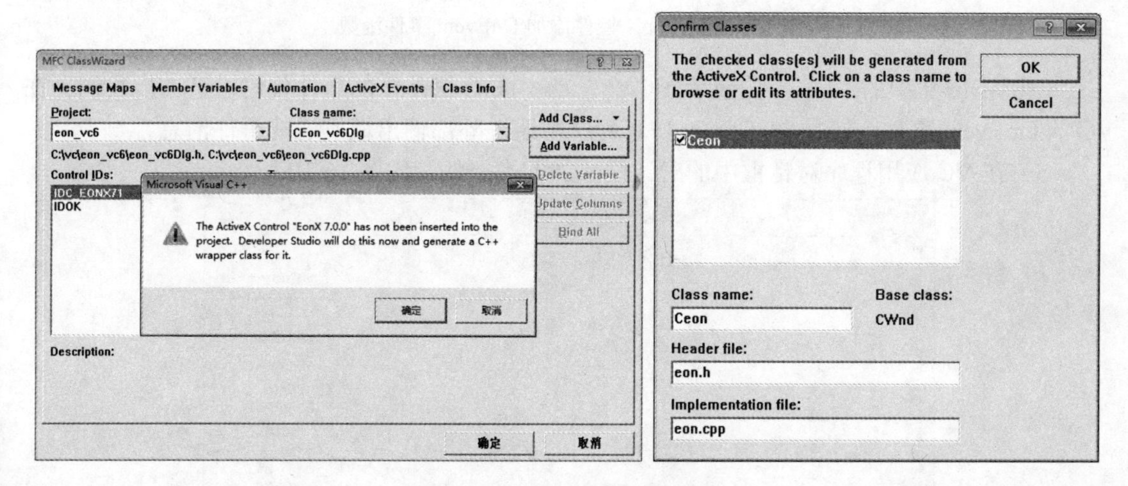

图 16-7　为 EonX 控件创建类

再次单击“Add Variable”按钮，为 EonX 控件定义并关联一个变量，这里我们将其定义为 m_eon，如图 16-8 所示。

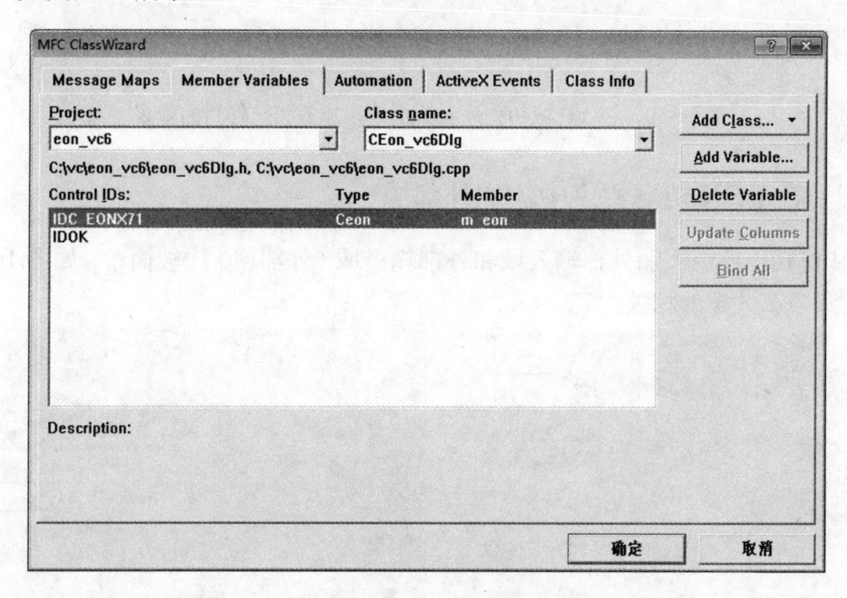

图 16-8　为 EonX 控件设置变量名称为 m_eon

（4）为 EonX 控件添加 OnEvent 事件函数，在图 16-8 所示的话框中双击 EonX 控件（IDC_EONX71），为 OnEvent 事件函数起一个名称，如图 16-9 所示，这个名称不一定必须是 OnEventEon。

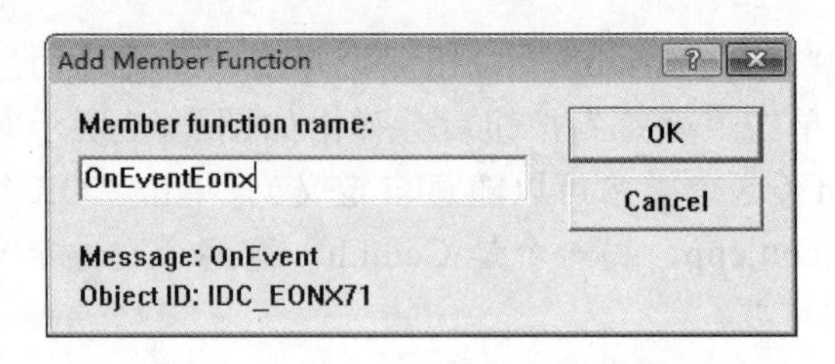

图 16-9　为 EonX 控件添加 OnEvent 事件函数

单击图 16-9 中的“OK”按钮后 VC 会自动生成 OnEvent 的事件代码，下一步我们会在 VC 的 OnEvent 事件中接收来自 EON 仿真程序中通过外部输出域发送的事件消息。

（5）在 VC 应用程序对话框中的对话框添加各类控件，如图 16-10 所示。

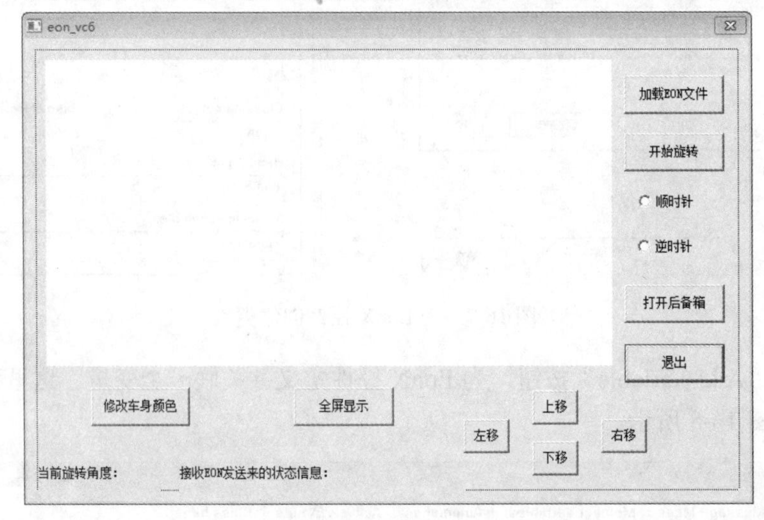

图 16-10　在 VC 应用程序对话框中添加各类控件后的效果

16.2.2　在 EON 仿真程序中添加外部域

在 EON 仿真程序中添加外部输入域和外部输出域（外部域）比较简单，如图 16-11 所示，具体细节请参考第 8 章的相关内容。

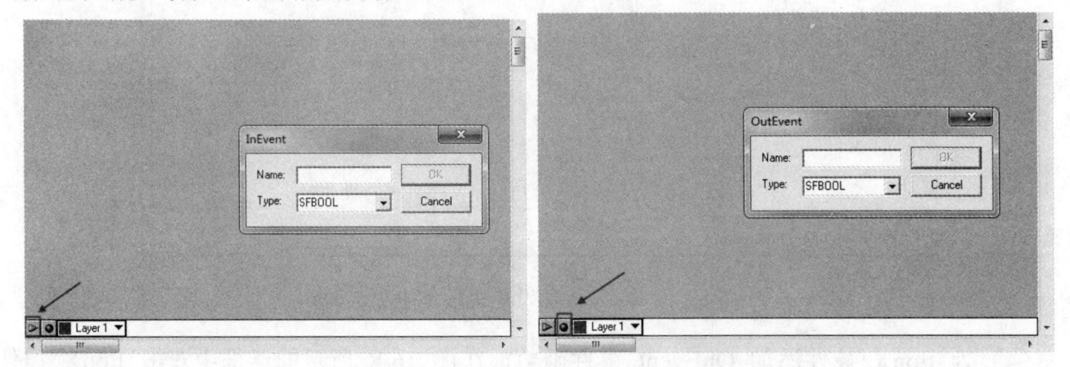

图 16-11　在 EON 仿真程序中添加外部域

本示例中需要定义的外部域如表 16-2 所示。

表 16-2　EON 中定义的外部域

EON 中定义的外部域名称	域　类　型	域数据类型	说　　明
rotate_in	外部输入域	SFBool	控制旋转
rotate_fx	外部输入域	SFInt32	控制旋转方向
open_back	外部输入域	SFBool	打开后备箱
close_back	外部输入域	SFBool	关闭后备箱
car_pos_left	外部输入域	SFFloat	左移
car_pos_right	外部输入域	SFFloat	右移
car_pos_up	外部输入域	SFFloat	上移
car_pos_down	外部输入域	SFFloat	下移
car_color	外部输入域	SFFloat	修改车身颜色
exit_fullscreen	外部输出域	SFBool	退出全屏
eonString	外部输出域	SFString	状态信息
car_posx	外部输出域	SFFloat	当前绕 *Z* 轴旋转的角度

在 EON 仿真程序的仿真树中添加 Script 节点，如图 16-12 所示。

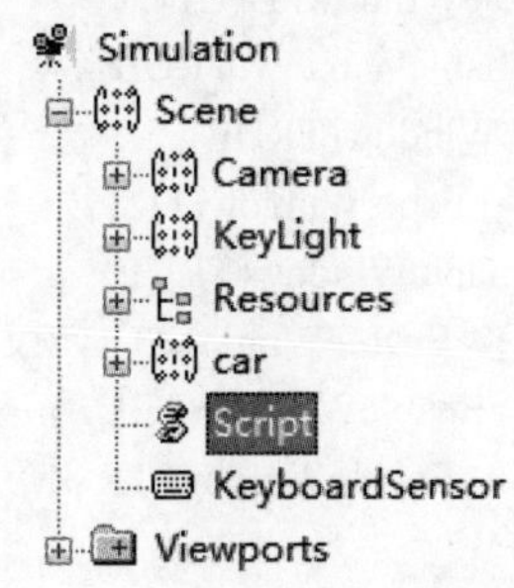

图 16-12　在 EON 仿真程序的仿真树中添加 Script 节点

为 Script 节点添加几个自定义域，以便在脚本程序中控制，如表 16-3 所示。

表 16-3　为 Script 节点添加的自定义域

sfin32_in	eventIn	SFInt32
oritentation_out	eventOut	SFVec3f
pos	eventIn	SFVec3f
posx	eventOut	SFFloat
string_out	eventOut	SFString
color_in	eventIn	SFFloat
color_out	eventOut	SFVec3f
car_pos_left	eventIn	SFFloat
car_pos	eventOut	SFVec3f
car_pos_right	eventIn	SFFloat
car_pos_up	eventIn	SFFloat
car_pos_down	eventIn	SFFloat

至此所有的准备工作都已经完成，接下来进入 VC 编程阶段。

16.2.3 在 VC 中编写交互代码

1. 加载 EON 文件

本节在 VC 对话框中通过“加载 EON 文件”按钮来加载并启动 EON 仿真程序，在该按钮响应函数中编写如下代码：

```
void CEon_vc6Dlg::OnLoadfile()
{
    //设置 EON 文件的路径
    this->m_eon.SetSimulationFile (“eonx_example.eoz”）;
    //启动 EON 仿真程序
    this->m_eon.Start();
    //启动 EON 仿真程序之后再取消对话框中按钮的禁用
    GetDlgItem(IDC_ROTATE)->EnableWindow(TRUE);
    GetDlgItem(IDC_RADIOSHUN)->EnableWindow(TRUE);
    GetDlgItem(IDC_RADIONI)->EnableWindow(TRUE);
    GetDlgItem(IDC_OPENBACK)->EnableWindow(TRUE);
    GetDlgItem(IDC_COLOR)->EnableWindow(TRUE);
    GetDlgItem(IDC_FULLSCREEN)->EnableWindow(TRUE);
    GetDlgItem(IDC_BUTTONUP)->EnableWindow(TRUE);
    GetDlgItem(IDC_BUTTONDOWN)->EnableWindow(TRUE);
    GetDlgItem(IDC_BUTTONLEFT)->EnableWindow(TRUE);
    GetDlgItem(IDC_BUTTONRIGHT)->EnableWindow(TRUE);
}
```

运行 VC 程序后，单击“加载 EON 文件”按钮即可加载并启动 EON 仿真程序，加载 EON 文件后的仿真效果如图 16-13 所示。

图 16-13　加载 EON 文件后的仿真效果

2．控制汽车旋转

首先设计启动和停止旋转功能，在“开始旋转”按钮响应函数中编写如下代码：

```
void CEon_vc6Dlg::OnRotate()
{
    VARIANT EventIn;
    //定义为布尔型变量
    EventIn.vt=VT_BOOL;
    //rotate_flag 是在 VC 中定义的一个全局变量
    if(!rotate_flag)
    {
        //赋值为 TRUE
        EventIn.boolVal=TRUE;
        //EON 中定义的外部输入域名为 rotate_in
        this->m_eon.SendEvent("rotate_in", &EventIn);
        m_start_rotate.SetWindowText("停止旋转");
        rotate_flag=TRUE;
    }
    else
    {
        //赋值为 FALSE
        EventIn.boolVal=FALSE;
        this->m_eon.SendEvent("rotate_in", &EventIn);
        m_start_rotate.SetWindowText("开始旋转");
        rotate_flag=FALSE;
    }
}
```

控制顺时针旋转的代码为：

```
void CEon_vc6Dlg::OnRadioshun()
{

    VARIANT EventIn;
    //定义为 SFInt32 型变量
    EventIn.vt=VT_I4;
    //赋值为整数 1
    EventIn.lVal=1;
    //EON 中定义的外部输入域名为 rotate_fx
    this->m_eon.SendEvent("rotate_fx", &EventIn);
}
```

控制逆时针旋转的代码为：

```
void CEon_vc6Dlg::OnRadioni()
{
```

```
    VARIANT EventIn;
    //定义为 SFInt32 型变量
    EventIn.vt=VT_I4;
    //赋值为整数-1
    EventIn.lVal=-1;
    //EON 中定义的外部输入域名为 rotate_fx
    this->m_eon.SendEvent("rotate_fx", &EventIn);
}
```

逻辑关系视窗中的连接关系如图 16-14 所示。

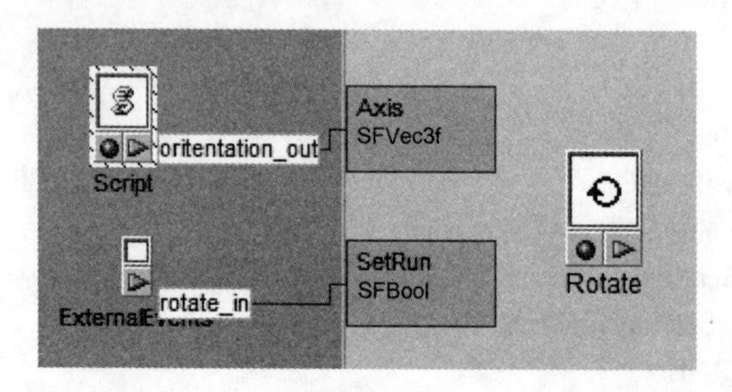

图 16-14　逻辑关系视窗中的连接关系

对应的 Script 脚本程序代码如下：

```
function On_sfin32_in()
{
    if（sfin32_in.value==1）
    {
        string_out.value="顺时针旋转";
    }
    else
    {
        string_out.value="逆时针旋转";
    }
    oritentation_out.value = eon.MakeSFVec3f(sfin32_in.value, 0, 0);
}
```

3．控制汽车的上、下、左、右移

VC 对话框中"左移"、"右移"、"上移"、"下移"四个按钮的响应函数代码如下：

```
//左移
void CEon_vc6Dlg::OnButtonleft()
{
    VARIANT EventIn;
    //定义为 SFloat 型
    EventIn.vt=VT_R4;
    //赋值为 0.2 个单位
    EventIn.fltVal=0.2f;
```

```
        //EON 中定义的外部输入域名为 car_pos_left
        this->m_eon.SendEvent("car_pos_left", &EventIn）;

}
//右移
void CEon_vc6Dlg::OnButtonright()
{
        VARIANT EventIn;
        //定义为 SFloat 型
        EventIn.vt=VT_R4;
        //赋值为 0.2 个单位
        EventIn.fltVal=0.2f;
        //EON 中定义的外部输入域名为 car_pos_right
        this->m_eon.SendEvent("car_pos_right", &EventIn）;

}
//上移
void CEon_vc6Dlg::OnButtonup()
{
        VARIANT EventIn;
        //定义为 SFloat 型
        EventIn.vt=VT_R4;
        //赋值为 0.2 个单位
        EventIn.fltVal=0.2f;
        //EON 中定义的外部输入域名为 car_pos_up
        this->m_eon.SendEvent("car_pos_up", &EventIn）;
}
//下移
void CEon_vc6Dlg::OnButtondown()
{
        VARIANT EventIn;
        //定义为 SFloat 型
        EventIn.vt=VT_R4;
        //赋值为 0.2 个单位
        EventIn.fltVal=0.2f;
        //EON 中定义的外部输入域名为 car_pos_down
        this->m_eon.SendEvent("car_pos_down", &EventIn）;
}
```

上、下、左、右移的节点在逻辑关系视窗中的连接关系如图 16-15 所示。

对应的 Script 脚本程序代码如下：

```
function On_car_pos_left()
{
        var p = eon.FindNode("car").GetFieldByName("Position"）.value.toArray()
        car_pos.value=eon.MakeSFVec3f(p[0]-car_pos_left.value, p[1], p[2]);
}
```

```
function On_car_pos_right()
{
    var p = eon.FindNode("car").GetFieldByName("Position").value.toArray()
    car_pos.value=eon.MakeSFVec3f(p[0]+car_pos_left.value, p[1], p[2]);
}
function On_car_pos_up()
{
    var p = eon.FindNode("car").GetFieldByName("Position").value.toArray()
    car_pos.value=eon.MakeSFVec3f(p[0], p[1], p[2]+car_pos_up.value);
}
function On_car_pos_down()
{
    var p = eon.FindNode("car").GetFieldByName("Position").value.toArray()
    car_pos.value=eon.MakeSFVec3f(p[0], p[1], p[2]-car_pos_up.value);
}
```

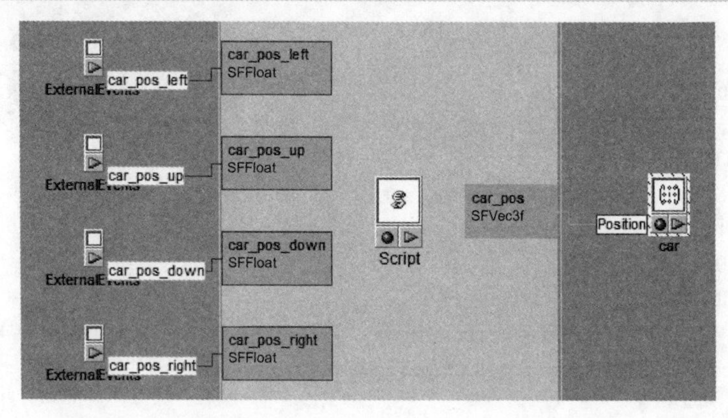

图 16-15　上、下、左、右移的节点在逻辑关系视窗中的连接关系

4．在 VC 中读取 EON 中外部输出域输出的汽车当前旋转角度

汽车当前旋转角度的节点在逻辑关系视窗中的连接关系如图 16-16 所示。

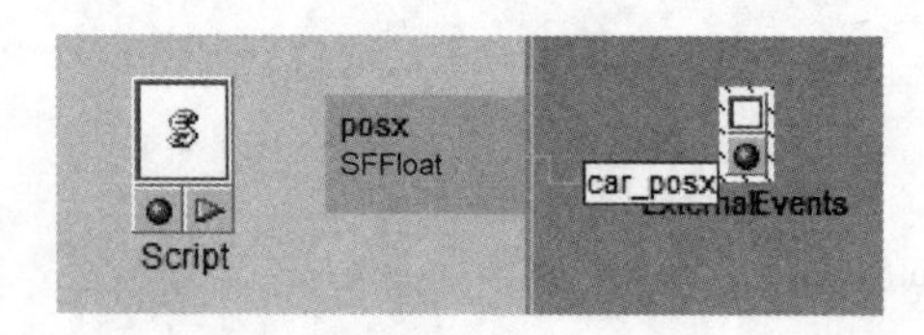

图 16-16　汽车当前旋转角度的节点在逻辑关系视窗中的连接关系

对应的 Script 脚本程序代码如下：

```
function On_sfin32_in()
{
    if(sfin32_in.value==1)
    {
        string_out.value="顺时针旋转";
```

```
    }
    else
    {
        string_out.value="逆时针旋转";
    }
    oritentation_out.value = eon.MakeSFVec3f(sfin32_in.value, 0, 0);
}
```

OnEvent 事件函数中对应的代码如下：

```
void CEon_vc6Dlg::OnEventEonx(LPCTSTR bstrNodeName, VARIANT FAR* pvarNodeValue)
{
    //通过该函数自动获取 EON 发送的数据
    //bstrNodeName 为 EventOut 接口名
    //pvarNodeValue 为 EventOut 接口的值

    //从 VC 中接收 EON 发出的 SFFloat 类型的数据
    float value;
    if (strcmp(bstrNodeName,"car_posx")==0)
    {
        //通过 fltVal 获取到相应的值
        value=pvarNodeValue->fltVal;
        CString strV;
        strV.Format("%3.2f",value)；
        strV="当前旋转角度: " + strV;
        GetDlgItem(IDC_STA_X)->SetWindowText(strV);
    }
}
```

5．退出全屏显示

在 VC 对话框中首先设计了一个“全屏显示”按钮，用于仿真视窗的最大化显示，其代码如下：

```
void CEon_vc6Dlg::OnFullscreen()
{
    this->m_eon.SetFullsize(TRUE);
}
```

在仿真视窗最大化（全屏）显示后，有两种方式可以退出全屏显示，一种是直接在 EON 仿真程序界面中添加一个按钮，在逻辑关系视窗中将该按钮连接至 Script 节点中的一个自定义节点，然后在 Script 节点中编写代码来控制 EON 仿真程序退出全屏；另一种方式是在 EON 仿真程序的逻辑关系视窗中添加一个 KeyboardSensor 节点和一个外部输出域，当 EON 检测到键盘的某个按键（本示例中定义为 Esc 键）按下时，通知 VC 并由 VC 控制 EON 仿真程序退出全屏显示。本示例采用第二种方式。

用于控制退出全屏显示操作的 KeyboardSensor 节点在逻辑关系视窗中的连接关系如图 16-17 所示。

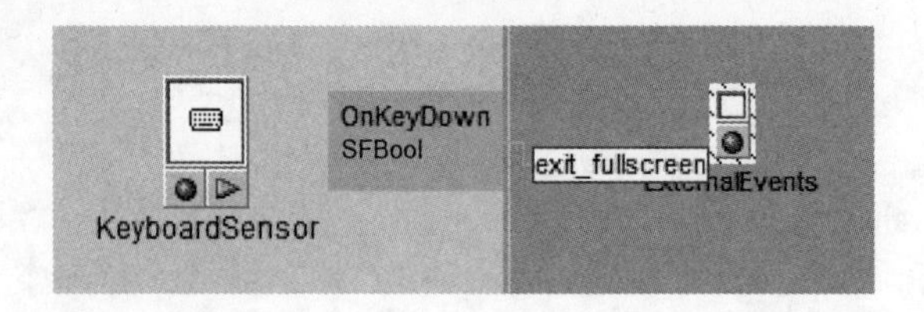

图 16-17　用于控制退出全屏操作的 KeyboardSensor 节点在逻辑关系视窗中的连接关系

OnEvent 事件函数中对应的代码如下：

```
void CEon_vc6Dlg::OnEventEonx（LPCTSTR bstrNodeName, VARIANT FAR* pvarNodeValue）
{
    //通过该函数自动获取 EON 发送的数据
    //bstrNodeName 为 EventOut 接口名
    //pvarNodeValue 为 EventOut 接口的值
    //从 VC 中接收 EON 发出的退出全屏消息
    if (strcmp(bstrNodeName,"exit_fullscreen")==0)
    {
        bool value = pvarNodeValue->bVal;
        this->m_eon.SetFullsize(!value);
    }
}
```

至此，全部功能已设计完毕，打开和关闭后备箱、修改车身颜色，以及接收 EON 仿真程序发送的状态信息这三个功能与上述几个功能类似，请读者自行实现。

参 考 文 献

[1] 于辉，等. EON入门与高级应用技巧. 北京：国防工业出版社，2008.

[2] 王岚. 虚拟现实EON Studio应用教程. 天津：南开大学出版社，2007.

[3] 李小俊. 虚拟维修拆卸过程规划与仿真. 华中科技大学硕士学位论文，2011.

[4] 孟玉. 基于虚拟多媒体教室的设计与开发. 陕西师范大学硕士学位论文，2008.

[5] 朱喜青. 基于EON的机械基础虚拟实验室的研究与实现. 华南理工大学硕士学位论文，2012.

[6] 贾晓锋. 基于EON Studio的减速器虚拟装配技术研究. 兰州理工大学硕士学位论文，2014.

[7] 王鹏. 特种设备的三维可视化仿真技术研究. 广东工业大学硕士学位论文，2012.